Rolf Berndt

Einführung in die Symplektische Geometrie

Advanced Lectures in Mathematics

Rolf Berndt
Einführung in die Symplektische Geometrie

Christian Blatter
Wavelets – Eine Einführung

Thomas Friedrich
Dirac-Operatoren in der Riemannschen Geometrie

Martin Fuchs
Topics in the Calculus of Variations

Wolfgang Ebeling
Lattices and Codes

Jesús M. Ruiz
The Basic Theory of Power Series

Rolf Berndt

Einführung in die Symplektische Geometrie

Prof. Dr. Rolf Berndt
Mathematisches Seminar
Universität Hamburg
D-20146 Hamburg

Die Deutsche Bibliothek – CIP-Einheitsaufnahme

Berndt, Rolf:
Einführung in die Symplektische Geometrie. –
Braunschweig; Wiesbaden: Vieweg, 1998
  (Advanced Lectures in Mathematics)
  ISBN 3-528-03102-6

Vieweg is a subsidiary company of Bertelsmann Professional Information.

http://www.vieweg.de

Cover design: Klaus Birk, Wiesbaden
Printed on acid-free paper

ISBN-13: 978-3-528-03102-2   e-ISBN-13: 978-3-322-80215-6
DOI: 10.1007/978-3-322-80215-6

> Le caractère propre des méthodes de l'Analyse et de la
> Géométrie modernes consiste dans l'emploi d'un petit
> nombre de principes généraux, indépendants de la situa-
> tion respective des différentes parties ou des valeurs re-
> latives des différents symboles; et les conséquences sont
> d'autant plus étendues que les principes eux-mêmes ont
> plus de généralité.
>
> aus G. DARBOUX: Principes de Géométrie Analytique

Einleitung

Dieser Text ist gedacht für Studierende mittlerer Semesterzahl, die eine Grundausbildung in Analysis und linearer Algebra durchlaufen haben, etwa im Umfang des
Stoffes der Bücher „Analysis 1–3" von O. FORSTER und „Lineare Algebra" sowie
„Analytische Geometrie" von G. FISCHER. Er soll der Einführung in ein Gebiet
dienen, das derzeit Gegenstand intensiver Forschung ist und das ganz im Sinne des
Wortes $\sigma\upsilon\mu\pi\lambda\acute{\varepsilon}\kappa\varepsilon\iota\nu$ (= zusammenflechten, verbinden) mehrere Gebiete der Mathematik mit der Physik zusammenführt.[1] Das Problem (zum einen und der Reiz
zum anderen) ist hierbei die Vielfalt des mathematischen Handwerkszeugs, das gebraucht wird. Um dem zu begegnen, ist ein sicher ungewöhnlich langer Anhang
zusammengestellt. Er enthält eine Sammlung der Definitionen von Begriffen, die
vermutlich häufig in der mathematischen Grundausbildung nicht vorkommen, zusammen mit einigen Aussagen und Sätzen, die dann im Haupttext als Fundament
für die der symplektischen Geometrie spezifischeren Konstruktionen verwandt werden. Dabei werden aber immernoch externe Anleihen, insbesondere aus der Theorie
der Differentialgleichungen gemacht.

Etwas genauer gesagt, es wird versucht, zwei Ziele zu verfolgen, zum einen

- die Vorstellung des Formalismus der symplektischen Formen, die Einführung
  der symplektischen Gruppe und vor allem der symplektischen Mannigfaltigkeiten, zusammen mit einer Behandlung von möglichst vielen Beispielen für
  ihr Auftreten, insbesondere als Quotientenmannigfaltigkeiten bei Gruppenoperationen,

und zum anderen

- das Aufzeigen von Querverbindungen und Wechselwirkungen zwischen den
  eben genannten mathematischen Objekten und den Formalismen der theoretischen Mechanik, insbesondere dem Hamiltonformalismus, sowie dem der
  Quantenmechanik, nämlich dem Prozeß der „Quantisierung".

---

[1] Herrn P. Slodowy verdanke ich den Hinweis darauf, daß der Name „symplektische Gruppe", der
dann zur Bezeichnung „symplektische Geometrie" führte, von H. WEYL 1938 in seinem Buch
"The Classical Groups" vorgeschlagen wurde ([W], Fußnote auf S. 165). Die symplektische
Gruppe wurde davor auch "complex group" oder "Abelian linear group" genannt, letzteres zu
Ehren von ABEL, der sie zuerst untersuchte.

Die Verfolgung dieser Ziele legt folgenden Plan nahe:

Zunächst wird in einem Kapitel 0 in Kurzform einiges Material aus der *theoretischen Mechanik* vorgestellt, das später angesteuert werden soll. Dieses Kapitel dürfte Studierenden der Physik vertraut sein, ist aber angesichts der beklagenswerten Tatsache, daß das Studium der Mathematik heute oft ohne Bezug zur Physik abläuft, für Studierende der Mathematik vielleicht nicht überflüssig.

Es ist für das vorliegende Thema ganz zwangsläufig, im ersten Kapitel zunächst die *symplektischen* (und etwas später auch die *Kählerschen*) *Vektorräume* einzuführen und dann über den zugehörigen Abbildungsbegriff die symplektische Gruppe $Sp\,(V)$ und deren Erzeugung. Weiter werden die für diese Theorie spezifischen Unterraumbegriffe vorgestellt, als da sind isotrope, koisotrope und Lagrangesche Unterräume, hyperbolische Ebenen und Räume sowie das Radikal.

Als erstes Ergebnis wird gezeigt, daß symplektische Unterräume durch ihre Dimension und ihren Rang n bis auf symplektische Isomorphismen fixiert sind. Eine Folge hiervon ist dann, daß die Lagrangeschen Unterräume einen homogenen Raum $\mathcal{L}\,(V)$ zur Gruppe $Sp\,(V)$ bilden. Der meiste Aufwand wird zur Beschreibung des Raumes $\mathcal{J}\,(V)$ der positiven komplexen Strukturen getrieben, die mit der vorgegebenen symplektischen Struktur verträglich sind. Das zweite Hauptergebnis ist, daß auch dieser Raum ein homogener Raum ist, und zwar für $\dim V = 2n$ isomorph zum Siegelschen Raum $\mathfrak{H}_n = Sp_n(\mathbb{R})/U(n)$.

Das zweite Kapitel ist der Einführung der zentralen Gegenstände dieses Textes, den *symplektischen Mannigfaltigkeiten*, gewidmet. Hier ist der Umgang mit Differentialformen unerläßlich. Ihr Kalkül wird im ersten Teil des Anhangs vorgestellt. Das erste Ergebnis dieses Kapitels ist dann eine Herleitung eines Satzes von Darboux, der zeigt, daß die symplektischen Mannigfaltigkeiten lokal alle gleich aussehen. Es steht dies in scharfem Kontrast zu den Riemannschen Mannigfaltigkeiten, deren Definition ansonsten eine gewisse Parallelität zu der der symplektischen Mannigfaltigkeiten hat. Ein Ausblick auf neuere Forschungen, die den symplektischen Mannigfaltigkeiten globale Objekte als Invarianten zuordnen, und zwar die symplektischen Kapazitäten und die pseudoholomorphen Kurven, wird am Schluß dieses Kapitels gegeben.

Zuvor werden im zweiten Teil des zweiten Kapitels *Beispiele* für symplektische Mannigfaltigkeiten beschrieben, und zwar als

– erstes das für die Entstehung der Theorie und insbesondere die physikalischen Anwendungen fundamentale *Kotangentialbündel* T^*Q an eine vorgegebene Mannigfaltigkeit Q, dann als

– zweites, zunächst ganz allgemein, das der *Kählermannigfaltigkeiten*, und weiter als

– drittes das der *koadjungierten Bahnen*. Diese Beschreibung symplektischer Mannigfaltigkeiten mit der Operation einer Liegruppe G kann als zweites Hauptergebnis des Kapitels angesehen werden. Und zwar wird ein Satz von Kostant und Souriau gezeigt, der besagt, daß für eine vorgegebene Liegruppe G mit Liealgebra $\mathfrak{g}$ unter der Voraussetzung des Verschwindens der ersten und zweiten Kohomologiegruppen, also $H^1(\mathfrak{g}) = H^2(\mathfrak{g}) = 0$, bis auf Überlagerung eine eindeutige Korrespondenz besteht zwischen symplektischen Mannigfaltigkeiten mit transitiver G–Operation und G–Bahnen im Dualraum $\mathfrak{g}^*$ von $\mathfrak{g}$. Hier geht etliches aus der Theorie der Liealgebren und der Differentialgleichungssysteme ein, das im Text zumindest in Rudimenten eingebracht werden muß. Von hier bietet sich dann auch ein direkter Weg zur Beschreibung eines weiteren zentralen Begriffs, nämlich dem der „Impulsabbildung", an. Dies wird jedoch auf später verschoben und zunächst als

– viertes und hier letztes Beispiel wird der *komplexe projektive Raum* als symplektische Mannigfaltigkeit erkannt, und zwar durch Spezialisierung der Beispiele 3 und 2, also als koadjungierte Bahn und als Kählersche Mannigfaltigkeit.

Bevor Konstruktionen auf einem höheren Niveau weitere Beispiele für symplektische Mannigfaltigkeiten liefern können, werden im 3. Kapitel die beiden Standardbegriffe *Hamiltonsches Vektorfeld* und *Poissonklammer* eingeführt. Mit Hilfe dieser Begriffe läßt sich der Hamiltonformalismus der klassischen Mechanik ausformulieren und die für alles folgende grundlegende Sequenz

$$0 \longrightarrow \mathbb{R} \longrightarrow \mathcal{F}(M) \longrightarrow \operatorname{Ham} M \longrightarrow 0$$

etablieren, wobei $\mathcal{F}(M)$ den Raum der auf der symplektischen Mannigfaltigkeit definierten glatten Funktionen f meint, der mit der Poissonklammmer als Liealgebra angesehen werden kann, und Ham M die Liealgebra der Hamiltonschen Vektorfelder.

In das 3. Kapitel ist auch noch ein Abschnitt eingefügt, der den Kontaktmannigfaltigkeiten gewidmet ist. Eine Theorie dieser Mannigfaltigkeiten ungeradzahliger Dimension kann ganz parallel zu der der symplektischen Mannigfaltigkeiten entwickelt werden, oder beide Objekte können als spezielle prä–symplektische Mannigfaltigkeiten angesehen werden. Hier wird aber als Anknüpfungspunkt genommen, daß sich wichtige Beispiele für die Kontaktmannigfaltigkeiten als Flächen konstanter Energie eines Hamiltonschen Systems ergeben.

Im 4. und 5. Kapitel mischen sich weiter mathematische Konstruktionen mit physikalischen Interpretationen. Zunächst kann eine *Impulsabbildung* erklärt werden, falls eine Liegruppe G symplektisch auf einer symplektischen Mannigfaltigkeit M operiert und jedes lokal Hamiltonsche Vektorfeld auch global Hamiltonsch ist, und zwar als eine Abbildung

$$\Phi : M \longrightarrow \mathfrak{g}^*, \quad \mathfrak{g} = \operatorname{Lie} G.$$

Die wichtigsten Impulsabbildungen sind die Ad*-äquivarianten, d.h. solche, die noch eine Verträglichkeitsbedingung bezüglich der koadjungierten Darstellung Ad* erfüllen. Das erste Ergebnis des 4. Kapitels ist, daß für eine symplektische Form $\omega = -d\vartheta$ mit G-invarianter 1-Form ϑ eine solche Ad*-äquivariante Impulsabbildung konstruiert werden kann. Dies wird dann auf das Kotangentialbündel $M = T^*Q$ angewandt, aber auch auf das Tangentialbündel TQ, wobei herauskommt, daß für eine reguläre Lagrangefunktion $L \in \mathcal{F}(Q)$ die zugehörige Impulsabbildung ein Integral der zu L gehörigen Lagrangeschen Gleichungen ist. Als Beispiele werden der *lineare Impuls* und der *Drehimpuls* im Formalismus der Impulsabbildung aufgefunden und damit die Namensgebung gerechtfertigt.

Dann wird die *symplektische Reduktion* beschrieben. Und zwar ist bei Vorgabe einer symplektischen G-Operation auf M und einer Ad*-äquivarianten Impulsabbildung Φ unter gewissen relativ leicht zu kontrollierenden Zusatzannahmen für $\mu \in \mathfrak{g}^*$ der Quotient

$$M_\mu = \Phi^{-1}(\mu)/G_\mu$$

wieder eine symplektische Mannigfaltigkeit. Dieses zentrale Ergebnis des Kapitels 4 kann nun in vielfältiger Weise ausgenutzt werden, zum einen zur Konstruktion weiterer Beispiele für symplektische Mannigfaltigkeiten (es gibt hier einen weiteren Beweis, daß der komplexe projektive Raum $\mathbb{P}^n$ ($\mathbb{C}$) sowie die koadjungierten Bahnen symplektisch sind). Zum anderen können Ergebnisse der klassischen Mechanik über die Reduktion der Variablenzahl beim Vorliegen von Symmetrien und damit von Integralen hier wiedergefunden werden.

Im 5. und letzten Kapitel wird die *Quantisierung* behandelt, also der Übergang von der klassischen zur Quanten-Mechanik, der interessante mathematische Fragestellungen ins Gesichtsfeld bringt. Als Einstieg wird ausführlich der einfachste Fall $M = \mathbb{R}^{2n} = T^*\mathbb{R}^n$ behandelt, bei dem als mathematisches Handwerkszeug die Gruppen $SL_2(\mathbb{R}), Sp_{2n}(\mathbb{R})$, die Heisenberggruppen $\mathrm{Heis}_{2n}(\mathbb{R})$, die Jacobigruppe $G_{2n}^J(\mathbb{R})$ (als semidirektes Produkt der Heisenberg- und der symplektischen Gruppe) und deren jeweilige Liealgebren genügen. Die Quantisierung läuft dann darauf hinaus, daß Polynomen vom Grad ≤ 2 in den Variablen p und q des $\mathbb{R}^{2n}$ mit Hilfe der Schrödingerdarstellung der Heisenberggruppe und der Weildarstellung der symplektischen Gruppe (genauer ihrer metaplektischen Überlagerung) Operatoren auf $L^2(\mathbb{R}^n)$ zugeordnet werden. Das Theorem von Groenewald und van Hove sagt dann, daß diese Quantisierung *maximal* ist, d.h. nicht auf Polynome höheren Grades ausgedehnt werden kann.

Der Rest des 5. Kapitels besteht in einer Beschreibung eines Ansatzes für die allgemeine Situation, der im wesentlichen KIRILLOV [Ki] folgt. Hier kommt eine Unteralgebra $\mathfrak{p}$ *primärer Größen* ins Spiel (die für $M = T^*Q$ darauf hinausläuft, beliebige Funktionen in q und lineare in p zu betrachten) und es wird mehr Funktionalanalysis und Topologie gebraucht, um Kirillovs Ergebnis zu erhalten, daß für eine symplektische Mannigfaltigkeit M mit einer bezüglich der Poissonklammer gebildeten

Algebra $\mathfrak{p}$ primärer Größen in $\mathcal{F}(M)$ eine Quantisierung möglich ist, d.h. eine Abbildung, die jedem $f \in \mathfrak{p}$ eine selbstadjungierten Operator $\hat{f}$ in einem Hilbertraum $\mathcal{H}$ zuordnet mit den Bedingungen

i) der Funktion 1 entspricht die Identität id_H,

ii) der Poisssonklammer zweier Funktionen entspricht die Lieklammer der Operatoren,

iii) die Algebra der Operatoren operiert irreduzibel.

Es gibt dann eine eineindeutige Korrespondenz zwischen der Menge der Äquivalenzklassen solcher Darstellungen von $\mathfrak{p}$ und der Kohomologiegruppe $H^1(M, \mathbb{C}^*)$.

Im Anhang werden im ersten und zweiten Abschnitt Mannigfaltigkeiten, Vektorbündel, Liegruppen und –algebren, Vektorfelder, Tensoren, Differentialformen und das Hantieren mit diesen Objekten – insbesondere die verschiedenen Ableitungsprozesse – kurz vorgestellt, wobei für alle Beweise auf die einschlägige Literatur verwiesen wird. Eine Lektüre dieser Zusammenstellung empfiehlt sich vielleicht vor Einstieg in das Kapitel 2. Vom Kapitel 2 an gehen auch in die Voraussetzungen einiger Sätze Aussagen über Kohomologiegruppen ein. Der 3. Abschnitt des Anhanges bringt deshalb Rudimente der Kohomologietheorie. Schließlich wird, um den zentralen Begriff der koadjungierten Bahnen einzuordnen, ein letzter Abschnitt einigen Grundbegriffen und Konstruktionen der Darstellungstheorie gewidmet.

Wie schon bemerkt, wird auch mehr aus der Theorie der Differentialgleichungen gebraucht, als in den Anfängervorlesungen üblich sein dürfte, insbesondere der Satz von Frobenius. Da die Schwierigkeiten hier nicht so sehr im Begrifflichen liegen, ist dafür kein Anhang bereitgestellt, und dies wird, wie auch einige andere Aussagen aus der Analysis, im Haupttext (auch wieder ohne Beweise) mit eingebaut.

Es ist mit diesem Text nicht beabsichtigt, der vorhandenen klassischen und neueren Literatur über die Forschungen zu verschiedenen Themen der symplektischen Geometrie wie etwa ABRAHAM–MARSDEN [AM], AEBISCHER et al [Ae], GUILLEMIN–STERNBERG [GS], HOFER–ZEHNDER [HZ], SIEGEL [S], SOURIAU [So], VAISMAN [V], WALLACH [W] und WOODHOUSE [Wo] Konkurrenz zu machen, sondern behutsam an diese Bücher und einschlägige Arbeiten etwa von GROMOV [Gr] und KIRILLOV [Ki] heranzuführen. In der Hoffnung, daß dabei jeder Leser einen Anknüpfungspunkt für einen Einstieg in dieses faszinierende Gebiet findet, sei den hauptsächlich physikalisch Interessierten empfohlen, einige Teile der Kapitel 1, 2 und 4 zu überspringen und sich direkt den Abschnitten über Hamiltonsche Vektorfelder, Impulsabbildungen und Quantisierung zuzuwenden.

Bei der Entstehung dieses Textes ist mir mannigfaltige Hilfe zuteil geworden. Frau U. Schmickler–Hirzebruch und Herr G. Fischer haben mir von seiten des Vieweg–Verlages wertvolle Hinweise gegeben. Meine Kollegen J. Michaliček, O. Riemenschneider und P. Slodowy von seiten des hiesigen Mathematischen Seminars waren wie immer gesprächsbereit. Frau A. Günther hat eine Vorfassung des Textes gesetzt und Frau I. Köwing dann die Neufassung, wobei sie mit bewundernswerter Geduld auf meine immer neuen Änderungswünsche einging. Technische Beratung erfolgte durch die Herren F. Berndt, D. Nitschke und R. Schmidt. Letzterer hat überdies die Arbeit zu großen Teilen mit kritischen Anmerkungen begleitet und dabei wenigstens einige Unebenheiten geglättet. Es ist mir eine große Freude, ihnen allen zu danken.

R. Berndt   Hamburg, im Dezember 1997

Inhaltsverzeichnis

0 Einige Aspekte der Theoretischen Mechanik   **1**
0.1 Die Lagrangeschen Gleichungen 1
0.2 Die Hamiltonschen Gleichungen 2
0.3 Die Hamilton–Jacobi–Gleichung 3
0.4 Eine symplektische Umdeutung 6
0.5 Die Hamiltonschen Gleichungen via Poissonklammer 6
0.6 Zur Quantisierung 7

1 Symplektische Algebra   **8**
1.1 Symplektische Vektorräume 8
1.2 Symplektische Abbildungen, die symplektische Gruppe 13
1.3 Unterräume symplektischer Vektorräume 16
1.4 Komplexe Strukturen in reellen symplektischen Räumen 22

2 Symplektische Mannigfaltigkeiten   **33**
2.1 Symplektische Mannigfaltigkeiten und ihre Morphismen 33
2.2 Der Satz von Darboux 34
2.3 Das Kotangentialbündel 42
2.4 Kähler–Mannigfaltigkeiten 43
2.5 Koadjungierte Bahnen 48
2.6 Der komplexe projektive Raum 59
2.7 Symplektische Invarianten (Ein Ausblick) 64

3 Hamiltonsche Vektorfelder und Poissonklammern   **68**
3.1 Hilfsmittel 68
3.2 Hamiltonsche Systeme 70
3.3 Poissonklammern 75
3.4 Kontaktmannigfaltigkeiten 81

4 Die Impulsabbildung   **88**
4.1 Definitionen 88
4.2 Konstruktionen und Beispiele 92
4.3 Reduktion des Phasenraumes bei Vorliegen von Symmetrie 100

5 Quantisierung   **107**
5.1 Homogene quadratische Polynome und die $\mathfrak{sl}_2$ 107
5.2 Polynome vom Grad 1 und die Heisenberggruppe 110
5.3 Polynome vom Grad 2 und die Jacobigruppe 115
5.4 Das Theorem von Groenwald – van Hove 119
5.5 Zum allgemeinen Fall 123

A Anhang   **129**
  A.1 Differenzierbare Mannigfaltigkeiten und Vektorbündel 129
    A.1.1 Differenzierbare Mannigfaltigkeiten und ihre Tangentialräume 129
    A.1.2 Vektorbündel und ihre Schnitte 138
    A.1.3 Das Tangential– und das Kotangentialbündel 141
    A.1.4 Tensoren und Differentialformen 145
    A.1.5 Zusammenhänge 153
  A.2 Liegruppen und Liealgebren 158
    A.2.1 Liealgebren und Vektorfelder 158
    A.2.2 Liegruppen und invariante Vektorfelder 160
    A.2.3 Ein–Parameteruntergruppen und die Exponentialabbildung . 162
  A.3 Etwas Kohomologietheorie 165
    A.3.1 Kohomologie von Gruppen 165
    A.3.2 Kohomologie von Liealgebren 167
    A.3.3 Kohomologie von Mannigfaltigkeiten 168
  A.4 Darstellungen von Gruppen 169
    A.4.1 Lineare Darstellungen 169
    A.4.2 Stetige und unitäre Darstellungen 171
    A.4.3 Zur Konstruktion von Darstellungen 172

Literaturverzeichnis   **177**

Symbolverzeichnis   **181**

Index   **183**

0 Einige Aspekte der Theoretischen Mechanik

Symplektische Strukturen ergeben sich in natürlicher Weise in der theoretischen Mechanik, und zwar insbesondere bei der Quantisierung, d.h. dem Übergang von der klassischen zur Quantenmechanik. Zur Motivation für die symplektische Geometrie soll dies hier zu Beginn in groben Umrissen vorgestellt werden. Als Leitfaden kann dabei Ch. 1 aus VAISMAN [V] genommen werden. Ausführlichere Darstellungen der Prinzipien der klassischen Mechanik finden sich bei ARNOLD [A] Ch. 3 und ABRAHAM–MARSDEN [AM] Ch. 3 u. 5, wobei allerdings zum Teil Dinge benutzt werden, die hier erst in den nächsten Kapiteln systematisch behandelt werden. Eine weitere sehr empfehlenswerte klassische Quelle ist SIEGEL–MOSER [SM] Ch. 1. Für den Quantisierungsprozeß sei schon jetzt auf KIRILLOV [Ki] §15.4 verwiesen. Es ist ein Ziel dieses Textes, später eingehender auf die hier in 0 angerissenen Dinge zurückzukommen.

0.1 Die Lagrangeschen Gleichungen

In der theoretischen Mechanik geht es darum, Prinzipien zu finden für die Beschreibung des zeitlichen Verlaufs der Zustände eines physikalischen Systems. In der klassischen Mechanik wird ein solcher Zustand bestimmt durch einen Punkt P einer etwa n–dimensionalen reellen Mannigfaltigkeit Q (s. A. 1). Q wird *Konfigurationsraum* genannt, und P wird fixiert durch lokale Koordinaten $q_1, \ldots, q_n$, *Ortsvariable* genannt. Es geht nun darum, den zeitlichen Verlauf des Systems zu beschreiben, also eine Kurve γ

$$t \longmapsto P(t) \quad \text{mit} \quad P(t_0) = P^0$$

bzw. in den lokalen Koordinaten

$$t \longmapsto q_i(t) \quad \text{mit} \quad q_i(t_0) = q_i^0, \qquad i = 1, \ldots, n.$$

Hierzu müssen physikalische Prinzipien gefunden werden, die dann darauf hinauslaufen, daß für die Kurve ein System von Differentialgleichungen angegeben wird. Ausgangspunkt dafür ist in der klassischen Mechanik das *Prinzip der kleinsten Wirkung*. Hierzu wird angenommen, das System habe eine *Lagrangefunktion L* der Form

$$L = L(q, \dot{q}, t),$$

die gewonnen wird als Differenz der kinetischen und der potentiellen Energie

$$L = E_{\text{kin}} - E_{\text{pot}} \quad ,$$

auch geschrieben

$$L = T - V \ .$$

Das Prinzip der kleinsten Wirkung besagt nun, daß die Veränderung des Systems so erfolgt, daß die sie beschreibende Kurve γ das *Wirkungsintegral*

$$\int_{t_0}^{t_1} L \, dt$$

minimiert. Die Variationsrechnung besagt dann (s. etwa FORSTER [F2] S. 93 f), daß für die minimierende Kurve $\gamma = q(t)$ das System der Euler–Lagrange–Gleichungen

$$(1) \qquad \frac{d}{dt} \frac{\partial L}{\partial \dot{q}_i} - \frac{\partial L}{\partial q_i} = 0 \qquad i = 1, \ldots, n$$

gilt. Dies kann gedeutet werden als ein System gewöhnlicher Differentialgleichungen in einem $2n$–dimensionalen Raum TQ mit lokalen Koordinaten

$$q_1, \ldots, q_n, \dot{q}_1, \ldots, \dot{q}_n \ ,$$

(der als *Tangentialbündel* zum Konfigurationsraum Q (s. A. 1.3) verstanden werden kann). Die gesuchte Kurve γ mit Q ist dann die Projektion der Lösungskurve $\tilde{\gamma}$ von (1) in TQ.

0.2   Die Hamiltonschen Gleichungen

Die klassische Mechanik nimmt nun noch folgende Umformulierung vor: Zu gegebener Lagrangefunktion L werden die Koordinaten *Ort und Geschwindigkeit* $(q, \dot{q})$ ersetzt durch die Koordinaten *Ort und Impuls* (q, p) vermöge der Transformation

$$p_i = \frac{\partial L}{\partial \dot{q}_i} \ , \ i = 1, \ldots, n \ .$$

Dahinter steht der Begriff der *Legendretransformation* (s. etwas [A] p. 61 f) zwischen Tangential- und Kotangentialbündel (s. A. 1.3)

$$TQ \quad \longrightarrow \quad T^*Q$$

$$(q, \dot{q}) \quad \longmapsto \quad (q, p) \ .$$

Die die zeitliche Veränderung in TQ steuernde Lagrangefuntion $L = L(q, \dot{q}, t)$ wird dann im *Phasenraum* T^*Q ersetzt durch die *Hamiltonfunktion H*, definiert durch

$$H(p, q, t) := p\dot{q} - L(q, \dot{q}, t) \ \text{mit} \ p = \frac{\partial L}{\partial \dot{q}} \ ,$$

wobei hier die übliche symbolische Schreibweise zur Abkürzung der n–Tupel $p = (p_1, \ldots, p_n)$, $\dfrac{\partial L}{\partial q} = \left(\dfrac{\partial L}{\partial q_1}, \ldots, \dfrac{\partial L}{\partial q_n} \right)$ etc. benutzt wird. Die Lagrange–Gleichungen (1) übersetzen sich dann hier in die *Hamiltonschen Gleichungen*

$$(2) \qquad \dot{q} = \frac{\partial H}{\partial p}, \quad \dot{p} = -\frac{\partial H}{\partial q}.$$

Denn die totale Ableitung von $H = H(p, q, t)$ (s. etwa A. 1.4) ergibt

$$dH = \frac{\partial H}{\partial p} dp + \frac{\partial H}{\partial q} dq + \frac{\partial H}{\partial t} dt$$

und nach der Definition $H = p\dot{q} - L(q, \dot{q}, t)$ auch

$$dH = \dot{q} dp - \frac{\partial L}{\partial q} dq - \frac{\partial L}{\partial t} dt.$$

Der Vergleich ergibt mit (1) und $p = \dfrac{\partial L}{\partial \dot{q}}$

$$\dot{q} = \frac{\partial H}{\partial p}, \quad \frac{\partial H}{\partial q} = -\frac{\partial L}{\partial q} = -\dot{p}, \quad \frac{\partial H}{\partial t} = -\frac{\partial L}{\partial t}.$$

Die Hamiltonschen Gleichungen (2) sind nun (wenn etwa H nicht von t abhängt) ein System gewöhnlicher Differentialgleichungen, die bei vorgegebenen „Anfangswerten" p^0, q^0 eindeutig eine Kurve $\tilde{\gamma}^*$ im Phasenraum T^*Q bestimmen, deren Projektion γ im Konfigurationsraum M das Ausgangsproblem löst.
Die Hamiltonfunktion wird auch geschrieben in der Form

$$H = H(p, q, t) = (T) + V,$$

wobei V die potentielle Energie des Systems meint und (T) die kinetische Energie T, ausgedrückt in den Variablen q und p.

0.3   Die Hamilton–Jacobi–Gleichung

Eine weitere Umformulierung verwandelt das Problem von der Lösung eines Systems gewöhnlicher Differentialgleichungen in das der Lösung einer partiellen Differentialgleichung, und zwar der *Hamilton–Jacobi–Gleichung*

$$(3) \qquad H\!\left(q, \frac{\partial S}{\partial q}, t \right) + \frac{\partial S}{\partial t} = 0$$

für die *Wirkungsfunktion S*. Dann ist die Bestimmung einer von t und den n Variablen q sowie n Anfangsparametern a wesentlich abhängigen Lösung

$$S = S(q, t, a)$$

äquivalent mit der Bestimmung der Lösungen $q = q(t)$, $p = p(t)$ von (2). Dazu hier nur die folgende Überlegung:

Es sei $S = S(q, t, a)$ Lösung von (3) mit

$$\det\left(\frac{\partial^2 S}{\partial q_i\, \partial a_k}\right) \neq 0\,.$$

Dann sind die n Gleichungen

$$\frac{\partial S}{\partial a_\ell} = b_\ell\,, \quad \ell = 1, \ldots, n\,,$$

nach den q_i auflösbar zu $q_i = \varphi_i(t,a,b)\,$, $i = 1, \ldots, n$. Dies ermöglicht dann

$$p_\ell := \frac{\partial S}{\partial q_\ell}$$

als Funktion von t,a,b zu schreiben:

$$p_\ell = \psi_\ell(t, a, b).$$

Diese q_i, p_i erfüllen die Hamiltonschen Gleichungen (2). Denn

$$(+) \qquad\qquad H\left(q, \frac{\partial S}{\partial q}(q, t, a), t\right) + \frac{\partial S}{\partial t} = 0$$

nach a_ℓ abgeleitet, ergibt

$$\sum_k \frac{\partial H}{\partial p_k} \frac{\partial^2 S}{\partial a_\ell\, \partial q_k} + \frac{\partial^2 S}{\partial a_\ell\, \partial t} = 0 \quad, \quad \ell = 1, \ldots, n\,.$$

Und $\dfrac{\partial S}{\partial a_\ell} = b_\ell$ nach t abgeleitet, ergibt

$$\sum_k \frac{\partial^2 S}{\partial q_k\, \partial a_\ell}\, \dot{q}_k + \frac{\partial^2 S}{\partial t\, \partial a_\ell} = 0\,.$$

Subtraktion beider Gleichungen liefert

$$\sum_k \frac{\partial^2 S}{\partial a_k\, \partial a_\ell}\left(\frac{\partial H}{\partial p_k} - \dot{q}_k\right) = 0, \qquad \ell = 1, \ldots, n,$$

und damit wegen $\det\left(\dfrac{\partial S}{\partial q\,\partial a}\right) \neq 0$ die eine Hälfte der Hamiltonschen Gleichungen. (+) nach q_ℓ abgeleitet, ergibt

$$\frac{\partial H}{\partial q_\ell} + \sum_k \frac{\partial H}{\partial p_k}\frac{\partial^2 S}{\partial q_k\,\partial q_\ell} + \frac{\partial^2 S}{\partial q_\ell\,\partial t} = 0$$

und $p_\ell = \dfrac{\partial S}{\partial q_\ell}$ nach t abgeleitet, ergibt

$$\dot{p}_\ell = \sum_k \frac{\partial^2 S}{\partial q_k\,\partial q_\ell}\,\dot{q}_k + \frac{\partial^2 S}{\partial t\,\partial q_\ell}\,.$$

Subtraktion dieser beiden Gleichungen liefert unter Berücksichtigung der eben erhaltenen Relation $\dfrac{\partial H}{\partial p} = \dot{q}$

$$\dot{p}_\ell = -\frac{\partial H}{\partial q_\ell}\,.$$

Es gibt auch noch einen (auf den ersten Blick anders aussehenden) Zugang zur Hamilton–Jacobi–Gleichung (s. [A] p. 253-5). Hier wird das Wirkungsintegral

$$S_{q^0,t^0}(q,t) = \int_\gamma L\,dt$$

entlang der dieses Integral minimierenden Kurve γ von (q^0, t^0) nach (q,t) betrachtet und gezeigt, daß gilt

$$dS = p\,dq - H\,dt\,.$$

Dann ist sofort klar, daß für S die Gleichungen

$$\frac{\partial S}{\partial t} = -H(p,q,t) \quad \text{und} \quad \frac{\partial S}{\partial q} = p$$

gelten, und damit auch (3).

0.4   Eine symplektische Umdeutung

Hier wird an 0.2 angeknüpft. Die Hamiltonfunktion H definiert ein *Hamiltonsches Vektorfeld* X_H auf dem Phasenraum T^*Q. Und zwar soll dies bezüglich der üblichen Koordinaten (q,p) definiert werden (s. A. 1.4) durch

$$X_H := \sum_i \frac{\partial H}{\partial p_i} \frac{\partial}{\partial q_i} - \sum \frac{\partial H}{\partial q_i} \frac{\partial}{\partial p_i} \;.$$

Zu vorgegebenem Vektorfeld X erhebt sich nun sofort die Frage nach *Integralkurven* γ, d.h. nach Kurven, deren Tangentialvektoren $\dot\gamma(t)$ in jedem Punkt der Kurve $\gamma(t)$ gerade mit den dort vorgegebenen Vektoren des Vektorfeldes übereinstimmen, also $\dot\gamma(t) = X_H\,(\gamma(t))$. Für

$$\gamma(t) = (q(t),\, p(t))$$

läuft diese Bedingung hier auf die Hamiltonschen Gleichungen (2)

$$\frac{\partial H}{\partial p} = \dot q \;,\; \frac{\partial H}{\partial q} = -\dot p$$

hinaus. Unter Verwendung von etwas mehr Differentialformentheorie (s. A. 1.4) kann dies auch so formuliert werden:

Es gibt eine 2–*Form*

$$\omega = \sum_i dq_i \wedge dp_i \in \Omega^2 \quad \text{auf } T^*Q$$

und ein *inneres Produkt* i, das aus einem Vektorfeld X und der 2–Form ω eine 1–Form $i(X)\omega$ macht. Dann sind die Hamiltonschen Gleichungen (2) äquivalent zu

$$(4) \qquad\qquad\qquad i(X_H)\omega = dH \;.$$

0.5   Die Hamiltonschen Gleichungen via Poissonklammer

Als *Poissonklammer* $\{\,,\,\}$ zweier (beliebig oft) differenzierbarer Funktionen f, g auf dem Phasenraum T^*M wird definiert[1]

$$\{f,g\} := \sum_i \frac{\partial f}{\partial q_i} \frac{\partial g}{\partial p_i} - \frac{\partial f}{\partial p_i} \frac{\partial g}{\partial q_i} \;,\quad f,g \in \mathcal{F}(T^*Q) \;.$$

---

[1] Vorsicht: in der Literatur (etwa bei [Ki]) ist $\{f,g\}$ bisweilen das Negative des hier gegebenen Ausdrucks !

Diese Poissonklammer erlaubt, den Raum der Funktionen $\mathcal{F}(T^*M)$ mit der Struktur einer Liealgebra (s. A. 2) zu versehen. Dies wird später noch diskutiert. Hier sei nur festgehalten, daß sich die Hamiltonschen Gleichungen (2) mit Hilfe der Poissonklammer auch schreiben lassen als

$$(5) \qquad \dot{q} = \{q,H\} \,, \; \dot{p} = \{p, H\} \,.$$

Dies legt nun nahe, zu erwarten, daß allgemeiner für die zeitliche Entwicklung einer durch f gegebenen Observablen für das vorgelegte System die Bedingung gilt

$$(5') \qquad \dot{f} = \{f, H\} \,.$$

0.6 Zur Quantisierung

Als Quantisierung wird der Prozeß bezeichnet, der aus einem gegebenen klassischen System ein *korrespondierendes Quantensystem* konstruiert. Dabei geht es darum, einen Übergang zu finden von den Punkten des Phasenraumes T^*M, die den Zustand des klassischen Systems fixieren, zu den Elementen v (genauer sogar zu den 1–dimensionalen Unterräumen $v\,\mathbb{C}$) eines komplexen Hilbertraumes $\mathcal{H}$, mit Hilfe derer gewisse Wahrscheinlichkeitsverteilungen für den Zustand eines quantenmechnischen Systemens erklärt werden. Und zwar soll der Übergang so erfolgen, daß der Hamiltonfunktion H und den klassischen Observablen f im Quantenbild selbstadjungierte Operatoren $\widehat{H}$ sowie $\widehat{f}$ in $\mathcal{H}$ entsprechen. Dabei liegt es nahe, zu wünschen, daß die Gleichung (5')

$$\dot{f} = \{f, H\}$$

der zeitlichen Entwicklung in T^*M in eine Operatorgleichung

$$\dot{\widehat{f}} = c\,[\widehat{f}, \widehat{H}]$$

übergeht, wobei $[\;,\;]$ hier natürlich die *Lie–Klammer* meint,

$$[A,B] = AB - BA,$$

und c eine von der Physik nahegelegte Konstante, und zwar $c = \frac{ih}{2\pi}$, h das *Plancksche Wirkungsquantum*.

Es wird später zu untersuchen sein, für welche $f \in \mathcal{F}(T^*M)$ eine Abbildung $f \longmapsto \widehat{f}$ in selbstadjungierte Operatoren definierbar ist, bei der gilt

$$1 \longmapsto \widehat{1} = id_{\mathcal{H}}$$

und

$$\widehat{\{f_1, f_2\}} = c\left[\widehat{f_1}, \widehat{f_2}\right] \,.$$

Dabei werden erhebliche Probleme auftreten, aber immerhin wird sich herausstellen, daß dies für sogenannte *primäre Größen*, i.e. Polynome vom Grad 2 in q und p oder für lineare Funktionen von $p_1,\ldots,p_n$ und beliebige Funktionen von $q_1,\ldots,q_n$ geht.

1 Symplektische Algebra

Die später einzuführenden *symplektischen Mannigfaltigkeiten* können als lokal durch *symplektische Vektorräume* approximiert gedacht werden. Es geht nun deshalb hier zunächst darum, Vektorräume mit Zusatzstrukturen zu definieren und zu studieren, die gegeben sind durch

a) ein Skalarprodukt,

b) eine symplektische Form,

c) eine komplexe Struktur.

Dazu ist etwas vertraute lineare und multilineare Algebra aufzuarbeiten. Als Endergebnis wird eine Beschreibung des Raumes aller mit einer vorgegebenen symplektischen Struktur verträglichen komplexen Strukturen als *Siegelscher Halbraum* herauskommen. Dieser Raum ist nicht nur für die Geometrie bedeutsam, sondern vor allem auch für die Funktionentheorie, die hier allerdings aus Platzgründen nur gestreift werden wird. Als Richtschnur für dies Kapitel dient VAISMAN: *Symplectic Geometry and Secondary Characteristic Classes* [V] Ch. 2 sowie [AM] Ch. 3. Für Hintergrundlektüre sei auch empfohlen E. ARTIN: *Geometric Algebra* [Ar].

1.1 Symplektische Vektorräume

Es sei K zunächst noch ein beliebiger kommutativer Körper mit Charakteristik Null. Später wird $K = \mathbb{R}$ zu setzen sein. Weiter sei V ein endlichdimensionaler K–Vektorraum (mit $\dim V = p$). Dann werden die Bausteine der symplektischen Geometrie folgendermaßen fixiert.

Definition: *V heißt* **symplektischer Vektorraum,** *wenn er mit einer symplektischen Form ω versehen ist. Dabei heißt eine Bilinearform*

$$\omega : V \times V \to K$$

eine **symplektische Form,** *wenn sie schiefsymmetrisch und nicht–ausgeartet ist, also*

$$\omega(v, v) = 0 \quad \text{für alle } v \in V$$

gilt und aus

$$\omega(v, w) = 0 \quad \text{für alle } v \in V$$

auf $w = 0$ geschlossen werden kann.

Bemerkungen

1. Bei [AM] werden auch unendlich–dimensionale symplektische Vektorräume betrachtet.

2. Diese Definition läuft für $K = \mathbb{R}$ parallel zu der des *euklidischen Vektorraumes*, der ausgezeichnet wird dadurch, daß er ein *Skalarprodukt* trägt, also eine symmetrische positiv definite Bilinearform, die im Regelfall mit s oder mit $\langle\,,\,\rangle$ bezeichnet wird.

Es sei

$$\underline{e} = (e_1, \dots, e_p)$$

eine Basis von V. Dann kann einer Bilinearform ω auf V bezüglich $\underline{e}$ eine Matrix zugeordnet werden

$$\omega \mapsto \omega_{\underline{e}} = (\omega_{ij}) \in M_p(K) \text{ mit } \omega_{ij} = \omega(e_i, e_j).$$

Für $K = \mathbb{R}$ gibt es eine schöne Klassifikationsaussage über die Normalformen symmetrischer resp. schiefsymmetrischer Bilinearformen.

Satz: *Es sei V ein p–dimensionaler $\mathbb{R}$–Vektorraum.*

i) *Falls s eine symmetrische Bilinearform vom Rang r ist, gibt es eine Basis $\underline{e}$ von V, bezüglich derer gilt*

$$s_{\underline{e}} = \begin{pmatrix} \varepsilon_1 & & & & & & \\ & \ddots & & & & & \\ & & \varepsilon_r & & & & \\ & & & 0 & & & \\ & & & & \ddots & & \\ & & & & & 0 \end{pmatrix} \quad \textit{mit } \varepsilon_i = \pm 1, \ i = 1, \dots, r.$$

ii) *Falls ω eine antisymmetrische Bilinearform vom Rang r ist, gilt $r = 2n$, und es gibt eine Basis $\underline{e}$ von V, bezüglich derer gilt*

$$\omega_{\underline{e}} = \begin{pmatrix} 0 & E_n & 0 \\ -E_n & 0 & 0 \\ 0 & 0 & 0 \end{pmatrix} \quad \textit{mit der Einheitsmatrix } E_n \in M_n(\mathbb{R}).$$

Beweis: i) Analog zum Gram–Schmidtschen Orthonormierungsverfahren kann geschlossen werden: Da s symmetrisch ist, gilt die Polarisierungsidentität

$$s(v, w) = (1/4)\big(s(v + w, v + w) - s(v - w, v - w)\big).$$

Also für $s \neq 0$ gibt es ein $e_1' \in V$ mit $s(e_1', e_1') \neq 0$. e_1' kann mit einem Skalar so in ein e_1 abgeändert werden, daß $s(e_1, e_1) = \varepsilon_1 = \pm 1$ gilt. Sei

$$V_1 := \mathbb{R}e_1 \text{ und } V_2 := \{v \in V, s\,(e,e_1) = 0\}.$$

Dann ist offenbar $V_1 \cap V_2 = \{0\}$, also $V_1 + V_2 = V$, denn für $v \in V$ ist

$$v - \varepsilon_1 s\,(v,e_1)\,e_1 \in V_2.$$

Es kann nun induktiv so weiterverfahren werden. Für $s \neq 0$ auf V_2 gibt es ein $e_2 \in V_2$ mit $s\,(e_2,e_2) = \varepsilon_2 = \pm 1$, usw.

ii) Für $\omega \neq 0$ muß es $e_1, e_{n+1} \in V$ geben mit $\omega\,(e_1,e_{n+1}) \neq 0$. Indem gegebenenfalls e_1 mit einem skalaren Faktor multipliziert wird, kann o.E. angenommen werden, es sei $\omega\,(e_1,e_{n+1}) = 1$. Da ω schiefsymmetrisch ist, gilt

$$\omega\,(e_1,e_1) = \omega\,(e_{n+1},e_{n+1}) = 0,$$

und die Matrix von ω' in der von e_1 und e_{n+1} aufgespannten Ebene E_1 ist

$$\begin{pmatrix} 0 & 1 \\ -1 & 0 \end{pmatrix}.$$

Es sei nun V_2 das ω–orthogonale Komplement zu E_1, also

$$V_2 := \{v \in V; \omega\,(v,v_1) = 0 \text{ für alle } v_1 \in E_1\}.$$

Dann gilt wieder $E_1 \cap V_2 = \{0\}$ und $V = E_1 \oplus V_2$, denn für $v \in V$ ist

$$v - \omega\,(v,e_{n+1})\,e_1 + \omega\,(v,e_1)\,e_{n+1} \in V_2.$$

Jetzt wird für $\omega \neq 0$ auf V_2 das Verfahren auf V_2 wiederholt und e_2 sowie e_{n+2} mit $\omega\,(e_2,e_{n+2}) = 1$ gewählt. Dies gibt induktiv die behauptete Matrix $\omega_{\underline{e}}$. $\qquad\square$

Die Aussage ii) gilt offenbar auch für allgemeinere Körper $K \neq \mathbb{R}$.

V^* bezeichne den *Dualraum* von V und $\underline{e}^*$ die zu $\underline{e}$ *duale Basis* von V^*, für die also gilt

$$e_i^*(e_j) = \langle e_j, e_i^* \rangle = \delta_{ij}.$$

Eine der Grundaussagen der (multi–)linearen Algebra (s. auch A 1.4) ist, daß der Raum $A^q(V,K)$ der schiefsymmetrischen q–linearen Abbildungen von V^q nach K isomorph ist zum q–ten äußeren Produkt $\Lambda^q V^*$ von V^*. $\Lambda^q V^*$ hat als K–Basis das System

$$e_{i_1}^* \wedge \ldots \wedge e_{i_q}^* \text{ mit } i_1 < \ldots < i_q.$$

Demnach kann insbesondere eine antisymmetrische Bilinearform ω mit der Matrix $\omega_{\underline{e}} = (\omega_{ij})$ bezüglich $\underline{e}$ auch geschrieben werden als

$$\omega = \sum_{i<j} \omega_{ij}\, e_i^* \wedge e_j^*.$$

ω wirkt in dieser Schreibweise als Abbildung, indem $(v,w) \in V \times V$

$$\omega\left(v,w\right) = \sum_{i<j} \omega_{ij}\left(e_i^*(v)e_j^*(w) - e_i^*(w)e_j^*(v)\right)$$

zugeordnet wird. Die Aussage ii) des Satzes läßt sich damit auch so formulieren:

Korollar: *Bei passender Basiswahl $\underline{e}$ kann die antisymmetrische Bilinearform ω geschrieben werden als*

$$\omega = \sum_{i=1}^{n} e_i^* \wedge e_{i+n}^*.$$

Es wird dies die *kanonische Form* von ω genannt und $\underline{e}$ eine *symplektische Basis* von V.

Es gilt dann

$$\omega\left(v,v'\right) = \sum_{i=1}^{n}(x_i y_i' - x_i' y_i),$$

wenn für $v \in V$ die Komponenten bezüglich $\underline{e}$ fixiert sind durch

$$v = \sum_{i=1}^{n} x_i e_i + \sum_{i=1}^{n} y_i e_{i+n} + \sum_{i=1}^{p-2n} z_i e_{2n+i}.$$

Besonders wichtig für die symplektische Geometrie sind natürlich die nicht ausgearteten schiefsymmetrischen Bilinearformen ω; bei diesen ist $p = r = 2n$, also V stets von geradzahliger Dimension. Ein *Kriterium* dafür, daß $\omega \in \Lambda^2 V^*$ nicht ausgeartet ist, wird gegeben dadurch, daß die n–te äußere Potenz $\omega^n = \omega \wedge \ldots \wedge \omega$ von ω ein nicht–triviales Vielfaches der *Volumenform*

$$\tau = e_1^* \wedge \ldots \wedge e_p^* \in \Lambda^p V^*$$

ist. Für τ gilt

$$\tau\left(v_1,\ldots,v_p\right) = \det(a_{ij}), \text{ falls } v_i = \sum_{j=1}^{p} a_{ij}\, e_j, \, i = 1,\ldots,p.$$

Für $\omega = \Sigma e_i^* \wedge e_{n+i}^*$ gilt $\omega^n = n!(-1)^{[n/2]}\tau$ mit der üblichen Notation, bei der für $x \in \mathbb{R}$ $[x]$ die größte ganze Zahl $\leq x$ benennt. Allgemein definiert

$$\tau_\omega = \frac{(-1)^{[n/2]}}{n!}\, \omega^n$$

eine *Orientierung* auf V (s. etwa [AM] p. 165/6).

Eine symplektische Form ω ermöglicht noch eine Identifikation

$$\omega^b : V \quad \to \quad V^*$$
$$v \quad \mapsto \quad \omega^b(v)$$

mit

$$\omega^b(v)(v') = \omega(v, v') \text{ für } v, v' \in V.$$

Unter Verwendung des Zeichens i für ein auch allgemeiner wirkendes *inneres Produkt*

$$i : V \times \Lambda^q V^* \quad \to \quad \Lambda^{q-1} V^*$$
$$(v, \vartheta) \quad \mapsto \quad i(v)\vartheta,$$

wobei $i(v)\vartheta$ als $(q-1)$–lineare Abbildung erklärt ist durch

$$i(v)\vartheta(v_1, \dots, v_{q-1}) = \vartheta(v, v_1, \dots, v_{q-1}),$$

ist auch

$$\omega^b(v) = i(v)\omega \in V^*.$$

Hier ergibt sich dann leicht für ω wie im Korollar

$$i(e_j)\omega \quad = \omega^b(e_j) = e_{j+n}^*, \quad j = 1, \dots, n,$$
$$i(e_{j+n})\omega \quad = \omega^b(e_{j+n}) = -e_j^*.$$

Obwohl es fast trivial ist, sei als **Übungsaufgabe 1.1** empfohlen, sich für eine Bilinearform ω auf V mit dim $V = m$ von der Äquivalenz der folgenden Bedingungen zu überzeugen

   a) ω ist nicht ausgeartet,

   b) ω^b ist ein Isomorphismus,

und, falls $m = 2n$ ist,

   c) $\omega^n = \omega \wedge \dots \wedge \neq 0.$

Damit ist dann auch das oben nur genannte und nicht bewiesene Kriterium erledigt.

Parallel zur euklidischen Geometrie wird in der symplektischen Geometrie definiert: Zwei Vektoren v, w aus dem symplektischen Vektorraum (V, ω) heißen *ω–orthogonal, schieforthogonal* oder – wenn kein Zweifel darüber besteht, daß die Aussage bezüglich ω gemeint ist – auch einfach *orthogonal*, falls gilt

$$\omega(v, w) = 0.$$

Es wird dann auch geschrieben $v \perp w$.

Beispiele:

1.) K^{2n} mit der symplektischen Form ω gegeben durch

$$\omega(v, v') = \sum (x_i y_i' - x_i' y_i) \text{ für } v \; = \; x_1 e_1 + \dots + y_1 e_{n+1} + \dots \quad + y_n e_{2n},$$
$$v' \; = \; x_1' e_1 + \dots \qquad\qquad + y_n' e_{2n}$$

mit der kanonischen Basis $\underline{e} = (e_1, \dots, e_{2n})$ ist der *symplektische Standardraum*. Nach dem Satz kann jeder $2n$–dimensionale symplektische Raum damit identifiziert werden.

2.) Es sei W ein n–dimensionaler K–Vektorraum und W^* sein Dualraum. Dann ist $V = W \oplus W^*$ ein symplektischer Raum mit

$$\omega : V \times V \to K$$

gegeben durch

$$\omega\,(t_1 + \tau_1, t_2 + \tau_2) = \tau_1(t_2) - \tau_2(t_1) \quad \text{für } t_1, t_2 \in W,\ \tau_1, \tau_2 \in W^*.$$

Bemerkung: Ein symplektischer Raum V hat viele Zerlegungen $V = W \oplus W^*$. Denn sei $\underline{e}$ eine symplektische Basis von V und W erzeugt von $e_1, \dots, e_n$. Dann ist W^* via ω^b isomorph zu dem von $e_{n+1}, \dots, e_{2n}$ erzeugten Untervektorraum, und es gilt $V = W \oplus W^*$ mit der eben definierten Form.

3.) Es sei für $k \in \mathbb{N}$ ein $p = (2n + k)$–dimensionaler K–Vektorraum U versehen mit einer schiefsymmetrischen Bilinearform $\widehat{\omega} : U \times U \to K$ vom Rang $2n$. Dann hat der *Annihilator* von $\widehat{\omega}$

$$U_0 := \{u \in U;\ \widehat{\omega}(u, w) = 0 \text{ für alle } w \in U\}$$

die Dimension k, und $\widehat{\omega}$ induziert eine symplektische Form ω auf $V := U/U_0$. Von diesem symplektischen Raum (V, ω) wird gesagt, er sei durch Reduktion aus $(U, \widehat{\omega})$ entstanden.

1.2   Symplektische Abbildungen, die symplektische Gruppe

Ebenso wie zu den euklidischen Vektorräumen die das Skalarprodukt erhaltenden *orthogonalen* Abbildungen gehören, gibt es hier einen natürlichen Abbildungsbegriff:

Definition: *Es seien (V_i, ω_i) zwei symplektische Vektorräume und $\phi : V_1 \to V_2$ eine lineare Abbildung. Dann heißt ϕ **symplektisch** genau dann, wenn gilt*

$$(*) \qquad \omega_2\big(\phi(v), \phi(w)\big) = \omega_1(v, w) \quad \textit{für alle } v, w \in V_1.$$

Bemerkung: Eine symplektische Abbildung ist stets injektiv, denn aus $\phi(v) = 0$ kann aus $(*)$ auf $v = 0$ geschlossen werden, da ω_1 nicht ausgeartet ist. Für $\dim V_1 = \dim V_2$ ist ϕ überdies ein Isomorphismus. Symplektische Isomorphismen werden auch *Symplektomorphismen* genannt.

Im Fall $(V_1, \omega_1) = (V_2, \omega_2) = (V, \omega)$ ist ϕ ein Automorphismus von (V, ω). Die Gesamtheit der symplektischen Automorphismen bildet mit der üblichen Komposition eine Gruppe $Sp(V)$, die *symplektische Gruppe* von (V, ω). Insbesondere für $V = K^{2n}$ mit der Standardform wird $Sp_n(K)$ geschrieben (heute leider manchmal auch $Sp_{2n}(K)$!).

Die Elemente $M \in Sp_n(K)$ sind natürlich Matrizen aus $GL_{2n}(K)$. Sie können folgendermaßen beschrieben werden. Für die Standardform gilt

$$\omega\,(v,v') = \sum (x_i y_i' - x_i' y_i),$$

was unter Verwendung der Matrix

$$J = J_n = \begin{pmatrix} 0 & E_n \\ -E_n & 0 \end{pmatrix}$$

und Spaltenvektoren v,v' mit ${}^t v = (x_1, \dots , x_n, y_1, \dots , y_n)$ auch geschrieben werden kann als

$$\omega\,(v, v') = {}^t v J v'.$$

Die Matrix M erhält diese Form, also

$$\omega\,(Mv, Mv') = \omega\,(v, v')$$

genau dann, wenn gilt

$$(+) \qquad\qquad\qquad {}^t M J M = J.$$

Durch einfaches Nachrechnen ergibt sich dann

Bemerkung: Für $A,B,C,D \in M_n(K)$ ist äquivalent

i) $$M = \begin{pmatrix} A & B \\ C & D \end{pmatrix} \in Sp_n(K)$$

ii) $$\qquad {}^t AC = {}^t CA, \quad {}^t BD = {}^t DB, \quad {}^t AD - {}^t CB = E_n$$

iii) $$\qquad {}^t AB = {}^t BA, \quad {}^t CD = {}^t DC, \quad {}^t AD - {}^t CB = E_n.$$

Spezielle symplektische Matrizen sind J sowie

$$U_V = \begin{pmatrix} V & 0 \\ 0 & V^* \end{pmatrix} \quad \text{mit } V^* = ({}^t V)^{-1}$$

und

$$T_S = \begin{pmatrix} E & S \\ 0 & E \end{pmatrix} \quad \text{mit } {}^t S = S.$$

Satz: *Diese Matrizen erzeugen $Sp_n(K)$.*

Beweis: s. etwa Eichler [E] p. 47/8.

Als Folgerung aus diesem Satz ergibt sich sofort, daß gilt

$$\det M = 1 \quad \text{für } M \in Sp_n(K),$$

da alle genannten Erzeugenden offenbar die Determinante 1 haben. Diese Aussage kann aber auch daraus gewonnen werden, daß ein symplektischer Automorphismus ϕ mit ω auch ω^n und damit die Volumenform erhält. Deshalb gilt

$$\begin{aligned} e_1^* \wedge \dots \wedge e_{2n}^*(\phi e_1, \dots , \phi e_{2n}) &= (\det \phi)\, e_1^* \wedge \dots \wedge e_{2n}^*(e_1, \dots , e_{2n}) \\ &= e_1^* \wedge \dots \wedge e_{2n}^*(e_1, \dots , e_{2n}), \end{aligned}$$

also $\det \phi = 1$.

Satz: *Es sei $M \in Sp_n(K)$ und λ ein Eigenwert von M mit Vielfachheit k. Dann ist auch $1/\lambda$ Eigenwert mit Vielfachheit k.*

Beweis: Es bezeichne

$$P(t) = \det(M - tE_{2n})$$

das charakteristische Polynom von M. Dann gilt unter Verwendung von $(+)$ und $\det M = 1$

$$
\begin{aligned}
P(t) &= \det({}^t M - tE_{2n}) = \det\left(J^{-1}({}^t M - tE_{2n})J\right) \\
&= \det(M^{-1} - tE_{2n}) = \det M^{-1} \det(E_{2n} - tM) \\
&= t^{2n} \det(M - (1/t)E_{2n}).
\end{aligned}
$$

$\square$

Bemerkung: Für $K = \mathbb{R}$ hat $M \in Sp_n(K)$ als komplexe Matrix gelesen mit dem Eigenwert $\lambda \in \mathbb{C}$ auch die Eigenwerte $\overline{\lambda}, 1/\lambda$ und $1/\overline{\lambda}$.

Die Aussagen über die Eigenwerte sind fundamental für die qualitative Theorie und Stabilität Hamiltonscher Systeme. Hier nur einige Anmerkungen zum Thema *Stabilität* (s. [A] p. 227):

Definition: *Eine Abbildung ϕ von V in sich heißt* **stabil**, *wenn zu jedem $\varepsilon > 0$ ein $\vartheta > 0$ existiert mit*

$$\| \phi^N v \| < \varepsilon \text{ für alle } N \in \mathbb{N} \text{ sobald } \| v \| < \vartheta.$$

Übungsaufgabe 1.2: Falls $\phi \in Sp(V)$ ist und einen Eigenwert λ mit $|\lambda| \neq 1$ hat, ist ϕ nicht stabil.

Übungsaufgabe 1.3: Falls alle Eigenwerte λ von $\phi \in \text{End } V$ verschieden sind und den Betrag 1 haben, ist die Transformation stabil.

Definition: *$\phi \in Sp(V)$ heißt* **stark stabil**, *falls jedes benachbarte $\phi_1 \in Sp(V)$ (d.h. hier etwa, daß die Matrixelemente von ϕ_1 bezüglich einer festen Basis von den entsprechenden von ϕ sich nur um ein kleines ε unterscheiden) stabil ist.*

Übungsaufgabe 1.4: Falls für $\phi \in Sp(V)$ alle $2n$ Eigenwerte verschieden sind und den Betrag 1 haben, ist ϕ stark stabil.

Die symplektische Gruppe ist ein bedeutendes Objekt für die Funktionentheorie und algebraische Geometrie. Hier sei dazu nur auf Siegel [Si$_1$] und [Si$_2$] verwiesen. $Sp_n(\mathbb{R})$ ist eine Liegruppe und hat eine Liealgebra $\mathfrak{sp}_n(\mathbb{R}) = \text{Lie } Sp_n(\mathbb{R})$ (s. A.2). Es läßt sich zeigen, daß mit der Standardform ω gilt

$$\mathfrak{sp}_n(\mathbb{R}) = \{M \in M_{2n}(\mathbb{R}),\ \omega\,(Mv, w) + \omega\,(v, Mw) = 0 \text{ für alle } v, w \in \mathbb{R}^{2n}\}$$

also auch

$$= \{M \in M_{2n}(\mathbb{R}),\ {}^t MJ + JM = 0\}.$$

Hieraus kann dann wie im letzten Satz geschlossen werden, daß für $M \in \mathfrak{sp}_n(\mathbb{R})$ mit λ auch $-\lambda$ Eigenwert ist, und zwar mit derselben Vielfachheit.

Besondere symplektische Abbildungen sind die *symplektischen Transvektionen* $\tau_{w,\lambda}$. Für $w \in V$ und $\lambda \in \mathbb{R}$ ist $\tau_{w,\lambda} : V \to V$ definiert durch

$$v \mapsto v + \lambda\,\omega\,(v, w)\,w.$$

Übungsaufgabe 1.5: Zeigen Sie
  a) Es gilt $\tau_{w,\lambda} \in Sp(V)$.
  b) $Sp(V)$ kann von symplektischen Transvektionen erzeugt werden, (s. etwa [Ja] p. 373).

1.3 Unterräume symplektischer Vektorräume

Es sei W ein k–dimensionaler linearer Unterraum des $2n$–dimensionalen symplektischen Raumes (V, ω). Dann bleiben $k = \dim W$ und $2l := \text{rang } \omega\big|_W$ ungeändert, wenn auf W symplektische Automorphismen $\phi \in Sp\,(V)$ angewendet werden. Es wird sich zeigen, daß diese beiden Zahlen k und $2l$ die Unterräume von V klassifizieren, da sie die einzigen unabhängigen symplektischen Invarianten für Unterräume sind.

Wie schon im Beweis des ersten Satzes in 1.1 sei

$$W^\perp := \{v \in V;\ \omega\,(v, w) = 0 \text{ für alle } w \in W\}.$$

$W^\perp$ wird der *schief–* (oder ω–)*orthogonale Raum zu W* genannt (und häufig auch einfach *orthogonal* genannt).

Bemerkung: Es gilt

$$\dim W^\perp = \dim V - \dim W = 2n - k.$$

Denn die Dimensionsformel (s. etwa [Fi$_1$] p. 316)

$$\dim V = \dim W + \dim W^\circ$$

für $W^\circ := \{\varphi \in V^*, \varphi\,(w) = 0 \text{ für alle } w \in W\}$ kann hier angewandt werden, da (für eine beliebige nicht ausgeartete Bilinearform ω) $W^\perp$ via ω^b mit W° identifiziert werden kann.

Spezifisch für die symplektische Algebra ist das Auftreten des *Radikals* rad W von W

$$\text{rad } W := W \cap W^{\perp}.$$

Hierfür gilt auch

$$\text{rad } W = \{w \in W;\ i(w)\,\omega|_W = 0\}$$

und

$$\dim\ \text{rad } W = \dim W - \ \text{rang } \omega|_W = k - 2l.$$

Weitere Eigenschaften der Bildung der ω–orthogonalen Räume sind offenbar die folgenden.

Bemerkung: Es gilt
a) $W^{\perp} \subset W'^{\perp}$ für $W' \subset W$,
b) $(W^{\perp})^{\perp} = W$,
c) $(W + W')^{\perp} = W^{\perp} \cap W'^{\perp}$,
d) $(W \cap W')^{\perp} = W^{\perp} + W'^{\perp}$.

Ein dritter W zugeordneter Raum wird erklärt als

$$^{u}W := W + W^{\perp}.$$

Die übliche Dimensionsformel besagt hier

$$\dim{}^{u}W = \dim W + \dim W^{\perp} - \dim\ \text{rad } W = 2n - (k - 2l).$$

Aus diesen Räumen können nun noch weitere gewonnen werden, und zwar ist

$$W^{\text{red}} := W/\text{rad } W$$

der *zu W assoziierte symplektische Raum*. Es gilt dim $W^{\text{red}} = 2l$, und für einen Unterraum $U \subset V$ mit

$$W = \text{rad } W \oplus U$$

ist $(U, \omega|_U)$ symplektisch und isomorph zu W^{red}. U ist auch ω–orthogonal zu rad W. Deshalb wird auch $W = \text{rad } W \perp U$ geschrieben. Ebenso ist U' mit $W^{\perp} = \text{rad } W \oplus U'$ symplektisch und isomorph zu dem reduzierten Raum $(W^{\perp})^{\text{red}} = W^{\perp}/\text{rad } W$.

Die wichtigsten Typen von Unterräumen eines symplektischen Raumes (V, ω) sind nun die folgenden.

Definition: *Ein Unterraum Q von V mit $\omega|_Q = 0$ heißt* **isotroper Unterraum** *von (V, ω).*

Ein Unterraum $W \subset V$ mit $\omega|_W$ nichtausgeartet heißt **symplektischer Unterraum von V**.

Ein Unterraum $W \subset V$ mit $W^{\perp}$ isotrop heißt **koisotrop**.

Ein Unterraum $L \subset V$, der sowohl isotrop als auch koisotrop ist (also mit $L^{\perp} = L$) heißt **Lagrangescher Unterraum.**

Bevor die Lagrangeschen Unterräume weiter diskutiert werden, soll nun die schon angekündigte Aussage, daß Dimension und Rang die einzigen symplektischen Invarianten eines Unterraums sind, gezeigt werden. Sie wird sich als Korollar zu folgender auch sonst noch gebrauchten Überlegung ergeben, die hier beeinflußt ist von ARTINS meisterhafter paralleler Darstellung orthogonaler und symplektischer Geometrie in seiner „Geometric Algebra" [Ar] p. 114 ff.

Ein zweidimensionaler symplektischer Raum P hat nach dem Satz in 1.1 die Form

$$P = eK + e_* K \text{ mit } \omega(e, e) = \omega(e_*, e_*) = 0, \ \omega(e, e_*) = 1.$$

P heißt auch eine *hyperbolische Ebene* und (e, e_*) ein *hyperbolisches Paar*. Eine orthogonale Summe hyperbolischer Ebenen wird dann *hyperbolischer Raum* genannt

$$H_{2r} = P_1 \perp \ldots \perp P_r.$$

Nach 1.1 ist ein symplektischer Raum orthogonale Summe hyperbolischer Ebenen, also ein hyperbolischer Raum. Als wichtiges Hilfsmittel erweist sich die folgende Aussage, die die Existenz einer symplektischen Hülle eines Unterraumes U eines symplektischen Raumes hergibt. Dabei wird noch der Begriff der symplektischen Abbildung ausgedehnt auf Abbildungen solcher Unterräume U, die verträglich sind mit der Einschränkung der symplektischen Form auf U.

Satz 1: *Es sei V symplektisch und U ein Unterraum, geschrieben in der Form*

$$U = \text{rad } U \perp W.$$

$e_1, \ldots, e_r$ sei eine Basis von rad U. *Dann gibt es Elemente $e_{1*}, \ldots, e_{r*} \in V$, so daß*

$$P_i = e_i K + e_{i*} K \text{ hyperbolisch } (i = 1, \ldots, r)$$

ist mit

$$P_i \perp P_j \text{ für } i \neq j \text{ und } P_i \perp W \text{ für alle } i.$$

Also ist

$$V \supset \overline{U} := P_1 \perp \ldots \perp P_r \perp W$$

symplektisch mit $\overline{U} \supset U$.

Eine symplektische Abbildung ϕ von U in einen symplektischen Raum V' kann zu einer symplektischen Abbildung $\overline{\phi} : \overline{U} \to V'$ ausgedehnt werden.

Beweis: i) Der Beweis der ersten Aussage erfolgt mit Induktion. Für $r = 0$ ist nichts zu zeigen. Es wird angenommen, die Behauptung sei richtig für $r' < r$. Es sei

$$U_0 := \langle e_1, \ldots, e_{r-1} \rangle \perp W.$$

Dann ist e_r orthogonal zu $U_0, e_r \notin U_0$ und

$$\operatorname{rad} U_0 = \operatorname{rad} U_0^\perp = \langle e_1, \dots, e_{r-1} \rangle.$$

Infolgedessen gilt $e_r \in U_0^\perp$ und $e_r \notin \operatorname{rad} U_0^\perp$, also gibt es ein $a \in U_0^\perp$, für das $\omega(e_r, a) \neq 0$ ist. Die von e_r und a aufgespannte Ebene ist in $U_0^\perp$ enthalten, a kann in dieser Ebene so zu e_{r*} abgeändert werden, daß e_r, e_{r*} ein hyperbolisches Paar ist. Damit ist

$$P_r := e_r K + e_{r*} K$$

in $U_0^\perp$ enthalten und orthogonal zu U_0, also $U_0 \subset P_r^\perp$.

Wegen dim rad $U_0 = r - 1$ kann die Induktionsannahme auf

$$U_0 = \operatorname{rad} U_0 \perp W \subset P_r^\perp$$

angewandt werden, und dies besagt die Existenz von hyperbolischen Ebenen

$$P_i = \langle e_i, e_{i*} \rangle \subset P_r^\perp, i = 1, \dots, r-1,$$

die paarweise orthogonal und alle zu W orthogonal sind. Da alle P_i auch zu P_r orthogonal sind, ist

$$\overline{U} := P_1 \perp \dots \perp P_r \perp W$$

der gesuchte symplektische Raum.

ii) Es sei ϕ eine symplektische Abbildung von U in V' und

$$e_i' := \phi(e_i) \text{ sowie } W' := \phi(W).$$

Dann ist

$$\phi(U) = \langle e_1', \dots, e_r' \rangle \perp W'.$$

Nach i) gibt es in V' Elemente e_{i*}', so daß für $P_i' = \langle e_i', e_{i*}' \rangle$ gilt

$$P_i' \perp P_j' \text{ für } i \neq j \text{ und } P_i' \perp W', \ i = 1, \dots, r.$$

Die Vorschrift $\overline{\phi}(e_{i*}) := e_{i*}'$ gibt dann die gesuchte Ausdehnung von ϕ. $\qquad \square$

Eine Folgerung dieses Satzes ist eine Aussage, die ein Spezialfall eines Satzes von WITT ist.

Korollar: *V und V' seien isomorphe symplektische Räume, $U \subset V$ sei ein Unterraum und ϕ eine symplektische Abbildung von U in V'. Dann kann ϕ zu einem Isomorphismus $\overline{\phi}$ von V auf V' ausgedehnt werden.*

Beweis: Nach dem vorigen Satz kann ϕ zu $\overline{U} \to V'$ ausgedehnt werden. Es kann also o.E. angenommen werden, U sei symplektisch, also es gelte $V = U \perp U^\perp$. Sei $U' := \phi(U)$ und $U'^\perp$ mit $V' = U' \perp U'^\perp$. Dann bleibt nur zu zeigen, daß $U^\perp$ und $U'^\perp$ symplektisch isomorph sind. Dies ist aber klar, da beide Räume dieselbe Dimension haben und kein Radikal, also als symplektische Räume gleicher Dimension isomorph sind. $\qquad \square$

Hiermit ist nun auch klar, daß Dimension und Rang eines Unterraumes $U \subset V$ die einzigen symplektischen Invarianten sind, denn je zwei Räume U_i mit gleichen Rängen und Dimensionen können wie im Satz eben in Rad U_i und W_i zerlegt werden, die Basen der Radikale und der W_i lassen sich aufeinander abbilden, und dies kann nach dem Korollar eben zu einem symplektischen Automorphismus von V fortgesetzt werden.

Neben dem Begriff des isotropen Unterraumes ist der des *Lagrangeschen Unterraumes* der bedeutungsvollste. Es sei noch einmal zusammengestellt, was die in diesem Abschnitt anfangs gemachten Betrachtungen dazu hergeben.

Für einen Unterraum $W \subset V$ mit dim $W = k$ ist

$$W \quad \text{isotrop} \quad \Leftrightarrow \quad W \subset W^\perp \quad \Rightarrow k \leq n$$

$$W \quad \text{koisotrop} \quad \Leftrightarrow \quad W \supset W^\perp \quad \Rightarrow k \geq n$$

$$W \quad \text{Lagrange} \quad \Leftrightarrow \quad W = W^\perp \quad \Rightarrow k = n.$$

Ein Lagrangescher Unterraum L kann also als maximal isotrop gekennzeichnet werden. Es gilt dann auch (bei der Identifikation $V \cong V^*$ gegeben durch ω^b wie in 1.1)

$$V = L \oplus L^\perp = V^*$$

und die

Bemerkung: Es sei W ein koisotroper Unterraum von V. Dann ist das Bild von $L \cap W$ bei Projektion in W^{red} ein Lagrangescher Unterraum.

Beweis als **Übungsaufgabe 1.6** (s. [V] p. 35).

Definition: *Es bezeichne*

$$\mathcal{L}(V)$$

die Gesamtheit der Lagrangeschen Unterräume $L \subset V$.

Nach dem letzten Korollar operiert $Sp(V)$ transitiv auf $\mathcal{L}(V)$, d.h. zu je zwei $L_1, L_2 \in \mathcal{L}(V)$ gibt es ein $\phi \in Sp(V)$ mit

$$\phi(L_1) = L_2.$$

In einem solchen Fall gilt ganz allgemein, daß $\mathcal{L}(V)$ die Struktur eines *homogenen Raumes* hat. Der Begriff des *homogenen Raumes* wird wird später noch eine ganz wesentliche Rolle spielen (s. etwa in 2.5). Er soll deshalb als Einstieg hier in dem speziellen Beispiel ein bißchen diskutiert werden.

Es bezeichne G_L die *Isotropiegruppe* von $L \in \mathcal{L}(V)$, also

$$G_L := \{\phi \in Sp(V), \phi(L) = L\}.$$

Sei $\underline{e} = (e_i, e_{i*})_{i=1,\ldots,n}$ eine L *adaptierte* symplektische Basis von V, also mit $\langle e_1, \ldots, e_n \rangle = L$ und $\langle e_{1*}, \ldots, e_{n*} \rangle = L^{\perp}$. Dann ist bezüglich dieser Basis $V \cong K^{2n}$, $Sp(V) \cong Sp_n(K)$, $L \cong L_0 := \langle e_1^\circ, \ldots, e_n^\circ \rangle$, wobei (e_i°) die kanonischen Einheitsvektoren im K^{2n} meint, und

$$G_L \cong G_{L_0} = \left\{ \begin{pmatrix} A & B \\ 0 & D \end{pmatrix} ; {}^t BD = {}^t DB, {}^t AD = E_n \right\}.$$

Denn $M(L_0) = L_0$, also

$$\begin{pmatrix} A & B \\ C & D \end{pmatrix} \begin{pmatrix} e' \\ 0 \end{pmatrix} \in L_0,$$

erfordert $C = 0$, so daß sich mit der Bemerkung in 1.2 über die allgemeine Gestalt der symplektischen Matrizen die behauptete Aussage ergibt.

Damit läßt sich nun eine Bijektion herstellen zwischen $\mathcal{L}(V)$ und der Menge der Nebenklassen von G_{L_0} in $Sp_n(K)$, also

$$Sp_n(K)/G_{L_0} \cong \mathcal{L}(V), \quad M \longmapsto M(L_0),$$

denn aus

$$M(L_0) = M'(L_0) \quad \text{folgt} \quad M^{-1}M' \in G_{L_0}.$$

In ähnlicher Weise kann noch eine andere Familie interessanter Unterräume beschrieben werden. Und zwar sei $\mathcal{T}(L)$ für einen festen Lagrangeschen Unterraum $L \subset V$ die Gesamtheit aller zu L transversalen Lagrangeschen Unterräume L', also

$$\mathcal{T}(L) := \{ L' \in \mathcal{L}(V), L \oplus L' = V \}.$$

Der Beweis des Satzes vorhin zeigt mit, daß G_L transitiv auf $\mathcal{T}(L)$ operiert. Sei (e_i) eine Basis von L und (e_{i*}) eine von L' (so daß beide zusammen eine symplektische Basis von V ausmachen), dann kann bezüglich dieser Basis die Isotropiegruppe $G_{L,L'} \subset G_L \subset SpV$, die L und L' festhält, identifiziert werden mit der Gruppe der Matrizen

$$\begin{pmatrix} A & 0 \\ 0 & {}^t A^{-1} \end{pmatrix}, \quad A \in GL_n(K),$$

die natürlich dann zu $GL_n(K)$ isomorph ist. Es gilt also

$$\mathcal{T}(L) \cong G_L/GL_n(K).$$

Bei Vaisman [V] p. 36–38 wird noch die folgende Aussage und einige Konsequenzen davon diskutiert.

Satz 2: $\mathcal{T}(L)$ *hat in natürlicher Weise die Struktur eines affinen Raumes über K der Dimension $n(n+1)/2$.*

Ein affiner Raum ist dabei ein Tripel $(\mathcal{A}, V, \pi)$, $\mathcal{A}$ eine Menge, V ein K-Vektorraum und $\pi : \mathcal{A} \times \mathcal{A} \to V$ eine Abbildung, so daß $\pi|_{\{a_0\} \times \mathcal{A}}$ für einen Fixpunkt $a_0 \in \mathcal{A}$ eine Bijektion ist und für alle $a, b, c \in \mathcal{A}$ gilt

$$\pi(a,b) + \pi(b,c) = \pi(a,c).$$

Diese Definition kann leicht in Einklang mit der in hiesigen Anfängerveranstaltungen üblichen (s. etwa [Fi$_2$] p. 4) gebracht werden. Von dem bei VAISMAN angeführten Beweis wird hier nur eine Skizze gegeben:

Bei Fixierung der vorhin schon gebrauchten Basis ist eine Matrix einer Abbildung, die $L' \in \mathcal{T}(L)$ in $L'' \in \mathcal{T}(L)$ transportiert, von der Form

$$\begin{pmatrix} A & B \\ 0 & D \end{pmatrix} \in G_{L_0},$$

kann also modulo $G_{L,L'} \cong GL_n(K)$ abgeändert werden zu

$$\begin{pmatrix} E_n & X \\ 0 & E_n \end{pmatrix} \text{ mit } X = {}^tX.$$

Dies zeigt nun schon, daß $\mathcal{T}(L)$ bezüglich einer festen Basis von V in Bijektion ist zur Menge der symmetrischen $n \times n$–Matrizen, also als ein $(n\,(n+1)/2)$–dimensionaler affiner Unterraum des K^{n^2} verstanden werden kann. Diese Betrachtung kann noch Basis–unabhängig gemacht werden, da die symmetrische Matrix X eine koordinatenunabhängige quadratische Form q auf dem Dualraum L^* definiert. Es kann dann noch gezeigt werden

Bemerkung 1: Zu jedem Paar (L,L') Lagrangescher Unterräume von (V,ω) gibt es einen gemeinsamen transversalen Lagrangeraum L''.

Bemerkung 2: Seien L,L',L'' Lagrangesche Unterräume von (V,ω) und $L \cap L' = L \cap L''$. Dann gibt es eine (nicht eindeutige) symplektische Transformation von V, die jeden Vektor von L invariant läßt und L' auf L'' abbildet.

Es bietet sich an, die Beweise dieser beiden Bemerkungen (die übrigens auch bei [V] zu finden sind) als **Übungsaufgabe 1.7** vorzuschlagen.

1.4 Komplexe Strukturen in reellen symplektischen Räumen

Bisher wurde $\mathbb{R}^{2n}$ betrachtet mit

i) der *kanonischen euklidischen Struktur* gegeben durch

$$s\,(v,w) := (v,w) = {}^tvw = \sum_{j=1}^{2n} v_j w_j \text{ für } v,w \in \mathbb{R}^{2n} \text{ (als Spalten)}$$

ii) der *kanonischen symplektischen Struktur* gegeben durch

$$\omega\,(v,w) = {}^t v J w = \sum_{i=1}^{n} (v_i\,w_{n+i} - v_{n+i}\,w_i).$$

Nun ist als $\mathbb{R}$–Vektorraum $\mathbb{R}^{2n} \simeq \mathbb{C}^n$. Bei der Identifikation

$$v = \begin{pmatrix} x \\ y \end{pmatrix} \leftrightarrow z = x + iy$$

entspricht $z \mapsto iz$ der Operation $v \mapsto -Jv = \begin{pmatrix} -y \\ x \end{pmatrix}$. Dies führt dazu, zu sagen

$$J : \mathbb{R}^{2n} \to \mathbb{R}^{2n} \text{ mit } J^2 = -\,\mathrm{id}$$

versieht $\mathbb{R}^{2n}$ mit einer komplexen Struktur. Dann liegt die Frage danach nahe, auf wieviele Weisen $\mathbb{R}^{2n}$ bzw. ein beliebiger $\mathbb{R}$–Vektorraum mit einer komplexen Struktur versehen werden kann. Dies wird weiter unten behandelt werden. Dem sei hier zunächst ohne eine ausführlichere Diskussion als **Zusammenstellung** vorangestellt:

Die invertierbaren linearen Abbildungen des $\mathbb{R}^{2n}$, i.e. die invertierbaren Matrizen M, die

i) das *kanonische Skalarprodukt s* erhalten, bilden die *orthogonale Gruppe $O(2n)$*

ii) die *symplektische Standard–Form ω* erhalten, bilden die *symplektische Gruppe $Sp_n(\mathbb{R})$*

iii) die die *komplexe Struktur J* erhalten, also mit $MJ = JM$, sind von der Form

$$M = \begin{pmatrix} X & Y \\ -Y & X \end{pmatrix},$$

bilden also via $M \mapsto X + iY$ die *allgemeine lineare Gruppe $GL_n(\mathbb{C})$*.

Es kann gezeigt werden, daß gilt

$$O(2n) \cap Sp_n(\mathbb{R}) = Sp_n(\mathbb{R}) \cap GL_n(\mathbb{C}) = GL_n(\mathbb{C}) \cap O(2n) = U(n).$$

Die unitäre Gruppe $U(n)$ erhält dann das hermitesche Skalarprodukt $h\,(v,w) = s\,(v,w) + i\,\omega\,(v,w)$. In Fortsetzung der schon im vorigen Abschnitt gewonnenen Aussage gilt für den Raum aller Lagrangeschen Unterräume von $\mathbb{R}^{2n}$

$$\mathcal{L}\,(\mathbb{R}^{2n}) \simeq U(n)/O(n),$$

und der Raum aller *positiven verträglichen* (s.u.) komplexen Strukturen J auf $\mathbb{R}^{2n}$ ist in Bijektion zu

$$\mathfrak{H}_n = \left\{ Z \in M_n(\mathbb{C}); {}^t Z = Z,\ \mathrm{Im}\,Z > 0 \right\} = Sp_n(R)/U(n).$$

Dies alles soll jetzt in etwas größerer Allgemeinheit ([V] p. 40 ff folgend) diskutiert werden.

Definition: *Es sei V ein $\mathbb{R}$–Vektorraum. $J \in Aut\, V$ heißt eine* **komplexe Struktur** *auf V, falls gilt*

$$J^2 = -\mathrm{id}_V.$$

Falls V noch symplektisch ist mit der Form ω, dann heißt die komplexe Struktur J *verträglich* mit ω, falls gilt

$$\omega(Jv, Jw) = \omega(v, w) \text{ für alle } v, w \in V.$$

Wie schon vorhin angedeutet, kann (V, J) zu beliebiger komplexer Struktur J als $\mathbb{C}$–Vektorraum verstanden werden via

$$\sqrt{-1}\, v := -Jv.$$

Weiter kann J linear auf die *Komplexifizierung*

$$V_c := V \otimes_{\mathbb{R}} \mathbb{C}$$

fortgesetzt werden. Dort hat dann J die Eigenwerte $\pm\sqrt{-1}$, denn aus $Jw = \lambda w$ folgt

$$-w = J^2 w = \lambda J w = \lambda^2 w.$$

Die Eigenräume zu $\lambda_{1,2} = \pm\sqrt{-1}$ sind jeweils n–dimensional, und zwar

$$V_c^+ := \{v - \sqrt{-1}\, Jv,\, v \in V\}, \qquad \overline{V}_c^+ := \{v + \sqrt{-1}\, Jv,\, v \in V\}.$$

Es gilt also

$$V_c = V_c^+ \oplus \overline{V}_c^+,$$

und

$$v \mapsto v - \sqrt{-1}\, Jv$$

beschreibt einen $\mathbb{C}$–Vektorraumisomorphismus zwischen (V, J) und $(V_c^+, \sqrt{-1})$.

Falls nun J eine mit der symplektischen Form ω verträgliche komplexe Struktur ist, wird gesetzt

$$g(v, w) := \omega(v, Jw) \text{ für } v, w \in V.$$

Wegen der Verträglichkeit von J und ω ist dann auch

$$g(Jv, w) = \omega(v, w)$$

und deshalb mit $J^2 = -1$ und der Schiefsymmetrie von ω auch

$$g(v, w) = g(w, v) \text{ und } g(Jv, Jw) = g(v, w).$$

Also ist g eine symmetrische Bilinearform, und mit ω ist auch g nicht ausgeartet. g wird dann eine *ω–kompatible pseudohermitesche Metrik* genannt.

Falls $g(v,v) \geq 0$ für alle $v \in V$ gilt, heißt g eine *hermitesche Metrik*[1], J eine *positive verträgliche* komplexe Struktur und das Tripel (V, ω, J) ein *Kähler–Vektorraum*.

Satz 1: *Jeder reelle symplektische Vektorraum (V, ω) kann mit einer verträglichen positiven komplexen Struktur J und einer hermiteschen Struktur g versehen werden. Je zwei solche Strukturen J_0 und J_1 sind im folgenden Sinne homotop: es gibt eine differenzierbare Familie J_t, $0 \leq t \leq 1$, positiver verträglicher komplexer Strukturen auf V, die J_0 mit J_1 verbindet.*

Nebenbemerkung: Eine analoge Aussage gilt auch für reelle Hilberträume mit einer schiefsymmetrischen schwach nicht ausgearteten Bilinearform ω. Die folgende Schlußweise reduziert den Beweis aus [AM] p. 173 auf den hier behaupteten einfacheren Fall.

Beweis: Es sei γ ein euklidisches Skalarprodukt auf V und $A : V \to V$ definiert durch

$$\gamma(Av, w) = \omega(v, w) \quad \text{für alle } v, w \in V.$$

Da ω schiefsymmetrisch ist, gilt auch

$$\gamma(Av, w) = -\omega(w, v) = -\gamma(v, Aw),$$

also

$$\gamma(A^2 v, w) = -\gamma(Av, Aw) = \gamma(v, A^2 w),$$

d.h. A^2 ist selbstadjungiert und wegen

$$\gamma(A^2 v, v) = -\gamma(Av, Av) \leq 0$$

negativ, hat also nur negative nicht notwendig verschiedene reelle Eigenwerte $-\lambda_j^2$, $\lambda_j > 0$ $(j = 1, \ldots, 2n)$. V hat also eine γ–ON–Basis $\underline{a}$ aus Eigenvektoren $a_1, \ldots, a_{2n}$ von A^2. Sei $B \in \mathrm{Aut}\, V$ mit

$$M_{\underline{a}}(B) = \begin{pmatrix} \lambda_1 & & \\ & \ddots & \\ & & \lambda_{2n} \end{pmatrix}.$$

Dann ist B der einzige selbstadjungierte positive Operator mit

$$B^2 = -A^2.$$

Für

$$J := AB^{-1}$$

gilt auch

$$J = B^{-1}A,$$

---

[1] Diese Bezeichnung erklärt sich später durch die Fortsetzbarkeit von g zu einer hermiteschen Metrik auf der Komplexifizierung von V.

da A und B bezüglich $\underline{a}$ diagonal sind, also

$$J^2 = AB^{-1} \cdot B^{-1}A = -E.$$

Dies J ist verträglich mit ω, denn es gilt

$$
\begin{aligned}
\omega(Jv, Jw) &= \omega(AB^{-1}v, AB^{-1}w) \\
&= \gamma(A^2B^{-1}v, AB^{-1}w) = -\gamma(AB^{-1}v, A^2B^{-1}w) \\
&= -\omega(B^{-1}v, A^2B^{-1}w) = \omega(B^{-1}v, Bw) \\
&= \omega(BB^{-1}v, w) = \omega(v, w).
\end{aligned}
$$

Für g mit

$$(*) \qquad\qquad g(v, w) := \omega(v, Jw)$$

gilt dann

$$
\begin{aligned}
g(v, v) &= \omega(v, Jv) = \gamma(Av, Jv) = -\gamma(v, AJv) \\
&= \gamma(v, Bv) \geq 0
\end{aligned}
$$

nach Konstruktion von B. Das so konstruierte J erfüllt also die Forderungen im Satz. Es hängt ab von dem eingangs gewählten Skalarprodukt γ, also $J = J_\gamma$. Es kann eingesehen werden, daß jede positive verträgliche komplexe Struktur J von einem solchen γ herkommt (es genügt zu verstehen, daß $J = J_g$ mit g aus $(*)$).

Die letzte Aussage des Satzes ergibt sich nun leicht. Seien nämlich J_0 und J_1 gegeben, dann sind sie von der Form J_{γ_0} und J_{γ_1}, also ineinander überführbar durch die Familie J_{γ_t}, wobei

$$\gamma_t := t\gamma_0 + (1-t)\gamma_1 \quad (0 \leq t \leq 1)$$

eine Familie von Metriken beschreibt. $\qquad\qquad\qquad\qquad\qquad\qquad\qquad\qquad$ $\square$

Im *Standardfall* $V = \mathbb{R}^{2n}$ mit $\omega(v, w) = {}^t v J_0 w$, $J_0 = \begin{pmatrix} 0 & 1 \\ -1 & 0 \end{pmatrix}$, ist für $\gamma(v, w) = {}^t vw$ offenbar $A = -J_0$, also $A^2 = -E, B = E$ und $J = -J_0$ erweist sich als positive komplexe Struktur zu $g(v, w) = {}^t vw$.

Das eben behandelte Skalarprodukt heißt *hermitesche Metrik*, denn g läßt sich zu einer *hermiteschen Bilinearform* g_c auf der Komplexifizierung V_c von V fortsetzen durch

$$g_c(\sqrt{-1}\,v, w) = -g_c(v, \sqrt{-1}\,w) = \sqrt{-1}\,g(v, w) \text{ für } v, w \in V.$$

Dann gibt die Restriktion von g_c auf V_c^+

$$g_c(v - \sqrt{-1}\,Jv, w - \sqrt{-1}\,Jw) = 2\left[g(v, w) - \sqrt{-1}\,\omega(v, w)\right],$$

und

$$h(v, w) := g(v, w) + \sqrt{-1}\,\omega(v, w) \text{ für } v, w \in V$$

ist eine übliche hermitesche Metrik auf (V, J) als $\mathbb{C}$–Vektorraum. Dies ergibt dann sofort die

Bemerkung 1: Die Abbildung

$$V \ni v \mapsto \frac{1}{\sqrt{2}}(v - \sqrt{-1}\,Jv) \in V_c^+$$

ist ein Isomorphismus der hermiteschen Räume (V, J, h) und (V_c^+, g_c).

Nach der linearen Algebra hat (V, J, h) eine ON–Basis bezüglich h, also eine $\mathbb{C}$–Basis (e_j), $j = 1, \ldots, n$, mit

$$h\,(e_j, e_k) = \delta_{jk}.$$

Wegen $h = g - \sqrt{-1}\,\omega$ und $g\,(v, w) = g\,(Jv, Jw) = \omega\,(v, Jw)$ ist dies äquivalent zu

$$g(e_j, e_k) = g(Je_j, Je_k) = \delta_{jk}, \quad g(e_j, Je_k) = 0,$$

was wiederum so gelesen werden kann, daß (e_j, Je_j), $j = 1, \ldots, n$, eine reelle g–ON–Basis von V ist und dann auch, daß mit $e_{j*} = e_{n+j} = Je_j$ die Familie (e_j, e_{j*}), $j = 1, \ldots, n$, eine symplektische Basis von V ist.

Umgekehrt, falls (e_j, Je_j) eine *reelle unitäre Basis* von (V, ω, J) ist, d.h. eine g–ON–Basis und zugleich eine symplektische Basis, dann ist (e_j) auch eine h–Basis, und dem entspricht dann eine $\mathbb{C}$–Basis von V_c^+ gegeben durch

$$e_j' = (e_j - \sqrt{-1}\,Je_j)/\sqrt{2}, \quad j = 1, \ldots, n.$$

Diese heißt dann eine *komplexe unitäre* Basis.

Die Automorphismen der Struktur (V, ω, J), die die symplektische Form ω erhalten und ebenfalls die Metrik g (oder, äquivalent, die mit J vertauschen) heißen *unitäre Transformationen* und bilden die *unitäre Gruppe* $U(V, J)$. Diese Automorphismen sind auch dadurch charakterisiert, daß sie unitäre Basen wieder in solche überführen. Weitere äquivalente Beschreibungen sind gegeben als die komplex–linearen Transformationen von (V, J), die die Metrik h erhalten, oder (s. die letzte Bemerkung) als die Gruppe der komplex linearen Transformationen von V_c^+, die die Metrik g_c erhalten. Nach Fixierung einer Basis läuft dies auf die zu Beginn dieses Abschnitts genannten Relationen zwischen Matrizengruppen hinaus: Die Wahl einer unitären Basis (e_j), $j = 1, \ldots, n$, erlaubt, (V, J, h) sowie (V_c^+, g_c) mit $\mathbb{C}^n$ zu identifizieren, wobei dann h in den komplexen Koordinaten (z_j) bezüglich (e_j) die kanonische hermitesche Metrik wird

$$h(z, z') = \sum_{j=1}^{n} z_j\,\overline{z}_j'.$$

Damit ist dann

$$U(V, J) \simeq U\,(n) = \{U \in GL_n(\mathbb{C});\ U^t\overline{U} = E_n\}.$$

Andererseits ist für den euklidischen Vektorraum (V,g) $O(V,g)$ die orthogonale Gruppe linearer Isomorphismen, die g erhalten. Mit Hilfe einer g–ON–Basis wird diese Gruppe mit $O(2n)$ identifiziert. Die vorstehenden Überlegungen können dann folgendermaßen zusammengefaßt werden.

Satz 2: *Es sei (V,ω) ein reeller symplektischer Raum und J eine positive verträgliche komplexe Struktur. Dann gilt*

$$U(V,J) = Sp\,(V) \cap O(V,g).$$

Insbesondere für $V = \mathbb{R}^{2n}$ mit

> der kanonischen Basis $\underline{e} = (e_i, e_{i*})$ und den Koordinaten $\binom{v_i}{v_{i*}}$,

> der symplektischen Standardform $\omega(v,w) = {}^t v J w = \sum_{i=1}^n (v_i\, w_{i*} - v_{i*}\, w_i)$,

> dem kanonischen Skalarprodukt $g\,(v,w) = {}^t v w = \sum_{i=1}^n (v_i w_i + v_{i*}\, w_{i*})$,

> der komplexen Struktur definiert durch $Je_i = e_{i*}$, $Je_{i*} = -e_i$,

also den komplexen Koordinaten $z_i = v_i + \sqrt{-1}\,v_{i*}$ $(i = 1,\dots,n)$ gilt

$$U(n) = Sp_n(\mathbb{R}) \cap O(2n).$$

Dies führt nun noch zu folgender Umformulierung der in 1.3 gegebenen Beschreibung des Raumes $\mathcal{L}\,(V)$ der Lagrangeschen Unterräume $L \subset V$, falls V mit einer verträglichen positiven komplexen Strutur J versehen ist. Und zwar ist mit den eben eingeführten Bezeichnungen zu einer g–ON–Basis $(e_i)_{i=1,\dots,n}$ von L (e_i, Je_i) eine reelle unitäre Basis von V. Jede solche Basis wird eine L–bezogene unitäre Basis genannt. Für $L' \in \mathcal{L}\,(V)$ mit L'–bezogener Basis (e_i', Je_i') gibt es eine unitäre Transformation, die (e_i, Je_i) in (e_i', Je_i') überführt, also L in L'. Die unitäre Gruppe $U(V,J)$ operiert transitiv auf $\mathcal{L}\,(V)$. Dabei ist die Isotropiegruppe, die ein L festläßt, die Gruppe, die L–bezogene Basen in sich überführt, also isomorph zur orthogonalen Gruppe $O(L,g)$. Damit ist gezeigt

Satz 3: *Es gilt*

$$\mathcal{L}(V) \simeq U(V,J)/O(L,g) \simeq U(n)/O(n).$$

Nun soll noch, wie zu Beginn dieses Abschnitts angekündigt, die Gesamtheit

$$\mathcal{J} = \mathcal{J}(V,\omega)$$

aller verträglichen positiven komplexen Strukturen J auf dem reellen symplektischen Raum (V,ω) beschrieben werden, also die Menge der Möglichkeiten, wie (V,ω) zu einem Kähler–Vektorraum gemacht werden kann. Und zwar soll dabei hier herauskommen, daß $\mathcal{J}$ mit der Siegelschen oberen Halbebene

$$\mathfrak{H}_n \simeq Sp_n(\mathbb{R})/U(n)$$

identifiziert werden kann:

Nach der Bemerkung 1 kann zu festem $J \in \mathcal{J}$ der Raum (V,J) mit einem Unterraum V_c^+ der Komplexifizierung V_c identifiziert werden. Hierbei ist V_c^+ ein Langrangescher Unterraum von V_c, wobei die symplektische Struktur ω von V auf V_c linear fortgesetzt gedacht ist. Denn es gilt

$$\omega(v - \sqrt{-1}\,Jv, w - \sqrt{-1}\,Jw) \;=\; \omega(v,w) - \omega(Jv,Jw)$$
$$-\sqrt{-1}\,\big(\omega(Jv,w) + \omega(v,Jw)\big) = 0.$$

Weiter gilt wegen $g(v,w) := \omega(v,Jw)$

$$-\sqrt{-1}\,\omega(v,\overline{v}) = g(a,a) > 0 \;\text{ für } 0 \neq v := a - \sqrt{-1}\,Ja \in V_c^+.$$

Ferner ist noch $Jv = \sqrt{-1}(v_1 - v_2)$ für

$$V_c = V_c^+ \oplus \overline{V}_c^+ \ni v = v_1 + v_2, \;\; v_1 \in V_c^+, v_2 \in \overline{V}_c^+.$$

Dann wird ein Lagrangescher Unterraum F von (V_c, ω) *positiv* genannt, falls gilt

$$-\sqrt{-1}\,\omega(v,\overline{v}) > 0 \;\text{ für alle } 0 \neq v \in F.$$

Bemerkung 2: Es gibt eine natürliche Bijektion zwischen $\mathcal{J} = \mathcal{J}(V,\omega)$ und der Gesamtheit $\mathcal{L}_+ = \mathcal{L}_+(V_c)$ positiver Lagrangescher Unterräume von (V_c, ω).

Beweis: i) Die Abbildung $\mathcal{J} \to \mathcal{L}_+$ wird wie eben beschrieben definiert durch $J \mapsto V_c^+$.

ii) Für $F \in \mathcal{L}_+$ ist auch $\overline{F}$ ein Lagrangescher Unterraum von V_c, da ω reell ist. Aus der Positivität von F folgt $F \cap \overline{F} = \{0\}$, also $V_c = F \oplus \overline{F}$. Jetzt kann $J : V_c \to V_c$ definiert werden durch

$$J(v_1 + \overline{v}_2) = \sqrt{-1}\,(v_1 - \overline{v}_2) \text{ für } v_1, v_2 \in F.$$

Dann gilt $J^2 = -\mathrm{id}$, $\omega(Jv, Jw) = \omega(v,w)$ für alle $v, w \in V_c$ und $J(V) = V$, denn für $v \in V_c$ ist

$$v \in V \Leftrightarrow v = \overline{v}.$$

Schließlich gilt

$$\omega(v, Jv) = -2\sqrt{-1}\,\omega(v_1, \overline{v}_1) > 0 \;\text{ für } 0 \neq v = v_1 + \overline{v}_1 \in V,$$

also $J \in \mathcal{L}_+$.

iii) Die Abbildungen $\mathcal{J} \to \mathcal{L}_+$ aus i) und $\mathcal{L}_+ \to \mathcal{J}$ aus ii) sind offenbar invers zueinander. $\qquad\square$

Ein Lagrangescher Unterraum L_c des komplexen symplektischen Raumes V_c heißt *reeller Lagrangescher Unterraum*, falls er die Komplexifizierung eines Lagrangeschen Unterraums $L \subset V$ ist, d.h. $L_c = L \oplus_{\mathbb{R}} \mathbb{C}$. Dies ist genau dann der Fall, wenn L_c mit seinem komplex–konjugierten übereinstimmt, also $L_c = \overline{L}_c$. In V_c ist jeder reelle Lagrangesche Unterraum L_c transversal zu jedem $F \in \mathcal{L}_+$. Denn für

$$0 \neq v = a + \sqrt{-1}\,b \in L_c \cap F \;\text{ mit } a, b \in L$$

würde gelten

$$0 < -\sqrt{-1}\,\omega\,(v,\overline{v}) = -2\omega\,(a,b) = 0,$$

also ein Widerspruch.

Der Rest der Überlegung bei VAISMAN basiert nun auf der Beschreibung des Raumes $\mathcal{T}(L)$ der zu einem festen Lagrangeschen Unterraum transversalen Lagrangeschen Unterräume als affiner $n(n+1)/2$-dimensionaler Raum im Satz 2 im letzten Abschnitt. Da diese Beschreibung dort nur unvollständig wiedergegeben wurde, kann hier VAISMANS Vorgehen nur skizziert werden, um die Idee zum Vorschein kommen zu lassen:

Es sei L_c als reeller Lagrangeraum festgehalten. Dann ist, wie eben festgestellt, $\mathcal{L}_+ = \mathcal{L}_+(V_c) \subset \mathcal{T}(L_c)$. Daß $\mathcal{T}(L_c)$ ein affiner Raum ist, bedeutet, daß zu einem Paar $F \in \mathcal{L}_+$ und $L'_c \in \mathcal{T}(L_c)$ mit L'_c reell und transversal zu L_c (also $L_c \oplus L_c = V$) eine symplektische Transformation ϕ existiert, die jeden Punkt von L_c fixiert und L'_c in F überführt. Falls $\underline{e} = (e_i, e_{i*})$, $(e_i \in L, e_{i*} \in L')$ eine L angepaßte symplektische Basis von V bzw. V_c ist, wird ϕ (s. Satz 2 in 1.3) bezüglich $\underline{e}$ beschrieben durch eine Matrix

$$\begin{pmatrix} E_n & Z \\ 0 & E_n \end{pmatrix} \text{ mit } Z \in M_n(\mathbb{C}), \ Z = {}^t Z.$$

Es gilt $\det Z \neq 0$, denn F ist auch transversal zu L'_c. Ferner stellt die Positivität von F noch eine Bedingung an Z. Und zwar wird ϕ bezüglich $\underline{e}$ beschrieben durch

$$((e_i), (e_{i*})) \begin{pmatrix} E & Z \\ 0 & E \end{pmatrix} = ((e_i), (e_{i*}) + (e_i)Z),$$

also

$$\phi(e_i) = e_i, \quad \phi(e_{i*}) = e_{i*} + \sum_{j=1}^{n} e_j Z_{ji}, \ (Z_{ij}) = Z.$$

$\phi(e_{i*})$ ist eine Basis von F, und eine kleine Rechnung zeigt, daß F positiv ist, also

$$-\sqrt{-1}\,\omega(v, \overline{v}) > 0 \text{ für } 0 \neq v \in F,$$

genau dann, wenn

$$\operatorname{Im} Z = \frac{1}{2\sqrt{-1}}(Z - \overline{Z})$$

eine positiv definite Matrix ist, was einfach auch $\operatorname{Im} Z > 0$ geschrieben wird. Damit ist gezeigt, daß nach Wahl der Basis $\underline{e}$ $F \mapsto Z$ eine Abbildung von $\mathcal{L}_+$ in die sogenannte *Siegelsche obere Halbebene*

$$\mathfrak{H}_n = \left\{ Z \in M_n(\mathbb{C}),\ {}^t Z = Z,\ \operatorname{Im} Z > 0 \right\}$$

beschreibt. Bei etwas genauerem Hinsehen ergibt sich dann mit Hilfe der letzten Bemerkung

Satz 4: *Für einen reellen $2n$-dimensionalen symplektischen Raum (V, ω) kann die Menge $\mathcal{J}(V, \omega)$ positiver verträglicher komplexer Strukturen auf V mit der Siegelschen oberen Halbebene $\mathfrak{H}_n$ identifiziert werden.*

Die im Satz genannte Identifikation hängt ab von der Vorgabe einer symplektischen Basis $\underline{e}$ von V.

Falls die symplektische Basis $\underline{e}$ geändert wird, also bei

$$(*) \qquad (e, e_*) = (\tilde{e}, \tilde{e}_*) \begin{pmatrix} A & B \\ C & D \end{pmatrix} \text{ mit } \begin{pmatrix} A & B \\ C & D \end{pmatrix} \in Sp_n(\mathbb{R})$$

gehört zu F bezüglich $\underline{\tilde{e}}$ eine Matrix $\tilde{Z}$, die sich so berechnen läßt: F hat die Basen $e_* + eZ$ sowie $\tilde{e}_* + \tilde{e}\tilde{Z}$. Es gibt also ein $\Lambda \in GL_n(\mathbb{C})$ mit

$$e_* + eZ = (\tilde{e}_* + \tilde{e}\tilde{Z})\Lambda.$$

Die Transformationsformel $(*)$ eingesetzt, besagt

$$\tilde{e}B + \tilde{e}_*D + (\tilde{e}A + \tilde{e}_*C)Z = \tilde{e}_*\Lambda + \tilde{e}\tilde{Z}\Lambda,$$

also

$$\Lambda = CZ + D \text{ und } \tilde{Z} = (AZ + B)(CZ + D)^{-1}.$$

Die Abbildung

$$Z \mapsto \tilde{Z} = (AZ + B)(CZ + D)^{-1} =: \begin{pmatrix} A & B \\ C & D \end{pmatrix} \langle Z \rangle$$

wird in der komplexen Funktionentheorie als komplex–analytischer Automorphismus von $\mathfrak{H}_n$ erkannt.

Eben ergab sich, daß $Sp_n(\mathbb{R})$ auf $\mathfrak{H}_n$ operiert, und im vorigen Abschnitt wurde die Bijektion $\mathcal{L}(V) \simeq Sp_n(\mathbb{R})/G_{L_0}$ etabliert. Dies legt nahe zu erwarten, daß sich auch $\mathfrak{H}_n$ und damit $\mathcal{J}(V, \omega)$ als homogener Raum beschreiben läßt. Es wird herauskommen

$$\mathcal{J}(V, \omega) \simeq \mathfrak{H}_n \simeq Sp_n(\mathbb{R})/U(n).$$

Dazu wird die Operation $\phi \in Sp(V)$ zu einer — wieder ϕ genannten — Operation auf V_c ausgedehnt. Dies ϕ operiert dann auch auf $\mathcal{L}_+$, und es ergibt sich eine *transitive* Operation von $Sp(V)$ auf $\mathcal{L}_+$. Denn durch

$$(*) \qquad h(v, w) := -\sqrt{-1}\,\omega(v, \overline{w}) \text{ für } v, w \in F \text{ aus } \mathcal{L}_+$$

wird eine hermitesche Metrik h auf F definiert, und für

$$(f_i)_{i=1,\ldots,n} \text{ eine } h\text{–ON–Basis von } F$$

ist

$$(f_i, -\sqrt{-1}\,f_i)_{i=1,\ldots,n} \text{ eine symplektische Basis von } V_c,$$

und analog für F' aus $\mathcal{L}_+$ mit h–ON–Basis (f_i')

$$(f_i', -\sqrt{-1}\,f_i')_{i=1,\ldots,n} \text{ eine symplektische Basis von } V_c.$$

Dann gibt es ein $\phi \in Sp\,(V_c)$ mit

$$\phi\,(f_i) = f_i', \qquad \phi\,(\bar{f}_i) = \bar{f}_i'.$$

Dies ϕ überführt F in F' und vertauscht mit der komplexen Konjugation, ist also in $Sp\,(V)$. Damit ist die Transitivität der Operation von $Sp\,(V)$ auf $\mathcal{L}_+$ begründet. Die Isotropiegruppe von F in $Sp\,(V)$ ist wegen $(*)$ die unitäre Gruppe $U(F,h)$. Damit ist gezeigt

Satz 5: *Es gilt*

$$\mathcal{J}\,(V,\omega) \simeq \mathcal{L}_+(V) \simeq \mathfrak{H}_n \simeq Sp\,(V)/U(F,h) \simeq Sp_n(\mathbb{R})/U(n).$$

Als **Übungsaufgabe 1.8** wird vorgeschlagen, von dem Vorstehenden unabhängig direkt zu zeigen:

a) $G = SL_2(\mathbb{R})$ operiert auf $\mathfrak{H}_1 = \{\tau = x + iy \in \mathbb{C},\, y > 0\}$ durch

$$(M,\tau) = M(\tau) := \frac{a\tau + b}{c\tau + d} \quad \text{für} \quad M = \begin{pmatrix} a & b \\ c & d \end{pmatrix} \in SL_2(\mathbb{R}) \quad \text{und} \quad \tau \in \mathfrak{H}_1,$$

b) Es gilt

$$\mathfrak{H}_1 \cong SL_2(\mathbb{R})/SO(2) \cong Sp_1(\mathbb{R})/U(1)$$

c) Die *Poincaré–Metrik*

$$ds^2 = \frac{dx^2 + dy^2}{y^2}$$

ist $SL_2(\mathbb{R})$–invariant.

Der Siegelsche Halbraum $\mathfrak{H}_n$ hat große Bedeutung im Rahmen des Modulproblems abelscher Varietäten. Er kann mit der Struktur einer komplexen Mannigfaltigkeit der Dimension $n(n + 1)/2$ versehen werden (s. etwa [Sa] p. 78). Das Studium der Geometrie dieser Mannigfaltigkeit und der holomorphen resp. meromorphen Funktionen auf $\mathfrak{H}_n$ mit gewissen In– oder Kovarianzeigenschaften bei der Operation der Gruppe $Sp_n(\mathbb{Z})$ bzw. Untergruppen davon wurde vor allem von Siegel in Gang gesetzt (s. etwa Siegel: *Symplectic Geometry* [Si$_1$] oder *Topics in Complex Function Theory* [Si$_2$]), und belegte damit zeitweise den Begriff Symplektische Geometrie. Für eine besonders schöne neuere Darstellung dieser Dinge sei verwiesen auf Mumford: *Tata Lectures on Theta Vol. 2* ([Mu$_1$]). Derzeit meint Symplektische Geometrie eher das Studium der symplektischen Mannigfaltigkeiten, das nun angegangen werden soll.

2 Symplektische Mannigfaltigkeiten

Die Globalisierung der symplektischen Algebra des ersten Kapitels macht die symplektische Geometrie aus. Der zentrale Begriff ist der der symplektischen Mannigfaltigkeit. Dieser soll hier zunächst definiert, etwas untersucht und mit Beispielen belegt werden. Als Leitfaden dient dazu das zweite Kapitel von [Ae] und der Abschnitt 3.2 von [AM].

2.1 Symplektische Mannigfaltigkeiten und ihre Morphismen

Es sei im folgenden stets M eine *glatte Mannigfaltigkeit der Dimension p* , d.h. eine C^∞–Mannigfaltigkeit im Sinne von A.1, und zwar eine *reelle*, falls nicht ausdrücklich etwas anderes hervorgehoben wird.

Definition: *M heißt* **symplektisch,** *falls auf M eine geschlossene nicht–ausgeartete 2–Form ω gegeben ist, d.h. falls ein $\omega \in \Omega^2(M)$ existiert mit*

   i) *$d\omega = 0$,*

   ii) *auf jedem Tangentialraum $T_m M$, $m \in M$, gilt: aus*

$$\omega_m(X,Y) = 0 \ \text{ für alle } Y \in T_m M \text{ folgt } X = 0.$$

Die Vorgabe von ω macht über ihre Restriktion für alle $m \in M$ den Tangentialraum $T_m M$ zu einem symplektischen Vektorraum. Damit ist schon mal klar, daß die Dimension p von M gerade ist, also $p = 2n$. Im nächsten Abschnitt wird gezeigt, daß darüber hinaus alle symplektischen Mannigfaltigkeiten gleicher Dimension „lokal übereinstimmen". Dies ist in scharfem Konstrast zur Riemannschen Geometrie und bedeutet, daß die symplektische Geometrie im wesentlichen eine globale Theorie ist.

Auch nicht jede Mannigfaltigkeit geradzahliger Dimension trägt eine symplektische Struktur. Bei [Ae] p.3 wird als Beispiel hierfür $M = S^4$ diskutiert, allerdings unter Verwendung einiger kohomologischer Aussagen (s. A.3), auf die hier (noch) nicht eingegangen werden soll.

Es sei für zwei symplektische Mannigfaltigkeiten (M,ω) und (M',ω')

$$F : M \to M'$$

eine glatte Abbildung, d.h. differenzierbar im Sinne von A.1.1.

Definition: *F heißt* **symplektisch** *(oder ein Morphismus symplektischer Mannigfaltigkeiten), falls gilt*

$$F^*\omega' = \omega.$$

Für einen symplektischen Diffeomorphismus F ist auch F^{-1} *symplektisch*, und F wird ein *Symplektomorphismus* genannt. $Sp\,(M)$ bezeichnet die *Gruppe der Symplektomorphismen* von M auf sich.

2.2 Der Satz von Darboux

Der Satz von Darboux kann in seiner einfachsten Form so formuliert werden.

Zu jedem Punkt m der symplektischen Mannigfaltigkeit (M, ω) der Dimension $2n$ gibt es eine offene Umgebung U von m und eine glatte Abbildung

$$F : U \to \mathbb{R}^{2n} \text{ mit } F^* \omega_0 = \omega|_U,$$

wobei ω_0 die symplektische Standardform auf $\mathbb{R}^{2n}$ bezeichnet.

Dies läuft darauf hinaus, daß für eine geeignete Wahl *symplektischer Koordinaten* $x = (q, p)$, $p = (p_1, \dots, p_n)$ und $q = (q_1, \dots, q_n)$, ω auf U in der Form

$$\omega = dq \wedge dp = \sum_{i=1}^{n} dq_i \wedge dp_i$$

geschrieben werden kann. Bei [Ae] p. 17 wird ein Beweis gegeben, der [GS] p. 156 f folgt. Dieser Beweis wird hier etwas ausführlicher dargestellt. Er geht ebenso wie der (nur kürzer aussehende) bei [AM] p. 175 auf MOSER (1965) und WEINSTEIN (1977) zurück. Vorangestellt wird eine Standardaussage über das Transformationsverhalten parameterabhängiger Differentialformen, die auch sonst nützlich ist, und die nachzuarbeiten, wenn auch etwas mühselig, doch eine gute Übung des in A.1.4 beschriebenen Kalküls der Differentialformen ist.

Lemma: *Es seien M und M' glatte Mannigfaltigkeiten und $F_t : M \to M'$, $t \in \mathbb{R}$, eine glatte 1–Parameterfamilie von Abbildungen. X_t bezeichne das „Tangentenfeld auf M' entlang F_t", d.h. X_t ist eine Abbildung*

$$\begin{aligned} M &\longrightarrow TM', \\ m &\longmapsto (m', X_t(m)), \ m' = F_t(m), \end{aligned}$$

wobei $X_t(m)$ der Tangentialvektor in $m' = F_t(m) \in M'$ an die in M' verlaufende Kurve $s \mapsto F_s(m)$ ist. $(\sigma_t)_{t \in \mathbb{R}}$ sei eine 1–Parameterfamilie von Differentialformen auf M'. Dann gilt

$$\frac{d}{dt}(F_t^* \sigma_t) = F_t^*\left(\frac{d\sigma_t}{dt} + i(X_t)d\sigma_t\right) + d(F_t^*(i(X_t)\sigma_t))$$

sowie

$$= F_t^*\left(\frac{d\sigma_t}{dt} + i(X_t)d\sigma_t + d(i(X_t)\sigma_t)\right),$$

falls die Abbildungen F_t alle Diffeomorphismen von M auf M' sind und damit X_t ein Vektorfeld auf M' beschreibt.

Die Ableitung $\frac{d}{dt}$ angewandt auf ein von einem Parameter t abhängiges Differential meint natürlich einfach die Differentiation der Koeffizienten des Differentials nach dem Parameter. Ansonsten sind die verwandten Bezeichnungen die im Kalkül der Differentialformen üblichen (s. etwa A.1.4). Eine Ausnahme bildet nur das Symbol $F_t^*(i(X_t)\sigma_t)$, das im Teil b) des Beweises als Differentialform auf M erklärt werden muß, da unter der allgemeinen Voraussetzung X_t kein Vektorfeld auf M' ist und damit das Symbol $i(X_t)\sigma_t$ nicht den gewohnten Sinn als inneres Produkt macht.

Beweis: a) Die Aussage wird zunächst für den Spezialfall bewiesen, daß gilt

$$M = M' \;=\; N \times I, \; N \text{ eine } n\text{-Mannigfaltigkeit und } I \text{ ein Intervall.}$$

$$F_t \;=\; \psi_t \; \text{ mit } \psi_t(x,s) = (x, s+t) \; \text{ für } x \in N,\, s \in I.$$

Eine Differentialform σ_t auf $N \times I$ vom Grad k, die von x, s und dem Parameter t abhängt, kann geschrieben werden als

$$\sigma_t = ds \wedge a\,(x,s,t)\, dx^k + b\,(x,s,t)\, dx^{k+1},$$

wobei hier die naheliegende symbolische Schreibweise benutzt wird, bei der etwa abgekürzt wird

$$a(x,s,t)\, dx^k := \sum_{i_1 < \ldots < i_k} a_{i_1 \ldots i_k}(x,s,t)\, dx_{i_1} \wedge \ldots \wedge dx_{i_k}.$$

Dann gilt offenbar

$$\psi_t^* \sigma_t = ds \wedge a(x, s+t, t)\, dx^k + b\,(x, s+t, t)\, dx^{k+1},$$

und deshalb

$$(1) \qquad \frac{d}{dt}(\psi_t^* \sigma_t) = ds \wedge \frac{\partial a}{\partial s}(x, s+t, t) dx^k + \frac{\partial b}{\partial s}(x, s+t, t)\, dx^{k+1}$$
$$+ ds \wedge \frac{\partial a}{\partial t}(x, s+t, t)\, dx^k + \frac{\partial b}{\partial t}(x, s+t, t)\, dx^{k+1}.$$

Ebenso ergibt sich sofort

$$(2) \qquad \psi_t^* \left(\frac{d\sigma_t}{dt} \right) = ds \wedge \frac{\partial a}{\partial t}(x, s+t, t)\, dx^k + \frac{\partial b}{\partial t}(x, s+t, t)\, dx^{k+1}.$$

Das Vektorfeld X_t kann in dieser speziellen Situation symbolisiert werden durch

$$X_t = \frac{\partial}{\partial s}.$$

Damit ist dann hier

$$i(X_t)\sigma_t = i\left(\frac{\partial}{\partial s}\right)\sigma_t = a(x,s,t)\,dx^k$$

und daraus

$$d\left(i(X_t)\sigma_t\right) = d\left(\sum_{(i)} a_{(i)}(x,s,t)\,dx_{i_1} \wedge \ldots \wedge dx_{i_k}\right)$$

$$= \sum_{(i)}\left(\frac{\partial a_{(i)}}{\partial s}(x,s,t)\,ds \wedge dx_{i_1} \ldots \wedge dx_{i_k}\right.$$

$$\left. + \sum_{j \notin \{i_1 \ldots i_k\}} \frac{\partial a_{(i)}}{\partial x_j}(x,s,t)\,dx_j \wedge dx_{i_1} \wedge \ldots \wedge dx_{i_k}\right),$$

also abgekürzt

$$= \frac{\partial a}{\partial s}(x,s,t)\,ds \wedge dx^k + d_x a\,(x,s,t)\,dx^{k+1}.$$

Mit ψ_t zurückgezogen ergibt sich demnach

$$(3) \qquad \psi_t^* d\left(i(X_t)\,\sigma_t\right) = \frac{\partial a}{\partial s}(x,s+t,t)\,ds \wedge dx^k + d_x a\,(x,s+t,t)\,dx^{k+1}.$$

Mit derselben Notation ist

$$d\sigma_t = -ds \wedge d_x a\,(x,s,t)\,dx^{k+1} + \frac{\partial b}{\partial s}(x,s,t)\,ds \wedge dx^{k+1} + d_x b\,(x,s,t)\,dx^{k+2},$$

also

$$i\left(X_t\right)d\sigma_t = -d_x a\,(x,s,t)dx^{k+1} + \frac{\partial b}{\partial s}(x,s,t)\,dx^{k+1}$$

und

$$(4) \qquad \psi_t^* i\left(X_t\right)d\sigma_t = -d_x a\,(x,s+t,t)\,dx^{k+1} + \frac{\partial b}{\partial s}(x,s+t,t)\,dx^{k+1}.$$

Addition von (2), (3) und (4) und Vergleich mit (1) ergibt die Behauptung im hier betrachteten Spezialfall.

b) Der allgemeine Fall wird nun aus dem in a) gewonnenen Ergebnis deduziert, indem zerlegt wird

$$F_t = F \circ \psi_t \circ j \quad \text{mit} \quad j : M \to M \times I,$$
$$m \mapsto (m, 0),$$
$$\psi_t : M \times I \to M \times I,$$
$$(m, s) \mapsto (m, s + t),$$
$$F : M \times I \to M',$$
$$(m, s) \mapsto F_s(m).$$

Für die Kurve in $M \times I$ gegeben durch $s \mapsto (m, s + t)$, die für $s = 0$ durch (m, t) geht, ist das Bild bei F die Kurve $s \mapsto F_{s+t}(m)$, die für $s = 0$ durch $F_t(m) = m'$ geht. Der Tangentialvektor $X_t(m)$ aus dem Tangentenfeld entlang F_t im Punkt $m' = F_t(m) = F(m, t)$ ist dann also das Bild des Tangentialvektors an die Kurve $\{(m, s + t), s \in I\}$, der vorhin auch $\frac{\partial}{\partial s}$ genannt wurde, d.h. es gilt

$$(5) \qquad (F_*)_{(m,t)} \left(\left. \frac{\partial}{\partial s} \right|_{(m,t)} \right) = X_t(m).$$

Um den entscheidenden Schlußgang vorzubereiten, sei auch noch der Transport eines Vektors

$$\eta = X_m \in T_m M$$

auf dem Weg durch das Diagramm der Abbildungen, aus denen F_t zusammengesetzt gedacht ist, verfolgt. Und zwar geht η bei j_* über in

$$(6) \qquad (\eta, 0) \in T_{(m,0)}(M \times I),$$

bei $(\psi_t)_* j_*$ in

$$(7) \qquad (\eta, 0) \in T_{(m,t)}(M \times I)$$

und schließlich bei $(F_t)_* = F_*(\psi_t)_* j_*$ in

$$(8) \qquad (F_t)_{*m}(\eta) \in T_{F_t(m)} M.$$

Unter der im Lemma auch genannten schärferen Voraussetzung, daß alle F_t Diffeomorphismen von M auf M' sind, kann X_t als Vektorfeld auf M' verstanden werden, und dann macht für eine gegebene $(k + 1)$-Form σ_t auf M' auch $i(X_t)\sigma_t$ als k-Form auf M' Sinn. Unter der allgemeinen schwächeren Voraussetzung ist aber doch $F_t^*(i(X_t))\sigma_t$ sinnvoll und auf folgende Weise zu berechnen: Es kann für $\eta_1, \ldots, \eta_k \in T_m M$ definiert werden

$$F_t^*\left(i(X_t)\sigma_t\right)_m(\eta_1, \ldots, \eta_k) := (\sigma_t)_{F_t(m)}\left(X_t(m), (F_t)_{*m}(\eta_1), \ldots, (F_t)_{*m}(\eta_k)\right),$$

und mit der Deutung $m' = F_t(m) = F(m, t)$ ist dies mit (5) und (8) auch

$$= (\sigma_t)_{F(t,m)} \left((F_*)_{(m,t)} \left(\left. \frac{\partial}{\partial s} \right|_{(m,t)} \right), (F_*)_{(m,t)}(\eta_1,0), \dots , (F_*)_{(m,t)}(\eta_k,0) \right)$$

also mit F nach (m,t) zurückgezogen

$$= (F^* \sigma_t)_{(m,t)} \left(\left. \frac{\partial}{\partial s} \right|_{(m,t)}, (\eta_1,0), \dots , (\eta_k,0) \right)$$

$$= \left(i \left(\frac{\partial}{\partial s} \right) F^* \sigma_t \right)_{(m,t)} \left((\eta_1,0), \dots , (\eta_k,0) \right),$$

und mit ψ_t nach $(m,0)$ zurückgezogen ergibt sich mit (7)

$$= \psi_t^* \left(i \left(\frac{\partial}{\partial s} \right) F^* \sigma_t \right)_{(m,0)} \left((\eta_1,0), \dots , (\eta_k,0) \right),$$

und mit j nach m zurückgezogen

$$= (j^* \psi_t^*) \left(i \left(\frac{\partial}{\partial s} \right) F^* \sigma_t \right)_{(m,0)} (\eta_1, \dots , \eta_k).$$

D.h. es gilt

$$(9) \qquad\qquad F_t^* \left(i (X_t) \sigma_t \right) = j^* \psi_t^* \left(i \left(\frac{\partial}{\partial s} \right) F^* \sigma_t \right)$$

und ebenso

$$(10) \qquad\qquad F_t^* \left(i (X_t) d\sigma_t \right) = j^* \psi_t^* \left(i \left(\frac{\partial}{\partial s} \right) d (F^* \sigma_t) \right).$$

Nun ist mit dem von t unabhängigen j^* und F^*

$$\frac{d}{dt}(F_t^* \sigma_t) = \frac{d}{dt}(j^* \psi_t^* F^* \sigma_t) = j^* \frac{d}{dt}(\psi_t^* F^* \sigma_t)$$

und dann mit Teil a) des Beweises angewandt auf $F^* \sigma_t$ wegen $d j^* = j^* d$

$$= j^* \psi_t^* \frac{d(F^* \sigma_t)}{dt} + j^* \psi_t^* \left(i \left(\frac{\partial}{\partial s} \right) d (F^* \sigma_t) \right) + j^* d \left(\psi_t^* \left(i \left(\frac{\partial}{\partial s} \right) F^* \sigma_t \right) \right)$$

und weiter mit (9) und (10)

$$= j^* \psi_t^* F^* \frac{d\sigma_t}{dt} + j^* \psi_t^* F^* \left(i (X_t) d\sigma_t \right) + d \left(j^* \psi_t^* F^* (i (X_t)\sigma_t) \right).$$

Damit ist die Behauptung gezeigt, die unter der strengeren Voraussetzung, daß alle F_t Diffeomorphismen sind, auch einfacher so geschrieben werden kann

$$\frac{d}{dt}(F_t^* \sigma_t) = F_t^* \left(\frac{d\sigma_t}{dt} + i (X_t) d\sigma_t + d (i (X_t)\sigma_t) \right).$$

$\square$

Bemerkung: Diese Formel entartet, wenn $M = M'$ ist, σ_t nicht von t abhängt und F_t der zu einem Vektorfeld X auf M gehörige *Fluß* ist, zu der Formel für die Lieableitung von σ nach X

$$L_X \sigma = i(X)d\sigma + d(i(X)\sigma)$$

(Beweis als **Übungsaufgabe 2.1**). Der eben genannte Begriff des *Flusses F_t* zu gegebenem Vektorfeld X auf M wird auch später häufig benutzt. Hier sei zu seiner Erklärung zunächst nur das Theorem 8.1 aus [St] p. 90 reproduziert, das besagt: Zu jedem $m_0 \in M$ gibt es eine Umgebung U von m_0, ein $\varepsilon > 0$ und genau eine Familie differenzierbarer Abbildungen $F_t : U \to M$ mit

i) $F : (-\varepsilon, \varepsilon) \times U \to M$, $(t, m) \mapsto F_t(m)$, ist differenzierbar,

ii) für $|t|, |s|, |s + t| < \varepsilon$ und $m \in U$ mit $F_t(m) \in U$ gilt $F_{s+t}(m) = F_s(F_t(m))$,

iii) für $m \in U$ ist X_m Tangentialvektor in $t = 0$ an die Kurve $t \mapsto F_t(m)$.

Für später noch benötigte weitere Eigenschaften wird auf A.1.4 sowie auf [AM] p. 61–67 verwiesen.

Das anfangs genannte Resultat ist nun eine unmittelbare Folge des etwas allgemeineren Theorems:

Satz von Darboux: *Es seien ω_0 und ω_1 zwei nicht–ausgeartete geschlossene Formen vom Grad 2 auf einer 2n–dimensionalen Mannigfaltigkeit M mit $\omega_0|_m = \omega_1|_m$ für ein $m \in M$. Dann existiert eine Umgebung U von m und ein Diffeomorphismus $F : U \to F(U) \subset M$ mit $F(m) = m$ und $F^*\omega_1 = \omega_0$.*

Beweis: Die Idee besteht darin, durch ein Deformationsargument eine Umgebung U von m und eine Familie $(F_t)_{t \in I}, I = [0,1]$ von Diffeomorphismen von U auf $F_t(U)$ so zu bestimmen, daß gilt

$$F_0 = id, \quad F_1 = F, \quad F_t(m) = m \quad \text{und} \quad F_t^*\omega_t = \omega_0 \quad \text{für alle } t \in I$$

mit

$$\omega_t := (1 - t)\omega_0 + t\omega_1,$$

also insbesondere $F^*\omega_1 = \omega_0$. Die F_t werden realisiert als Fluß zu dem zeitabhängigen Vektorfeld Y_t auf $F_t(U)$ mit

$$(\circ) \qquad \frac{dF_t}{dt}(m') = Y_t(m') \quad \text{für alle } m' \in U.$$

Diese Bestimmung von Y_t und damit F_t geschieht in mehreren Schritten.

a) Für die Gleichung $\omega_0 = F_t^*\omega_t$ ergibt sich aus dem vorigen Lemma als notwendige Bedingung

$$0 = \frac{d}{dt}(F_t^*\omega_t) = F_t^*\left(\frac{d}{dt}\omega_t + i(Y_t)d\omega_t + d(i(Y_t)\omega_t)\right).$$

Da ω_0 und ω_1 und deshalb auch alle ω_t geschlossen sind, also $d\omega_t = 0$ gilt, ist diese notwendige Bedingung äquivalent zu

$$(*) \qquad d(i(Y_t)\omega_t) = -\frac{d}{dt}\omega_t = \omega_0 - \omega_1 =: \sigma.$$

Dies wird jetzt als Bestimmungsgleichung für Y_t genommen.

b) Da σ geschlossen ist, gibt es nach dem Lemma von Poincaré eine Umgebung U_1 von m und eine 1-Form α auf U mit $d\alpha = \sigma$ und $\alpha(m) = 0$. Die Bestimmungsgleichung $(*)$ geht damit über in

$$(**) \qquad i(Y_t)\omega_t = \alpha.$$

c) Es ist für alle $t \in I$ $\omega_t(m) = \omega_0(m)$, und deshalb ω_t nicht ausgeartet in m und folglich auch in einer Umgebung U_0 von m, die in U_1 enthalten ist. Damit gibt es dann in U_0 genau ein Vektorfeld Y_t, das $(**)$ und deshalb auch $(*)$ erfüllt. Wegen der Normierung $\alpha(m) = 0$ ist auch $Y_t(m) = 0$, und als Folgerung des Existenz- und Eindeutigkeitssatzes für Systeme gewöhnlicher Differentialgleichungen kann die Familie $(Y_t)_{t \in I}$ der Vektorfelder aufintegriert werden zu einer Familie $(F_t)_{t \in I}$ von Diffeomorphismen, die auf einer offenen Umgebung U von m, die so gewählt werden kann, daß $F_t(U) \subset U_0$ für alle t gilt, $(\circ)$ erfüllen und die Normierungen $F_0 = id$ und $F_t(m) = m$. Nach Konstruktion gilt damit für $t \in I$

$$\frac{d}{dt}(F_t^*\omega_t) = 0,$$

also auch wie gewünscht

$$F_t^*\omega_t = F_0\omega_0 = \omega_0.$$

d) Die in b) benannte 1-Form α, deren Existenz aus dem Lemma von Poincaré folgt, kann hier mit einem Rückgriff auf etwas mehr Analysis explizit gewonnen werden: Diese besagt nämlich, daß es eine Umgebung U_1 von m gibt, die eine „glatte Retraktion" $(\varphi_t)_{t \in I}$ von U_1 auf $\{m\}$ hat, d.h. eine Familie von Abbildungen

$$\varphi_t : U_1 \longrightarrow U_1 \quad \text{mit} \quad \varphi_1 = id, \varphi_t(m) = m \quad \text{für alle } t \quad \text{und} \quad \varphi_0 : U_1 \longrightarrow \{m\}.$$

Zu $(\varphi_t)_{t \in I}$ gehört dann ein Tangentenfeld längs φ_t im Sinne des letzten Lemmas, und mit dessen Hilfe ist

$$\sigma - \varphi_0^*\sigma = \int_0^1 \frac{d}{dt}(\varphi_t^*\sigma)dt$$

auch

$$= \int_0^1 \left(\varphi_t^*(\frac{d\sigma}{dt} + i(X_t)d\sigma) + d(\varphi_t^* i(X_t)\sigma)\right)dt,$$

also, da $\sigma(m) = 0, \sigma$ geschlossen und nicht von t abhängig ist,

$$\sigma = d\alpha \quad \text{mit} \quad \alpha = \int_0^1 \varphi_t^*(i(X_t)\sigma)dt.$$

Durch Einsetzen in die gegebenen Formeln ergibt sich, daß aus diesem α die gesuchten Familien $(Y_t)_{t\in I}$ resp. $(F_t)_{t\in I}$ wie in c) gewonnen werden können. $\square$

Bei [GS] p. 156 steht noch eine weitere *äquivariante* Verschärfung des hier bewiesenen Satzes, die hier wiedergegeben werden soll, wenngleich Mannigfaltigkeiten mit Gruppenoperationen hier noch nicht behandelt werden: Es wird die Operation einer kompakten Gruppe G auf der symplektischen Mannigfaltigkeit M betrachtet. Dabei seien dann $m \in M$ ein Fixpunkt bei dieser Gruppenoperation und ω_0 sowie ω_1 G–invariante symplektische Formen auf M. Dann gibt es eine G–invariante Umgebung U von m und einen G–äquivarianten Diffeomorphismus F von U in M mit $F(m) = m$ und $F^*\omega_1 = \omega_0$.

Der Beweis dieses Satzes erfordert nur geringfügige Zusätze gegenüber dem hier wiedergegebenen.

Die zu Beginn dieses Abschnitts vorgestellte Aussage ist nun eine Folgerung aus dem eben bewiesenen Satz von Darboux:

Korollar: *Für jeden Punkt m auf der symplektischen Mannigfaltigkeit (M,ω) gibt es eine offene Umgebung U von m und einen Symplektomorphismus F von U auf einen Teil $F(U)$ von $\mathbb{R}^{2n}$, versehen mit der symplektischen Standardform ω_0.*

Beweis: Hier wird wieder etwas externe Routine–Analysis gebraucht. Sie liefert die recht plausible Existenz eines Diffeomorphismus $F_1 : U_1 \to U$ einer Umgebung U_1 des Ursprungs des Tangentialraumes $T_m M \simeq \mathbb{R}^{2n}$ auf eine Umgebung U von m in M. Auf U_1 ist dann $\omega_1 := F_1^*\omega$ eine symplektische Form. Eventuell nach einer linearen Transformation kann $\omega_1|_0 = \omega_0|_0$ angenommen werden. Der Satz von Darboux beschafft nun eine Umgebung $U_0 \subset U_1$ von 0 und einen Diffeomorphismus

$$F_0 : U_0 \to F_0(U_0) \subset U_1 \quad \text{mit} \quad F_0(0) = 0 \quad \text{und} \quad F_0^*\omega_1 = \omega_0.$$

$F := (F_1 \circ F_0)^{-1}$ erweist sich dann als der gesuchte Symplektomorphismus. $\square$

Wie schon gesagt, werden die durch das Korollar gegebenen Koordinaten *symplektisch* genannt und (q,p) geschrieben.

Da, wie nun gezeigt, alle symplektischen Mannigfaltigkeiten gleicher Dimensionen lokal gleich aussehen, erhebt sich sofort die Frage nach globalen Unterscheidungsmerkmalen. Ein Ausblick auf die in dieser Richtung derzeit sehr aktive Forschung wird am Ende dieses Kapitels in Abschnitt 2.7 gegeben werden. Zunächst sollen einige Beispiele symplektischer Mannigfaltigkeiten vorgestellt werden.

2.3   Das Kotangentialbündel

Das für physikalische Anwendungen wichtigste Beispiel einer symplektischen Mannigfaltigkeit ist das des Kotangentialbündels $M = T^*Q$ an eine n–dimensionale Mannigfaltigkeit Q (s. A.1.3). Q spielt dabei die Rolle des *Konfigurationsraumes* und M die des *Phasenraumes* (s. 0.2).

M ist eine $2n$–dimensionale Mannigfaltigkeit. Als Koordinaten einer Umgebung U eines Punktes $m \in M$ werden üblicherweise $q, p = (q_1, \dots , q_n, p_1, \dots , p_n)$ genommen (bisweilen auch in der *natürlichen* Reihenfolge p, q, hier aber soll angedeutet werden, daß die q zum Konfigurationsraum Q gehören, weshalb sie wie bei Bündeln üblich zuerst genannt werden). Auf $M = T^*Q$ wird dann eine 1–Form ϑ definiert, indem auf U genommen wird

$$\vartheta = pdq = \sum_{i=1}^{n} p_i dq_i.$$

Diese Form wird auch *Liouville–Form* genannt. Ihre Entstehung kann unter Verwendung der in A.1 eingeführten Bezeichnungen auch so verstanden werden: ϑ ist definiert als 1–Form auf $M = T^*Q$, gegeben durch

$$\vartheta_m(\eta) := \mu_q((\pi_*)_m \eta)$$

für

$$m \in M, \text{ also } m = (q, \mu_q) \qquad \text{wobei } \mu \text{ eine 1–Form auf } Q,$$

$$\eta \in T_m M,$$

$$\pi \text{ die kanonische Projektion} \quad \begin{aligned} M = T^*Q &\to Q \\ m = (q, \mu_q) &\mapsto q \end{aligned}$$

und

$$(\pi_*)_m \text{ die zugehörige Abbildung } T_m M \to T_q Q.$$

Für das negative der äußeren Ableitung $\omega := -d\vartheta$ gilt in den q, p–Koordinaten

$$\omega = -d\vartheta = dq \wedge dp = \sum_{i=1}^{n} dq_i \wedge dp_i.$$

Diese Form ist offenbar geschlossen und nicht–ausgeartet, definiert also eine symplektische Struktur auf $M = T^*Q$.

Jeder Diffeomorphismus $F : Q \to Q$ hat eine natürliche Fortsetzung $\hat{F} := (F^{-1})^* = F^{*-1}$ zu einem Diffeomorphismus von $M = T^*Q$ auf sich, der sich als symplektisch erweist (**Übungsaufgabe 2.2**).

2.4 Kähler–Mannigfaltigkeiten

Eine *Kählersche Mannigfaltigkeit* ist, zunächst noch etwas grob gesagt, eine komplexe n–Mannigfaltigkeit (also mit holomorphen Übergangsfunktionen zwischen den Karten), versehen mit einer *Kähler–Metrik*, d.h. einer hermiteschen Metrik, deren *zugehörige 2–Form* ω geschlossen ist. Diese Metrik wurde von KÄHLER 1932 eingeführt [K], u.a. von WEIL [We] aufgegriffen und hat seitdem auf Grund der besonderen Eigenschaften Kählerscher Mannigfaltigkeiten an Bedeutung gewonnen. Diese Mannigfaltigkeiten liefern dabei eine wichtige Klasse von Beispielen für symplektische Mannigfaltigkeiten. Um dies auszuführen, ist an die Vorarbeit in 1.4 anzuknüpfen. Dort wurde u.a definiert:

- Eine *komplexe Struktur* auf einem $2n$–dimensionalen $\mathbb{R}$–Vektorraum V ist ein $J \in \operatorname{Aut} V$ mit $J^2 = -\mathrm{id}_V$.

- Ein symplektischer $\mathbb{R}$–Vektorraum (V, ω) heißt *Kählersch*, wenn er mit einer mit ω *verträglichen* komplexen Struktur J (d.h. mit $J \in Sp(V)$) versehen ist, für die $\omega\,(v, Jv) > 0$ gilt.

Ferner ergab die Diskussion dort, daß für einen $\mathbb{C}$–Vektorraum W die folgenden Mengen kanonisch isomorph sind

- die Menge der *hermiteschen Formen h* auf W, d.h.

$$h : W \times W \to \mathbb{C} \text{ sesquilinear mit } h(x,y) = \overline{h(y,x)} \ \text{ für alle } \ x,y \in W,$$

- die Menge der *symmetrischen $\mathbb{R}$-bilinearen und unter der Multiplikation mit i invarianten Formen g* auf W, d.h.

$$g : W \times W \to \mathbb{R} \quad \mathbb{R}\text{-bilinear mit } g(x,y) = g(y,x) = g(ix,iy) \text{ für alle } x,y \in W,$$

- die Menge der *antisymmetrischen $\mathbb{R}$-bilinearen und unter der Multiplikation mit i invarianten Formen ω* auf W, d.h.

$$\omega : W \times W \to \mathbb{R} \quad \mathbb{R}\text{-bilinear mit } \omega(x,y) = -\omega(y,x) = \omega(ix,iy) \text{ für alle } x,y \in W.$$

Die Isomorphismen werden hergestellt durch

$$g = \operatorname{Re} h, \ \omega = \operatorname{Im} h$$
$$h(x,y) = g(x,y) + ig(x,iy) = \omega(ix,y) + i\omega(x,y).$$

Dabei ist h positiv definit genau dann, wenn g es ist.

In Verallgemeinerung der in 1.4 verfolgten Frage, ob und auf wieviele Weisen ein vorgegebener $\mathbb{R}$–Vektorraum mit einer komplexen Struktur versehen werden kann, bietet sich an, die Frage zu verfolgen, ob und auf wieviele Weisen eine vorgegebene reelle Mannigfaltigkeit M mit einer komplexen Struktur versehen werden kann. Dies läuft darauf hinaus, daß jeder reelle Tangentialraum $T_m M \simeq \mathbb{R}^{2n}$ mit einer komplexen Struktur J_m versehen werden kann, so daß diese Strukturen von Punkt zu Punkt glatt variieren (präziser: eine Integrabilitätsbedingung erfüllen). Dies soll hier nun nicht weiter verfolgt werden, sondern – gewissermaßen umgekehrt – M als eine komplexe n–Mannigfaltigkeit gegeben angenommen werden. Dann tragen die Tangentialräume $T_m M \simeq \mathbb{C}^n$ als $\mathbb{R}$–Vektorräume in natürlicher Weise eine komplexe Struktur J_m. Und zwar entspricht bei der Wahl von lokalen Koordinaten $z_j = x_j + i y_j$, $(j = 1, \ldots, n)$ und der zugehörigen Identifikation der Basis

$$\frac{\partial}{\partial z_j}\Big|_m = (1/2) \left(\frac{\partial}{\partial x_j}\Big|_m - i \frac{\partial}{\partial y_j}\Big|_m \right), \ j = 1, \ldots, n$$

von $T_m M$ als $\mathbb{C}$–Vektorraum mit der Basis

$$\frac{\partial}{\partial x_j}\Big|_m, \ \frac{\partial}{\partial y_j}\Big|_m, \ j = 1, \ldots, n,$$

als $\mathbb{R}$–Vektorraum der Multiplikation mit $i = \sqrt{-1}$ in $T_m M$ als $\mathbb{C}$–Vektorraum die Abbildung J_m, die gegeben wird durch

$$J_m \left(\frac{\partial}{\partial x_j}\Big|_m \right) = - \frac{\partial}{\partial y_j}\Big|_m \ \text{und} \ J_m \left(\frac{\partial}{\partial y_j}\Big|_m \right) = \frac{\partial}{\partial x_j}\Big|_m, \ j = 1, \ldots, n.$$

Die Verträglichkeit dieser Strukturen J_m mit den holomorphen Koordinatenwechselfunktionen läßt sich dann zu der oben erwähnten Integrabilitätsbedingung ausformulieren, was hier aber nicht geschehen soll (s. dazu etwa [Ch] p. 14). Dafür nun aber

Definition 1: *Eine komplexe n–Mannigfaltigkeit M mit einer symplektischen Struktur (als reelle $2n$–Mannigfaltigkeit) heißt eine* **Kähler–Mannigfaltigkeit**, *falls in jedem $m \in M$ der $\mathbb{R}$–Vektorraum $(T_m M, \omega_m, J_m)$ kählersch ist.*

Äquivalent dazu ist im Sinne der zu Beginn des Abschnitts angedeuteten Beschreibung

Definition 2: *Es sei M eine komplexe n–Mannigfaltigkeit mit einer hermiteschen Metrik g. Dann ist M eine* **Kähler–Mannigfaltigkeit**, *falls die schiefsymmetrische Bilinearform $\omega(\cdot, \cdot) := g(J \cdot, \cdot)$ als äußere 2–Form gelesen eine geschlossene Differentialform auf M ist.*

Hierzu ist einiges zu erläutern: Als *hermitesche* Metrik g wird hier nach [Ae] p. 24 eine Riemannsche Metrik verstanden, so daß für jeden Punkt $m \in M$, g_m ein J_m–invariantes inneres Produkt auf dem $2n$–dimensionalen $\mathbb{R}$–Vektorraum $T_m M$ ist, also J_m mit g_m verträglich ist in dem Sinne

$$g_m(J_m v, J_m w) = g_m(v, w) \ \text{für alle} \ v, w \in T_m M.$$

Wie schon in 1.4 ausgeführt, ist g_m der Realteil eines *hermiteschen Skalarprodukts* im üblichen Sinne auf $T_m M$ als n–dimensionaler $\mathbb{C}$–Vektorraum, nämlich

$$\langle \cdot, \cdot \rangle_h = h(\cdot, \cdot) = g_m(\cdot, \cdot) + i g_m(J \cdot, \cdot).$$

Falls für diese Metrik die in Definition 2 eingeführte Differentialform ω geschlossen ist, heißt sie *Kähler–Metrik*.

Die in 1.4 angestellten Untersuchungen der Zusammenhänge zwischen schiefsymmetrischen Bilinearformen ω und symmetrischen g laufen nun unmittelbar auf die Einsicht in die Übereinstimmung der beiden Definitionen 1 und 2 hinaus.

In der Praxis ergibt sich nun folgendes Vorgehen: Es sei eine komplexe n–Mannigfaltigkeit M gegeben und darauf eine Riemannsche Metrik g, so daß g_m und J_m in jedem Punkt $m \in M$ verträglich sind. Damit ist dann auch eine nicht–ausgeartete 2–Form ω gegeben. Um M als kählersch – und damit symplektisch – zu erkennen, muß noch $d\omega = 0$ nachgewiesen werden. Ein hier nützliches Kriterium geht auf Mumford ([Mu] p. 87) zurück. Dafür wird angenommen, G sei eine Gruppe von Diffeomorphismen von M, die bei der Operation

$$
\begin{aligned}
G \times M &\longrightarrow M \\
(g, m) &\longmapsto \phi_g(m) =: gm
\end{aligned}
$$

die komplexe Struktur und die Metrik h erhält. Zu $m \in M$ bezeichne

$$G_m = \{g \in G;\ gm = m\}$$

die Isotropiegruppe von m. Dann induziert ϕ_g für jedes $g \in G_m$ eine Abbildung

$$((\phi_g)_*)_m : T_m M \to T_m M,$$

und damit eine Darstellung ϱ_m von G_m in $T_m M$, also einen Homomorphismus

$$\varrho_m : G_m \to \operatorname{Aut}_{\mathbb{C}}(T_m M).$$

Damit lautet das

Kriterium von Mumford: *Es ist $d\omega = 0$, falls $J_m \in \varrho_m(G_m)$ für alle $m \in M$ gilt.*

Beweis: Da G die komplexe Struktur und die Metrik g erhält, erhält G auch ω und folglich $d\omega$. Es gilt also für alle $g \in G_m$ und $u, v, w \in T_m M$

$$d\omega_m\big(\varrho_m(g)u,\ \varrho_m(g)v,\ \varrho_m(g)w\big) = d\omega_m(u, v, w).$$

Hier $\varrho_m(g) = J_m$ gewählt und die Gleichung zweimal verwandt, ergibt

$$
\begin{aligned}
d\omega_m(u, v, w) &= d\omega_m(J_m u, J_m v, J_m w) &= d\omega_m(J_m^2 u, J_m^2 v, J_m^2 w) \\
&= d\omega_m(-u, -v, -w) &= -d\omega_m(u, v, w) = 0.
\end{aligned}
$$

$\square$

Dies Kriterium kann angewendet werden, um den komplexen projektiven Raum $\mathbb{P}(\mathbb{C}^{n+1}) = \mathbb{CP}^n$ als Kählersche Mannigfaltigkeit zu erkennen (s. Abschnitt 2.6).

In [Ae] p. 27 ff wird noch folgendes *Kriterium* bewiesen:

Die Bedingung $d\omega = 0$ ist äquivalent zu

$$\nabla_X J = 0 \text{ für alle } X \in \Gamma(TM).$$

Hier meint ∇ den zur Riemannschen Metrik g gehörigen Zusammenhang (s. A.1.6), X ein Vektorfeld, also einen globalen Schnitt des Tangentialbündels, und die komplexe Struktur J tritt hier als Tensorfeld vom Typ (1,1), also als globaler Schnitt von $T^{(1,1)}M$ ins Bild.

In [Ae] p. 28 f wird dies Kriterium verwandt, um den *Einheitsball* in $\mathbb{C}^n$,

$$\mathbf{B}^n := \{z \in \mathbb{C}^n, \|z\| < 1\},$$

mit Hilfe der Bergmann–Metrik zum Kern

$$K_n(z,\varphi) := \frac{n!}{\pi^n}\, \frac{1}{(1 - z\overline{\varphi})^{n+1}}\, , \; z,\varphi \in \mathbf{B}^n$$

mit einer Kähler–Metrik zu versehen.

Zum Formalismus komplexer Differentialformen: die Kähler–Form

In den Texten, bei denen die komplexen Mannigfaltigkeiten im Mittelpunkt stehen (s. etwa [Ch] p. 53, [We] p. 41 oder [K]) wird zur Kennzeichnung Kählerscher Mannigfaltigkeiten der folgende Formalismus verwandt, der den hier in A.1.4 beschriebenen und bisher benutzten Standardformalismus der reellen Differentialformen

$$\alpha = \sum b_{i_1 \ldots i_q} dx_{i_1} \wedge \ldots \wedge dx_{i_q}$$

in naheliegender Weise ins Komplexe ausdehnt. Dabei werden, wie zumindest vom Wirtinger–Kalkül der Funktionentheorie (s. etwa [FL] p.22/3) vertraut, den komplexen Koordinaten $z_j = x_j + iy_j$ $(j = 1,\ldots,n)$ die Symbole

$$(*) \qquad\qquad dz_j = dx_j + idy_j, \quad d\overline{z}_j = dx_j - idy_j$$

sowie

$$\frac{\partial}{\partial z_j} = \frac{1}{2}\Big(\frac{\partial}{\partial x_j} - i\,\frac{\partial}{\partial y_j}\Big), \quad \frac{\partial}{\partial \overline{z}_j} = \frac{1}{2}\Big(\frac{\partial}{\partial x_j} + i\,\frac{\partial}{\partial y_j}\Big)$$

zugeordnet und Differentialformen gebildet, wie etwa

$$\Omega = \sum_{j,k} c_{jk} dz_j \wedge d\overline{z}_k \quad (c_{jk}\ \mathbb{C} - \text{wertige Funktionen}),$$

die dann eine *Form vom Typ* (1,1) genannt wird, weil sie jeweils homogen vom Grad 1 in den dz_j und den $d\overline{z}_k$ ist. Eine solche Form heißt wieder *geschlossen*, wenn $d\Omega = 0$ ist, wobei hier

$$d = \partial + \overline{\partial} \quad \text{mit} \quad \partial\Omega = \sum_{j,k,l} \frac{\partial c_{jk}}{\partial z_l} dz_l \wedge dz_j \wedge d\overline{z}_k$$

$$\text{und} \quad \overline{\partial}\Omega = \sum_{j,k,l} \frac{\partial c_{jk}}{\partial \overline{z}_l} d\overline{z}_l \wedge dz_j \wedge d\overline{z}_k.$$

Das wird nun folgendermaßen angewendet: Eine komplexe differenzierbare Mannigfaltigkeit M der komplexen Dimension n wird *hermitesch* genannt, wenn TM eine
hermitesche Struktur hat, d.h. in glatter Weise für jeden Punkt $m \in M$ dem n-
dimensionalen $\mathbb{C}$-Vektorraum $T_m M$ ein hermitesches Skalarprodukt $\langle\,,\,\rangle_m$ zugeteilt
ist. Für eine Karte (φ, U) mit Koordinaten $z = (z_1, \dots, z_n)$ ist durch

$$H = (H_{jk}) \quad \text{mit} \quad H_{jk} = \langle \frac{\partial}{\partial z_j}, \frac{\partial}{\partial z_k} \rangle \quad (j,k = 1, \dots, n)$$

für jedes $m \in U$ eine positiv definite hermitesche Matrix definiert. Dieser Matrix
kann dann die (1,1)-Form

$$\Omega = (i/2) \sum_{j,k} H_{jk} dz_j \wedge d\bar{z}_k$$

zugeordnet werden, die CHERN *Kähler–Form* nennt. Ω ist offenbar reell in folgendem
Sinne: es gilt

$$\overline{\Omega} = -(i/2) \sum_{j,k} \overline{H}_{jk} d\bar{z}_j \wedge dz_k = (i/2) \sum_{j,k} H_{kj} dz_k \wedge d\bar{z}_j = \Omega.$$

Als (wie weiter unten ersichtlich) leichte Variante der anfangs gegebenen Definition
2 bietet sich dann hier an

Definition 3: *M heißt* **Kähler–Mannigfaltigkeit,** *falls M hermitesch ist und die
zugehörige Kähler–Form Ω geschlossen ist.*

Für die Anwendungen der Kähler–Formen ist von entscheidender Bedeutung, daß
Ω genau dann geschlossen ist, wenn Ω lokal ein *Potential* hat, genauer:

Satz: *M sei hermitesch mit Kähler–Form Ω. Dann ist M kählersch genau dann,
wenn es lokal eine $\mathbb{R}$–wertige differenzierbare Funktion f gibt mit*

$$\Omega = i\partial\overline{\partial}f.$$

Beweise finden sich bei [K] sowie bei [Ch] p. 56. Der Leser möge als **Übungsaufgabe 2.3** selbst einen Nachweis führen. Der Zusammenhang der Definition 3 mit der
vorher beschriebenen reellen Theorie kann hergestellt werden, indem die Kählerform via (∗) in eine reelle Differentialform verwandelt wird. Eine kleine Rechnung
(**Übungsaufgabe 2.4**) ergibt

$$\Omega = \sum_{j<k} \beta_{jk}(dx_j \wedge dx_k + dy_j \wedge dy_k) + \sum_{j,k} \alpha_{jk} dx_j \wedge dy_k.$$

Hier sind $(\alpha_{jk}) = A = \operatorname{Re} H$ eine symmetrische sowie $(\beta_{jk}) = B = \operatorname{Im} H$ eine
schiefsymmetrische Matrix und es gilt

$$\begin{aligned}
H(z,z') &= {}^t z H \bar{z}' \\
&= {}^t x A x' + {}^t y A y' + {}^t x B y' - {}^t y B x' + i({}^t x B x' + {}^t y B y' + {}^t y A x' - {}^t x A y')
\end{aligned}$$

Dies kann nun mit der bisherigen reellen Theorie verglichen werden. Dort war die Rede von einer reellen verträglichen Metrik g auf M als $2n$-dimensionaler reeller Mannigfaltigkeit mit einer komplexen Struktur J, also mit

$$g(v,w) = g(w,v) = g(Jv, Jw) \quad \text{für alle} \quad v,w \in T_m M \simeq \mathbb{R}^{2n}.$$

Wird die Matrix von g angesetzt mit $g = \begin{pmatrix} A & B \\ C & D \end{pmatrix}$ und $J = \begin{pmatrix} 0 & 1 \\ -1 & 0 \end{pmatrix}$ verwandt, ergeben diese Bedingungen

$$g = \begin{pmatrix} A & B \\ -B & A \end{pmatrix} \quad \text{mit} \quad A = {}^t A \quad \text{sowie} \quad B = -{}^t B,$$

also mit ${}^t v = ({}^t x, {}^t y), {}^t v' = ({}^t x', {}^t y')$ und ${}^t z = {}^t x + i {}^t y$ sowie ${}^t z' = {}^t x' + i {}^t y'$

$$H(z,z') = g(v,w) + ig(Jv,w)$$

Der beschriebene Formalismus ordnet der symmetrischen Form g dann die schiefsymmetrische Form

$$\omega(v, w) = g(Jv, w)$$

zu. Diese mit $i/2$ multipliziert hat als zugehörige Differentialform offenbar

$$\sum_{j<k} \beta_{jk}(dx_j \wedge dx_k + dy_j \wedge dy_k) - \sum_{j,k} \alpha_{jk} dx_j \wedge dy_k.$$

Das ist nun nicht genau die oben angegebene Kähler–Form Ω zu H, sondern die zu $\overline{H}$. WEIL assoziiert übrigens in [We] p. 15 und p. 41 zu H als $(1,1)$ Form

$$i/2 \sum_{j,k} h_{jk} d\overline{z}_j \wedge dz_k,$$

was dann im vollständigen Einklang mit dem reellen Formalismus ist.

2.5   Koadjungierte Bahnen

Dieser Abschnitt braucht mehr Hilfsmittel aus der Theorie der Darstellungen von Liegruppen und –algebren (s. dazu A.4) und der Theorie der Differentialgleichungssysteme auf Mannigfaltigkeiten als die bisherigen (und folgenden) Abschnitte. Die Mühe wird allerdings belohnt, da dabei ein wichtiger Zugang zur Beschreibung und Konstruktion von symplektischen Mannigfaltigkeiten herauskommt, der überdies bei der Diskussion der Impulsabbildung und der Quantisierung unerläßlich ist.

Koadjungierte Bahnen treten in natürlicher Weise auf, wenn eine Liegruppe G gegeben ist. Sie operiert nämlich durch eine gleich zu beschreibende *koadjungierte Darstellung* Ad* auf dem Dualraum $\mathfrak{g}^*$ der zu G gehörigen Liealgebra $\mathfrak{g}$. Die dabei entstehenden Bahnen heißen koadjungierte Bahnen und können (unter gewissen Bedingungen) als symplektische Mannigfaltigkeiten erkannt werden. Etwas schärfer kann als Ziel dieses Abschnittes genannt werden die Diskussion des folgenden *Satzes von Kostant–Souriau:*

Es sei G eine Liegruppe mit $H^1(\mathfrak{g}) = H^2(\mathfrak{g}) = \{0\}$ für $\mathfrak{g} = \text{Lie } G$. Dann gibt es (bis auf Überlagerungen) eine 1–1 Korrespondenz zwischen symplektischen Mannigfaltigkeiten mit transitiver G–Operation und G–Bahnen in $\mathfrak{g}^*$.

Hierbei meint $H^k(\mathfrak{g})$ die k–te Kohomologiegruppe von $\mathfrak{g}$ (s. A.3).
Das Studium der koadjungierten Bahnen wurde von KIRILLOV angestoßen, und in [Ki] p. 226 ff findet sich ein lesenswerter Zugang zu diesem Thema. Hier soll allerdings [Ae] p. 32–39 nachgezeichnet werden, wo sich ein Abriß der ausführlicheren Darstellung aus [GS] p. 172 ff findet.

Die koadjungierte Darstellung auf $\Omega_l^q(G) \simeq \Lambda^q \mathfrak{g}^*$

Im folgenden bezeichne also stets G eine Liegruppe und $\mathfrak{g}$ ihre Liealgebra, die bisweilen mit $T_e G$ oder auch mit dem Raum $V_l(M)$ aller linksinvarianten Vektorfelder X auf G identifiziert wird (zu alldem s. A.2). Analog wird $\mathfrak{g}^*$ mit $T_e^* G$ und dem Raum der linksinvarianten Differentialformen vom Grad 1 identifiziert, und darüber hinaus dann der Raum $\Omega_l^q(G)$ der linksinvarianten q–Formen mit $\Lambda^q \mathfrak{g}^*$, dem Raum der alternierenden q–Formen auf $\mathfrak{g}$.

Hier bietet sich an, gleich noch die folgende grundlegende Beobachtung festzuhalten.

Bemerkung 1: Bei dieser Identifikation $\Omega_l^q(G) = \Lambda^q \mathfrak{g}^*$ stimmt die Einschränkung des Operators der äußeren Ableitung auf $\Omega_l^q(G)$ überein mit dem in A.3.2 auf $\Lambda^q \mathfrak{g}^*$ erklärten Korandoperator δ. Also kann insbesondere der Raum $Z^2(\mathfrak{g})$ der 2–Zyklen in $\Lambda^2 \mathfrak{g}^*$ mit dem Raum der linksinvarianten geschlossenen Differentiale auf G identifiziert werden.

Beweis: i) Hier, wie auch in vielen der folgenden Schlüsse, gehen die Lieableitungen von Differentialformen und Vektorfeldern auf einer Mannigfaltigkeit M ein, die im Abschnitt 5 in A.1.4 und in A.2.2 vorgestellt wurden, und die durch die folgende Formel verknüpft werden. Für $\alpha \in \Omega^q(M)$ und $X_1, \ldots, X_q \in V_l(M)$ gilt (s. [AM] p. 117)

$$(*) \quad (L_X \alpha)(X_1, \ldots, X_q) = L_X(\alpha(X_1, \ldots, X_q)) - \sum_{i=1}^{q} \alpha(X_1, \ldots, [X, X_i], \ldots, X_q).$$

Die Lieableitung ist mit der inneren Multiplikation verknüpft durch die auch unter 5. in A.1.4 genannte und als Spezialfall des Lemmas in 2.2 anzusehende Formel

$$(**) \qquad\qquad L_X \alpha = d(i(X)\alpha) + i(X)d\alpha.$$

ii) Es seien nun $\alpha \in \Omega_l^1(G)$ und $X, Y \in V_l(M)$. Dann ist $\alpha(Y)$ konstant auf G und deshalb

$$L_X(\alpha(Y)) = 0.$$

Die Formel $(*)$ für $q = 1$ besagt dann

$$(L_X \alpha)(Y) + \alpha([X, Y]) = 0.$$

Da auch $i(X)\alpha = \alpha(X)$ auf G konstant ist, folgt aus $(**)$ weiter

$$(i(X)d\alpha)(Y) = -\alpha([X,Y]).$$

Dies kann gelesen werden als

$$d\alpha(X,Y) = -\alpha([X,Y])$$

und damit als die Formel für δ, wenn α als Element von $\mathfrak{g}$ gedeutet wird.

iii) Es sei $\omega \in \Omega_l^2(G)$ und $X, Y, Z \in V_l(G)$. Dann ist wieder $\omega(Y,Z)$ konstant und deshalb

$$L_X\omega(Y,Z) = 0.$$

(*) für $q = 2$ besagt

$$(L_X\omega)(Y,Z) + \omega([X,Y],Z) + \omega(Y,[X,Z]) = 0.$$

Mit (**) ergibt sich

$$(L_X\omega)(Y,Z) = (i(X)d\omega)(Y,Z) + d(i(X)\omega)(Y,Z),$$

also unter Verwendung des Ergebnisses von Teil ii) für $\alpha = i(X)\omega$

$$= d\omega(X,Y,Z) - \omega(X,[Y,Z]).$$

Zusammengenommen ergeben beide Aussagen

$$d\omega(X,Y,Z) = -\omega([X,Y],Z) + \omega([X,Z],Y) - \omega([Y,Z],X),$$

also die Formel für δ für $q = 2$.

iv) Durch weitere Iteration ergibt sich analog der allgemeine Fall. $\square$

Übungsaufgabe 2.5: Überprüfen Sie die Formel (*) für $q = 1$ und 2 und führen Sie den Beweisschritt iv) aus.

Die koadjungierte Darstellung auf $\Omega_l^q(G)$ wird nun einfach so erklärt: Konjugation mit $g_0 \in G$ bewirkt einen inneren Automorphismus von G

$$\kappa_{g_0} : G \to G, \quad g \mapsto g_0 g g_0^{-1}.$$

κ_{g_0} induziert eine Abbildung der Tangentialräume, also insbesondere für den Fall $T_eG = \mathfrak{g}$

$$\mathrm{Ad}(g_0) := (\kappa_{g_0})_{*e} : \mathfrak{g} \to \mathfrak{g}.$$

Diese Abbildung produziert bei etwas genauerem Hinsehen einen Homomorphismus

$$\mathrm{Ad} \; : G \to \mathrm{Aut}\,\mathfrak{g}, \; g_0 \mapsto \mathrm{Ad}\,g_0,$$

der die *adjungierte Darstellung* von G genannt wird. Hieraus entsteht dann ebenso (s. A.4.1) die koadjungierte Darstellung

$$\mathrm{Ad}^* : G \to \mathrm{Aut}\,\mathfrak{g}^*,$$

die sich auch für $q > 1$ zu einer Darstellung

$$\mathrm{Ad}^* : G \to \mathrm{Aut}\ \Lambda^q \mathfrak{g}^*$$

fortsetzen läßt, die häufig auch mit dem Symbol $\mathrm{Ad}^{\#}$ bezeichnet wird.

Falls $\Lambda^q \mathfrak{g}^*$ mit dem Raum der linksinvarianten q–Formen ω auf G identifiziert wird, ist

$$\mathrm{Ad}^*(g_0)\,\omega = (\kappa_{g_0})^*\omega = (\varrho_{g_0})^*\omega$$

mit der Rechtstranslation ϱ auf G.

Es werden hier nun nicht direkt (wie es bei KIRILLOV geschieht) die koadjungierten Bahnen in $\mathfrak{g}^*$, d.h. die G–Bahnen bei der koadjungierten Darstellung in $\mathfrak{g}^*$

$$G^{\#}\vartheta := \{\mathrm{Ad}^*(g_0)\vartheta;\ g_0 \in G\}\quad \text{für}\ \vartheta \in \mathfrak{g}^*,$$

studiert, sondern zunächst die Bahnen in $\Lambda^2 \mathfrak{g}^*$. Dazu noch einige **Bezeichnungen**:

Es sei (M, ω) eine symplektische Mannigfaltigkeit, auf der G von links durch eine differenzierbare Abbildung

$$G \times M \to M, \quad (g, m) \mapsto gm$$

operiert. Dann können hier zwei Abbildungen betrachtet werden

$$\phi_g : M \to M \quad \text{mit}\ \phi_g(m) := gm \quad \text{für alle}\ g \in G$$

und

$$\psi_m : G \to M \quad \text{mit}\ \psi_m(g) := gm \quad \text{für alle}\ m \in M.$$

Falls ω bei jedem $\phi_g, g \in G$, invariant bleibt, also

$$\phi_g^*\omega = \omega \ \text{für alle}\ g \in G$$

gilt, heißt die vorgegebene Operation von G auf M eine *symplektische Operation*.

Für die Rechtstranslation ϱ und die Linkstranslation λ gelten offenbar

$$\phi_g \circ \psi_m = \psi_m \circ \lambda_g, \ \psi_{gm} = \psi_m \circ \varrho_g.$$

Mit Hilfe von ψ_m können Formen von M nach G zurückgezogen werden; insbesondere induziert die geschlossene Form ω auf M dabei eine geschlossene Form auf G. Genauer gilt die folgende Aussage

Satz 1: a) *Eine symplektische Gruppenoperation $G \times M \to M$ definiert eine Abbildung*

$$\Psi : \quad M \longrightarrow Z^2(\mathfrak{g})$$
$$m \longmapsto \psi_m^*\omega$$

mit

$$(\#) \qquad\qquad \Psi(gm) = \mathrm{Ad}^*(g)(\Psi(m)).$$

b) $\Psi(M)$ *ist Vereinigung von G–Bahnen in $Z^2(\mathfrak{g})$.*

Falls die Operation von G transitiv ist, besteht das Bild $\Psi(M)$ aus einer Bahn.

Wegen der Vertauschungsregel (#) heißt Ψ auch ein *G–Morphismus.*

Beweis: a) $\psi_m^* \, \omega$ ist als Bild einer 2–Form wieder eine 2–Form auf G. Diese 2–Form ist linksinvariant, denn es gilt

$$\lambda_g^* \psi_m^* \, \omega = (\psi_m \circ \lambda_g)^* \, \omega = (\phi_g \circ \psi_m)^* \, \omega = \psi_m^* \circ \phi_g^* \omega = \psi_m^* \, \omega.$$

Ψ ist ein G–Morphismus, denn es gilt

$$\psi_{gm}^* \, \omega = (\psi_m \circ \varrho_g)^* \, \omega = \varrho_g^* \psi_m^* \, \omega = \varrho_g^* \Psi(m) = \mathrm{Ad}^*(g)\Psi(m).$$

$\Psi(m) = \psi_m^* \, \omega$ ist geschlossen, denn es gilt

$$d\Psi(m) = d\,(\psi_m^* \, \omega) = \psi_m^* d\omega = 0.$$

b) Die Bahn durch den Punkt $\Psi(m)$ wird gegeben durch

$$G^{\#}(m) := \{\Psi(gm) = \mathrm{Ad}^*(g)\Psi\,(m);\ g \in G\} \quad (\text{auch} \ =: G^{\#}\Psi(m)).$$

Offenbar ist

$$\Psi(M) = \bigcup_{m \in M} G^{\#}(m)$$

und bei einer transitiven Operation sogar $\Psi(M) = G^{\#}(m)$. $\qquad\qquad\qquad\square$

Hier stellt sich nun für ein zunächst beliebiges $\omega \in Z^2(\mathfrak{g})$ sofort die

Umkehrfrage: Gibt es zu einer gegebenen G–Bahn $G^{\#}\omega$ in $Z^2(\mathfrak{g})$ eine symplektische Mannigfaltigkeit M und eine Abbildung $\Psi : M \to Z^2(\mathfrak{g})$ wie oben mit $G^{\#}\omega = \Psi(M)$?

Dies gibt Anlaß zu versuchen, M als homogenen Raum der Form

$$M = G/H$$

zu konstruieren, wobei H eine abgeschlossene Lieuntergruppe von G ist. Das Problem wird dabei sein, H so zu bestimmen, daß eine symplektische Form $\overline{\omega}$ auf G/H zustandekommt, so daß für das gegebene geschlossene $\omega \in Z^2(\mathfrak{g})$ gilt

$$\mathrm{pr}^*\overline{\omega} = \omega \ \text{ für } \mathrm{pr} : G \to G/H \ \text{ die natürliche Projektion.}$$

Es sei also $\omega \in Z^2(\mathfrak{g})$ eine geschlossene Form auf G. Dann wird

$$\mathfrak{h}_\omega := \{X \in \mathfrak{g};\ i\,(X)\,\omega = 0\}$$

gesetzt.

Bemerkung 2: $\mathfrak{h}_\omega$ ist eine Unteralgebra, und zwar ist $\mathfrak{h}_\omega = \{0\}$, falls ω nicht-ausgeartet ist.

Beweis: Die letzte Aussage folgt unmittelbar aus der Definition des inneren Produkts $i(X)\omega$. Um die erste Aussage zu beweisen, ist zu zeigen, daß aus $X, Y \in \mathfrak{h}_\omega$ auf $[X, Y] \in \mathfrak{h}_\omega$ geschlossen werden kann.

Dies geschieht ganz ähnlich wie im Beweis der letzten Bemerkung unter Verwendung der Lieableitung. Und zwar ist für $Z \in \mathfrak{g}$ mit den dort auch benutzten Formeln (*)

$$0 = L_Y(\omega(X,Z)) = (L_Y\omega)(X,Z) + \omega([Y,X],Z) + \omega(X,[Y,Z]),$$

und (**)

$$L_Y\omega = i(Y)d\omega + d(i(Y)\omega) = 0,$$

da ω geschlossen ist. Beide Aussagen zusammen geben für $X, Y \in \mathfrak{h}_\omega$

$$\omega([Y,X],Z) = 0$$

also auch $[X,Y] \in \mathfrak{h}_\omega$. $\qquad\qquad\square$

Einer der zentralen Sätze der Theorie der Liegruppen sagt nun, daß zu $\mathfrak{h}_\omega$ bis auf Isomorphie genau eine zusammenhängende Untergruppe

$$i : H_\omega \hookrightarrow G \text{ mit Lie } H_\omega \simeq \mathfrak{h}_\omega$$

existiert. In gewissen günstigen Fällen liefert dies H_ω nun das Gewünschte.

Satz 2: *Falls H_ω abgeschlossen ist, gibt es genau eine symplektische Form $\overline{\omega}$ auf $M_\omega := G/H_\omega$ mit $\omega = \mathrm{pr}^*\overline{\omega}$, wobei*

$$\mathrm{pr} : G \to G/H_\omega = M_\omega \quad \text{die kanonische Projektion}$$

ist.

Beweis: Hier sind wieder einige *externe* Hilfsmittel erforderlich. Zunächst sichert die Bedingung, H_ω sei abgeschlossen, daß $G/H_\omega = M_\omega$ tatsächlich eine differenzierbare Mannigfaltigkeit ist. Dabei bilden die Bahnen aH_ω (kurz für $ai(H_\omega)$), $a \in G$, die Punkte von M_a. Zumindet lokal ergibt sich eine übersichtliche Beschreibung von M_ω durch Koordinaten, indem die Bahn aH_ω von $a \in G$ in G als *Integralmannigfaltigkeit* eines *differentiellen Systems* Δ (auch *Distribution* genannt) erkannt wird. Hier werden einige Begriffe und eine zentrale Aussage aus der Theorie der Systeme von (partiellen) Differentialgleichungssystemen verwendet (wie sie etwa bei [St] p. 130 wiedergegeben sind):

i) Ein c-*dimensionales differentielles System* Δ auf einer n-dimensionalen differenzierbaren Mannigfaltigkeit G (das muß nicht wie im hier nachher wieder betrachteten Spezialfall eine Liegruppe sein) ist für $1 \leq c \leq n$ eine Abbildung, die jedem $a \in G$ einen c-dimensionalen Unterraum $\Delta(a)$ von T_aG zuordnet:

$$G \ni a \mapsto \Delta(a) \subset T_aG \text{ und } \dim\Delta(a) = c.$$

ii) Ein solches System Δ heißt *glatt*, wenn zu jedem $a \in G$
– eine Umgebung $U(a)$ von a in G und
– glatte Vektorfelder $Z_1, \ldots, Z_c$ auf $U(a)$ existieren, so daß für jedes $m \in U(a)$ die Vektoren $(Z_1)_m, \ldots, (Z_c)_m$ eine Basis von $\Delta(p)$ sind (diese Bedingung läßt sich eleganter in der Bündelsprache formulieren).

iii) Ein differentielles System Δ heißt *involutiv*, falls Δ glatt ist und

$$[X, Y] \in \Delta \text{ für alle } X, Y \in \Delta$$

gilt, wobei $X \in \Delta$ meint, daß $X_a \in \Delta(a)$ für alle $a \in G$ ist.

iv) Eine Untermannigfaltigkeit $N \overset{i}{\hookrightarrow} M$ von M heißt *Integralmannigfaltigkeit* von Δ, wenn gilt

$$i_*(T_qN) = \Delta\big(i(q)\big) \text{ für alle } q \in N.$$

Das bedeutet also, daß der Tangentialraum T_qN an N in jedem $q \in N$ „gleich" dem durch das differentielle System Δ vorgegebenen Unterraum $\Delta\big(i(q)\big)$ des Tangentialraumes $T_{i(q)}G$ ist. (Es sollte dies eigentlich besser „maximale" Integralmannigfaltigkeit genannt werden, denn es macht durchaus einen Sinn, hier Objekte N mit

$$i_*(T_qN) \subset \Delta\big(i(q)\big)$$

zu betrachten.) Ein Kriterium für die Existenz dieser maximalen Integralmannigfaltigkeiten liefert nun der folgende

Satz von Frobenius: *Es sei Δ ein c–dimensionales glattes differentielles System auf einer differenzierbaren n–Mannigfaltigkeit G. Dann gilt*

a) Δ ist involutiv genau dann, wenn jeder Punkt von $a \in G$ in einer Integralmannigfaltigkeit $N = N_a$ liegt.

b) Falls a) erfüllt ist, gibt es lokal Koordinaten $x_1, \ldots, x_n$, so daß die Integralmannigfaltigkeit die Form hat

$$N = \{x; \quad x_i = \text{const.}, \ i = 1, \ldots, k\}, \quad k = n - c.$$

Diese Beschreibung des Satzes von Frobenius mit Hilfe der Vektorfelder hat ein (historisch dieser vorangehendes) Spiegelbild in der Welt der Differentialformen: Ein Beweis des Satzes von Frobenius in dieser Beschreibung findet sich bei KÄHLER [K$_1$].

v) Jetzt wird wieder auf die spezielle Situation des hier zu beweisenden Satz 2 zurückgegangen. Und zwar wird hier die Deutung der Liealgebren als Unterräume der Tangentialräume benutzt, um ein differentielles System Δ zu definieren durch

$$\Delta(e) := \mathfrak{h}_\omega \quad \text{für das neutrale Element } e \in G$$

und

$$\Delta(a) := (\lambda_a)_*(\mathfrak{h}_\omega) \text{ für } a \in G \text{ mit der Linkstranslation } \lambda_a.$$

Aus der letzten Bemerkung vor Satz 2 folgt sofort, daß dies Δ involutiv ist, also nach iv) in jedem Punkt $a \in G$ eine Integralmannigfaltigkeit N_a hat. Diese ist hier offenbar gegeben durch $N_a = aH_\omega$, und wieder nach dem Satz von Frobenius (Teil b) kann N_a in jedem $a \in G$ lokal beschrieben werden durch

$$N_a = \{x; \quad x_i = \text{const.}, \ i = 1, \dots, k\}, \quad k = n - \dim \mathfrak{h}_\omega.$$

Der Tangentialraum N hat dann als Basis $\frac{\partial}{\partial x_{k+1}}, \dots, \frac{\partial}{\partial x_n}$. Ist nun ω die vorgegebene geschlossene 2–Form auf G, so hat ω eine Gestalt

$$\omega = \sum_{i<j}^{n} a_{ij}(x) \, dx_i \wedge dx_j.$$

Aufgrund der Konstruktion von $\mathfrak{h}_\omega$ gilt $i(X)\omega = 0$ für $X \in \mathfrak{h}_\omega$, also insbesondere für $X = \frac{\partial}{\partial x_i}$, $i = k+1, \dots, n$. Dies und die Geschlossenheit $d\omega = 0$ zeigen, daß ω in diesen Koordinaten nur von $x_1, \dots, x_k$ abhängen kann, also

$$\omega = \sum_{i<j}^{k} a_{ij}(x_1, \dots, x_k) \, dx_i \wedge dx_j.$$

Damit ist das Wesentliche geschafft. Die Integralmannigfaltigkeiten N_a zu Δ sind die Fasern der Projektion $\mathrm{pr} : G \to M_\omega = G/H_\omega$ und können lokal durch die Koordinaten $(x_1, \dots, x_k)$ beschrieben werden. Für

$$\overline{\omega} := \sum_{i<j}^{k} a_{ij}(x_1, \dots, x_k) \, dx_i \wedge dx_j$$

gilt natürlich $\mathrm{pr}^*\overline{\omega} = \omega$. Es ist nun Routine, einzusehen, daß dadurch auch global eine Form $\overline{\omega}$ auf M_ω mit den gewünschten Eigenschaften definiert wird. $\qquad \square$

Bei [GS] p. 174 wird der Satz 2 etwas allgemeiner gestaltet. Er bietet in dieser Form die Grundlage der *symplektischen Reduktion*, die darauf abzielt, eine vorgegebene Mannigfaltigkeit bei vorliegenden „zusätzlichen Symmetrien" auf eine (kleinere) symplektische Mannigfaltigkeit zu projizieren, die hier später in 4.3 behandelt wird. Der Beweis verwendet dieselben Ideen und ist nur unwesentlich schwerer.

Satz 2': *Es sei M eine differenzierbare Mannigfaltigkeit und ω eine geschlossene 2–Form auf M. Dann ist der Vektorraum der Vektorfelder X auf M mit*

$$(*) \qquad\qquad\qquad i(X)\omega = 0$$

geschlossen bezüglich der Lieklammer. Falls die Dimension des Raumes der X mit (*) in jedem Punkt $m \in M$ konstant ist, definiert ω ein integrierbares differentielles System Δ. Falls weiter eine differenzierbare Mannigfaltigkeit M_0 und eine Submersion $\varrho : M \to M_0$ (d.h. ϱ ist eine differenzierbare Surjektion, die auch auf den Tangentialräumen surjektive Abbildungen induziert) gegeben sind, so daß die Integralmannigfaltigkeiten von Δ jeweils die Fasern von ϱ sind, existiert genau eine symplektische Form ω_0 auf M_0 mit $\varrho^*\omega_0 = \omega$.

Die symplektische Mannigfaltigkeit zu einer Bahn $G^{\#}\omega$

Damit kann jetzt die eingangs gestellte „Umkehrfrage" beantwortet werden: Zu gegebenem Orbit $G^{\#}\omega$ in $Z^2(\mathfrak{g})$ ist H_ω bestimmt worden und – unter der Voraussetzung, H_ω sei abgeschlossen – die Mannigfaltigkeit M_ω. Für diese ist dann in der Tat $G^{\#}\omega$ der M_ω mit der Abbildung Ψ zugeordnete Orbit, also

$$\Psi\left(M_\omega\right) = G^{\#}\omega.$$

Denn wenn $m_0 = eH_\omega$ als Punkt von M_ω aufgefaßt wird, ist für $a \in G$ mit der kanonischen Projektion $\mathrm{pr}: G \to M_\omega = G/H_\omega$ und den zu Anfang dieses Abschnitts eingeführten Bezeichnungen

$$\mathrm{pr}\, a = aH_\omega = am_0 = \psi_{m_0}(a), \text{ also } \mathrm{pr}\ = \psi_{m_0}.$$

Wenn weiter wie im Satz 1 $\Psi: M_\omega \to Z^2(\mathfrak{g})$ definiert wird durch

$$\Psi\left(m\right) := \psi_m^* \,\overline{\omega} \quad \text{für } \overline{\omega} \text{ wie in Satz 2,}$$

gilt auch

$$\Psi\left(m_0\right) = \ \mathrm{pr}^*\overline{\omega} = \omega.$$

Da Ψ ein G–Morphismus ist, also

$$\Psi\left(am_0\right) = \mathrm{Ad}^*(a)\,\Psi(m_0) = \mathrm{Ad}^*(a)\,\omega$$

gilt, ist

$$\Psi\left(M_\omega\right) = G^{\#}\omega,$$

weil G transitiv auf M_ω operiert.

Nachdem die Frage der Existenz einer symplektischen Mannigfaltigkeit zu gegebenem G–Orbit von $\omega \in Z^2(\mathfrak{g})$ unter der Bedingung, daß H_ω abgeschlossen ist, durch die Konstruktion von M_ω positiv beantwortet wurde, erhebt sich nun die **Frage nach der Eindeutigkeit**. Also:

Gibt es verschiedene homogene symplektische Mannigfaltigkeiten zu demselben Orbit $G^{\#}\omega$?

Sei also gegeben eine symplektische Mannigfaltigkeit

$$M = G/H \text{ mit symplektischer Form } \Omega,$$

wobei H in G eine abgeschlossene, nicht notwendig zusammenhängende Lieuntergruppe ist, mit einer symplektischen transitiven Operation $G \times M \to M$. Dann induziert diese Operation für alle $b \in G$ eine Abbildung

$$\psi_{bH}: \ G \to M$$
$$a \mapsto \psi_{bH}(a) = abH.$$

Nach Satz 1 gehört hierzu weiter eine Abbildung

$$\Psi : M \to Z^2(\mathfrak{g}).$$

Damit wird dann

$$\omega := \Psi\,(eH) = \psi_{eH}^*\,\Omega$$

gesetzt, und wegen der Transitivität der G–Operation besteht

$$\Psi(M) = \{\mathrm{Ad}^*(a)\,\omega;\ a \in G\} = G^{\#}\omega$$

nur aus einer G–Bahn. Die Eindeutigkeitsfrage würde nun bejahend beanwortet, wenn sich bei Ausführung der Konstruktion von Satz 2 das dort herauskommende M_ω als gleich dem hier vorgegebenen M erweisen würde. Um dies zu überprüfen, sei wie im Beweis von Satz 2 für $\mathfrak{g} = \mathrm{Lie}\ G$

$$\mathfrak{h}_\omega := \{X \in \mathfrak{g};\ i\,(X)\,\omega = 0\},$$

also

$$\mathfrak{h}_\omega = \{X \in \mathfrak{g};\ \psi_{eH}^*\,\Omega\,(X,\,\cdot\,) = 0\},$$

und, da Ω nicht–ausgeartet ist, auch

$$\mathfrak{h}_\omega = \{X \in \mathfrak{g};\ (\psi_{eH})_*X = 0\}.$$

Dies zeigt aber $\mathfrak{h} := \mathrm{Lie}\ H = \mathfrak{h}_\omega$, denn

$$(\psi_{eH})_*\big|_{\mathfrak{g}} : \mathfrak{g} = T_eG\ \to T_{eH}M = \mathfrak{g}/\mathfrak{h}$$
$$X\qquad \mapsto X + \mathfrak{h}$$

bedeutet, daß $X \in \mathfrak{h}$ äquivalent ist mit $(\psi_{eH})_*X = 0$. Wie verabredet, ist H_ω die zu $\mathfrak{h}_\omega = \mathfrak{h}$ gehörige *zusammenhängende* Untergruppe von G, also die Zusammenhangskomponente der Eins in H. Damit ist $M_\omega = G/H_\omega$, wenn nicht als gleich $M = G/H$, so doch als eine Überlagerung von M erkannt. Damit ist bewiesen:

Satz 3: *Homogene symplektische Mannigfaltigkeiten G/H sind bis auf Überlagerungen parametrisiert durch die G–Bahnen $G^{\#}\omega$ in $Z^2(\mathfrak{g})$, vorausgesetzt ω bringt eine abgeschlossene Untergruppe H_ω in G hervor.*

Aus diesem Zwischenergebnis folgt dann rasch der bereits anfangs angekündigte

Satz 4 (Kostant–Souriau): *Für $H^1(\mathfrak{g}) = H^2(\mathfrak{g}) = \{0\}$ gibt es bis auf Überlagerungen eine eineindeutige Beziehung zwischen homogenen symplektischen Mannigfaltigkeiten für G und G–Bahnen in $\mathfrak{g}^*$.*

Beweis: i) Die Kohomologiegruppen $H^k(\mathfrak{g})$ sind in A.3.2 eingeführt. $H^2(\mathfrak{g}) = \{0\}$ bedeutet, daß es für jedes $\omega \in Z^2(\mathfrak{g})$ ein $\beta \in \mathfrak{g}^*$ gibt mit $d\beta = \omega$. Ebenso ist $H^1(\mathfrak{g}) = \{0\}$ äquivalent zu $Z^1(\mathfrak{g}) = B^1(\mathfrak{g})$, aber es ist $B^1(\mathfrak{g}) = d(\Lambda^\circ\mathfrak{g}^*) = \{0\}$ (wegen $\Lambda^\circ\mathfrak{g}^* = \mathbb{R}$). Deshalb folgt aus $d\beta = d\beta'$ auch $\beta' = \beta$, und damit ist $\beta \in \mathfrak{g}^*$ mit $d\beta = \omega$ durch ω eindeutig bestimmt.

ii) Dies bedeutet eine eineindeutige Korrespondenz zwischen den G–Bahnen in $Z^2(\mathfrak{g})$

$$G^{\#}\omega = \{\mathrm{Ad}^* g(a)\omega;\ a \in G\}$$

und den G–Bahnen in $\mathfrak{g}^*$

$$G^{\#}\beta = \{\mathrm{Ad}^*(a)\beta;\ a \in G\}.$$

Dabei ist durch

$$\mathrm{Ad}^*(a)\beta \mapsto \mathrm{Ad}^*(a)\omega \text{ für alle } a \in G$$

eine bijektive Abbildung gegeben, denn es gilt

$$d\left(\mathrm{Ad}^*(a)\beta\right) = d\left(\varrho_a^*\beta\right) = \varrho_a^*\,\omega = \mathrm{Ad}^*(a)\,\omega.$$

iii) Die Isotropiegruppe

$$G_\beta := \{a \in G;\ \mathrm{Ad}^*(a)\,\beta = \beta\}$$

ist per se abgeschlossen. Dann ist auch H_ω als abgeschlossen erkannt, wenn gezeigt ist, daß H_ω die Zusammenhangskomponente der Eins von G_β ist. Und das geht so: Es ist

$$\mathfrak{g}_\beta := \mathrm{Lie}\ G_\beta = \{X \in \mathfrak{g};\ L_X\beta = 0\},$$

denn $\beta = \mathrm{Ad}^*(a)\,\beta = \varrho_a^*\beta$ ist nach Definition der Lieableitung für $a = \exp X$ äquivalent mit $L_X\beta = 0$. Und diese Bedingung ist wiederum äquivalent mit $i\,(X)\,\omega = 0$. Denn für $X \in \mathfrak{g}$ sagt das Lemma in 2.2 bzw. die Formel $(**)$ im Beweis der Bemerkung 1 am Beginn des Abschnitts

$$L_X\beta = i(X)d\beta + d\left(i(X)\beta\right)$$

also

$$= i\,(X)\,\omega,$$

da $i\,(X)\,\beta$ lokalkonstant ist (weil X und β beide linksinvariant sind). Damit ergibt sich nun

$$\mathfrak{g}_\beta = \{X \in \mathfrak{g};\ i\,(X)\,\omega = 0\} = \mathfrak{h}_\omega,$$

also ist H_ω in G_β enthalten und damit abgeschlossen. $\qquad\square$

Ein weiteres Kriterium dafür, daß $M_\omega = G/H_\omega$ tatsächlich eine Mannigfaltigkeit ist, stammt von CHU. Es besagt, daß H_ω abgeschlossen ist, wenn G einfach zusammenhängend ist (Beweis [GS] p. 179).

Von großer praktischer Bedeutung für die explizite Angabe der symplektischen Form ist noch der folgende Satz, bei dem nun auch eine koadjungierte Bahn in $\mathfrak{g}^*$ zum Vorschein kommt.

Satz 5: *Es sei G eine Liegruppe mit $H^1(\mathfrak{g}) = H^2(\mathfrak{g}) = \{0\}$, $\beta \in \mathfrak{g}^*$, $\omega = d\beta$ und*

$$M_\beta = G/H_\omega \simeq G^{\#}\omega \simeq G^{\#}\beta$$

die zugehörige symplektische Mannigfaltigkeit mit der Form $\overline{\omega}$. Dann gilt

$$\overline{\omega}\,(X_\beta, Y_\beta) = -\beta\,([X,Y])$$

mit

$$X_\beta := \mathrm{pr}_* X, \quad Y_\beta := \mathrm{pr}_* Y \quad \text{für } X, Y \in \mathfrak{g}.$$

Hier ist wieder $\mathrm{pr} : G \to G/H_\omega$ die kanonische Projektion.

Beweis: Nach Satz 2 ist $\overline{\omega}$ als symplektische Form auf G/H_ω eindeutig bestimmt mit $\mathrm{pr}^* \overline{\omega} = \omega$. Es gilt also einerseits

$$\overline{\omega}\,(X_\beta, Y_\beta) = \overline{\omega}\,(\mathrm{pr}_* X, \mathrm{pr}_* Y) = (\mathrm{pr}^* \overline{\omega})(X, Y) = \omega\,(X, Y).$$

Andererseits ist auch wie im Schritt ii) im Beweis der Bemerkung 1

$$-\beta\,([X,Y]) = d\beta\,(X, Y) = \omega\,(X, Y),$$

was hier auch als die Formel für den Randoperator δ in der Kohomologietheorie in A.3.2. wiedererkannt wird. $\qquad\Box$

2.6 Der komplexe projektive Raum

An die Behandlung der koadjungierten Bahnen kann wie in [GS] die der Impulsabbildung angeschlossen werden. Dieses zentrale Thema wird in diesem Text erst später auftauchen. Hier werden zunächst an einem konkreten Beispiel die vorstehend eingeführten Begriffe und Techniken etwas expliziter gemacht. Für weitere konkrete Beispiele wird dann später das Studium der Impulsabbildung Anlaß geben.

Es sei $\mathbb{P}^n = \mathbb{P}^n(\mathbb{C}) = \mathbb{P}\,(\mathbb{C}^{n+1})$ der komplexe projektive Raum, also der Raum der (komplexen!) Geraden durch den Ursprung in $\mathbb{C}^{n+1}$, und es bezeichne π die Abbildung

$$\begin{aligned}
\pi : \mathbb{C}^{n+1} \setminus \{0\} \quad &\to \quad \mathbb{P}^n \\
z = (z_0, \dots, z_n) \quad &\mapsto \quad z_\sim.
\end{aligned}$$

Dabei meint $z_\sim$ wie in A.1.1 die Äquivalenzklasse, die sich ergibt, falls $z \sim z'$ geschrieben wird, wenn gilt $z_i' = \lambda z_i$, $i = 0, \dots, n$, für ein $\lambda \in \mathbb{C}^*$. $\mathbb{P}^n$ ist nun ein Beispiel für eine symplektische reelle $2n$–Mannigfaltigkeit. Dies kann auf verschiedene Weisen eingesehen werden. Zunächst soll hier $\mathbb{P}^n$ als kählersch (und damit nach 2.4 als symplektisch) erkannt werden. Auch dies kann auf verschieden aussehenden Wegen geschehen.

i) Bei MUMFORD [Mu] p. 86/7 wird auf folgende Weise eine Metrik auf $\mathbb{P}^n$ eingeführt. Es bezeichne $V = V_{\mathrm{Herm}}$ den Raum der $(n+1)$–reihigen hermiteschen Matrizen

$$V = \{A \in M_{n+1}(\mathbb{C}); \; {}^t A = \overline{A}\},$$

aufgefaßt als $\mathbb{R}$–Vektorraum, als der er dann die Dimension $(n+1)^2$ hat. Dann wird eine differenzierbare Abbildung ϕ gegeben durch

$$\phi : \mathbb{P}^n \;\hookrightarrow\; V$$
$$z_\sim \;\mapsto\; (A_{ij}) = (z_i \bar{z}_j) \text{ für } z \text{ mit } |z|^2 = 1.$$

Die Gruppe $U(n+1) = \{S \in GL_{n+1}(\mathbb{C}); \; {}^t\overline{S}S = E_{n+1}\}$ operiert auf V durch Konjugation und auf $\mathbb{P}^n$ durch

$$(S, z_\sim) \mapsto S(z_\sim) := (Sz)_\sim.$$

ϕ ist dann äquivariant für diese Operationen:

$$\phi\big(S(z_\sim)\big) = S\phi(z_\sim)S^{-1}.$$

V hat eine $U(n+1)$–invariante positiv definite symmetrische Standardbilinearform q, gegeben durch

$$q(A, B) = \mathrm{tr}(AB).$$

ϕ induziert zu jedem $z_\sim = \pi(z)$ eine Abbildung der Tangentialräume

$$(\phi_*)_{\pi(z)} : T_{\pi(z)}\mathbb{P}^n \to T_{\phi(z_\sim)}V \simeq V.$$

Dies gibt dann durch „Zurückziehen" eine $U(n+1)$–invariante Riemannsche Metrik auf $\mathbb{P}^n$ als reelle Mannigfaltigkeit. „A rather brutal computation" (wie Mumford konzidiert) zeigt, daß die zugehörige (s. 2.4) hermitesche Metrik auf der komplexen Mannigfaltigkeit, die *Fubini–Study Metrik* heißt, in den Koordinaten

$$x_i = z_i/z_0, \, i = 1, \dots, n \text{ für } z_0 \neq 0$$

die Gestalt hat

$$ds^2 = \frac{\Sigma dx_i d\bar{x}_i}{1 + \Sigma|x_i|^2} - \frac{(\Sigma x_i d\bar{x}_i)(\Sigma \bar{x}_i dx_i)}{(1 + \Sigma|x_i|^2)^2}.$$

Hier als Erleichterung für den interessierten Leser ein paar Schritte der Rechnung: Zu

$$\mathbb{C}^n \xrightarrow{i_0} \mathbb{P}^n(\mathbb{C}) \xrightarrow{\phi} V$$
$$x \mapsto \begin{pmatrix} 1 \\ x \end{pmatrix}_\sim = z_\sim \longmapsto \frac{1}{1+|x|^2}\begin{pmatrix} 1 \\ x \end{pmatrix}(1, {}^t\bar{x}) \quad (x \text{ als Spalte})$$

gehört die Abbildung der Tangentialräume

$$\mathbb{C}^n \simeq T_x\mathbb{C}^n \xrightarrow{i_{0*}} T_{i_0(x)}\mathbb{P}^n \xrightarrow{\phi_*} T_{\phi i_0(x)}V \simeq V,$$

die den Tangentialvektor u an die Kurve $\gamma(t) = x + ut$ in $\mathbb{C}^n$ in den Tangentialvektor an die Bildkurve $(\phi i_0 \gamma)(t)$ in $t = 0$ im Raum V überführt. Dieser Vektor berechnet sich (mit $\langle x, u \rangle = \Sigma x_i \bar{u}_i$) zu

$$\alpha\left(u\right) := \phi_* i_{0*} u = \frac{1}{1+|x|^2}\left(\begin{pmatrix}0\\u\end{pmatrix}(1,{}^t\overline{x}) + \begin{pmatrix}1\\x\end{pmatrix}(0,{}^t\overline{u}) - \frac{\langle u,x\rangle\langle x,u\rangle}{1+|x|^2}\begin{pmatrix}1\\x\end{pmatrix}(1,{}^t\overline{x})\right).$$

Dann wird als Bilinearform in $T_{i_0(x)}\mathbb{P}^n$ diejenige genommen, die sich durch „Zurückziehen" von der auf V lebenden ergibt, also

$$g\left(u,u'\right) = \mathrm{tr}\left(\alpha\left(u\right)\cdot\alpha\left(u'\right)\right)$$

und damit nach einiger Rechnung unter Berücksichtigung von Formeln der Art

$$\mathrm{tr}\left(\begin{pmatrix}1\\x\end{pmatrix}(1,{}^t x)\begin{pmatrix}1\\\overline{u}\end{pmatrix}(1,{}^t\overline{u})\right) = (1 + \langle x,u\rangle)^2$$

dann

$$= \frac{\langle u,u'\rangle + \langle u',u\rangle}{1+|x|^2} - \frac{\langle u,x\rangle\langle x,u'\rangle + \langle x,u\rangle\langle u',x\rangle}{(1+|x|^2)^2},$$

was nun als zweifacher Realteil der oben angegebenen hermiteschen Metrik erkannt werden kann (etwa indem $u = e_i$ und $u' = e_j$ gesetzt werden).
ii) Bei [Ae] p. 40 wird diese Metrik hervorgebracht, indem an die Definition des $\mathbb{P}^n$ als Raum der eindimensionalen Unterräume im $\mathbb{C}^{n+1}$ angeknüpft wird. Und zwar induziert

$$\mathbb{C}^{n+1}\setminus\{0\} \xrightarrow{\pi} \mathbb{P}^n \supset U_0 = \{z_\sim, z_0 \neq 0\} \xrightarrow{\varphi_0} \mathbb{C}^n$$
$$z \longmapsto \qquad z_\sim \qquad \longmapsto x \text{ mit } x_i = z_i/z_0 \ (i = 1,\dots,n)$$

die Abbildung der Tangentialräume

$$\mathbb{C}^{n+1} = T_z\mathbb{C}^{n+1} \xrightarrow{\pi_*} T_{z_\sim}\mathbb{P}^n \xrightarrow{\varphi_{0*}} T_x\mathbb{C}^n = \mathbb{C}^n$$
$$\xi \longmapsto \pi_*(\xi) \longmapsto (\varphi_0\pi)_*(\xi) =: \zeta.$$

Da $\xi \neq 0$ als Tangentenvektor an die Kurve

$$t \mapsto \gamma\left(t\right) = z + t\xi \text{ in } \mathbb{C}^{n+1}$$

gedeutet werden kann, ist ζ als Tangentenvektor in $t = 0$ der Bildkurve

$$t \mapsto \gamma_0(t) = (\varphi_0\pi\gamma)(t) \text{ in } \mathbb{C}^n$$

bestimmt durch

$$\zeta = (\zeta_1,\dots,\zeta_n) \text{ mit } \zeta_i = \xi_i/z_0 - \xi_0 x_i/z_0.$$

Für zwei solche Tangentenvektoren ζ und ζ' kann nun auf folgende „natürliche" Weise ein hermitesches Skalarprodukt $\langle\langle,\rangle\rangle$ gefunden werden: Auf $\mathbb{C}^{n+1}$ ist das übliche hermitesche Skalarprodukt gegeben durch

$$\langle\xi,\xi'\rangle = \sum_{i=0}^n \xi_i\overline{\xi}'_i.$$

Wird in $T_z\mathbb{C}^{n+1} \simeq \mathbb{C}^{n+1}$ das orthogonale Komplement der durch z gehenden Geraden $z\mathbb{C}$ mit W bezeichnet, also

$$(z\mathbb{C})^\perp =: W \cong \mathbb{C}^n,$$

so kann W wegen $\pi_*(\mathbb{C}^{n+1}) = \pi_*(W)$ mit $T_x\mathbb{C}^n = \mathbb{C}^n$ identifiziert werden, d.h. es gilt

$$\xi = cz + \eta \text{ mit eindeutig bestimmten } c = \langle\xi,z\rangle/\langle z,z\rangle \in \mathbb{C} \text{ und } \eta \in W$$

und

$$(\varphi_0\pi)_*(\xi) = (\varphi_0\pi)_*(\eta) = \zeta.$$

Offenbar ist

$$\eta = \frac{\langle z, z\rangle\xi - \langle\xi, z\rangle z}{\langle z, z\rangle}$$

und folglich

$$\langle\eta, \eta'\rangle = \frac{\langle\xi, \xi'\rangle\langle z, z\rangle - \langle\xi, z\rangle\langle z, \xi'\rangle}{\langle z, z\rangle}.$$

Davon ausgehend erweist sich die (geeignet invariant gemachte) Bildung

$$\langle\langle\zeta, \zeta'\rangle\rangle = \frac{\langle\eta, \eta'\rangle}{\langle z, z\rangle}$$

als hermitesches Skalarprodukt für zwei Tangentialvektoren in $T_{\pi(z)}\mathbb{P}^n$ mit den Koordinatenvektoren ζ resp. ζ'. Hier können für ξ resp. ξ' sowie z $(n+1)$–tupel eingesetzt werden mit $(\varphi_0\pi)_*(\xi) = \zeta$ sowie $\varphi_0\pi(z) = x$ (etwa $\xi_i = \zeta_i z_0, \xi_0 = 0$), und es ergibt sich dann gerade die in i) eben angegebene Form der Metrik.

Der in 2.4 entwickelte Formalismus wird nun auf

$$h(\,,\,) := \mathrm{Re}\,\langle\langle\,,\,\rangle\rangle$$

angewandt. Es ist dies eine Riemannsche Metrik auf $\mathbb{P}^n$, die J–invariant ist, d.h. es gilt für die komplexe Struktur J, für die $J\big|_{\pi(z)}$ auf $T_{\pi(z)}\mathbb{P}^n$ durch Multiplikation mit $i = \sqrt{-1}$ auf W operiert,

$$h_p(J_p v, J_p w) = h_p(v, w) \text{ für } p = \pi(z).$$

Um zu zeigen, daß die zu h gehörige äußere 2–Form ω geschlossen ist, wird nun Mumfords Kriterium aus 2.4 verwendet. Dazu sei G die Gruppe der Diffeomorphismen von $\mathbb{P}^n$, die die komplexe Struktur und h erhalten, also $G = SU(n+1)$. (Hierbei wird auf den klassischen Isomorphismus

$$\mathbb{P}^n \simeq SU(n+1)/U(n)$$

zurückgegriffen.) Es ist dann noch

$$SU(n+1)_{\pi(z)} \simeq U(W)$$

einzusehen und daß die in Mumfords Kriterium auftretende Darstellung ϱ_p hier gegeben wird durch

$$\varrho_{\pi(z)} : SU(n+1)_{\pi(z)} \to U(W).$$

Dann ist offenbar $J\big|_{\pi(z)} = iE_n \in U(W)$ und das Kriterium besagt, daß

$$\omega(\,\cdot\,,\,\cdot\,) = h(J\,\cdot\,,\,\cdot\,)$$

geschlossen ist, also daß $\mathbb{P}^n$ Kählersch ist. Mumford führt dies in [Mu] p. 87 direkt vor. [Ae] hat dies zu dem hier wiedergegebenen Kriterium stilisiert.

Mit weniger Rechnung als bei den eben genannten Zugängen, die aber dafür immerhin eine Idee von der Entstehungsweise der Metrik bieten, kann ausgekommen werden, indem einfach im Rahmen des komplexen Formalismus der Definition 3 in 2.4 ein Potential angegeben wird, aus dem die Kähler–Form durch Differentiation gewonnen werden kann. Und zwar sei in $U_i = \{(z)_\sim, z_i \neq 0\} \subset \mathbb{P}^n$ mit den Koordinaten $x \in \mathbb{C}^n$

$$f = \log K \quad \text{mit} \quad K(x,\overline{x}) = 1 + \sum_{j=1}^{n} x_j \overline{x}_j.$$

Dann ist mit dem in 2.4 beschriebenen Formalismus

$$\partial\overline{\partial} f = \sum_{j=1}^{n} \frac{dx_j \wedge d\overline{x}_j}{K} - \sum_{j,k} \frac{\overline{x}_j dx_j \wedge x_k d\overline{x}_k}{K^2}$$

und dies kann als Kählerform zu einer hermiteschen Matrix gelesen werden, die zur anfangs gegebenen Fubini–Study Metrik gehört.

iv) Es ist nun noch sehr schön zu sehen ([Ae] p. 41 folgend), daß $\mathbb{P}^n$ auch als koadjungierte Bahn realisiert werden kann. Hier ist natürlich die zugrundeliegende Gruppe wieder $G = SU(n+1)$. Es kann gezeigt werden, daß

$$\mathfrak{g} = \mathfrak{su}(n+1) = \{A \in \mathfrak{gl}(n+1,\mathbb{C}); \; {}^t A = -\overline{A}, \operatorname{tr} A = 0\}$$

die zugehörige Liealgebra ist. Auf dem Vektorraum dieser spurlosen schiefhermiteschen Matrizen wird ein Skalarprodukt $(\,,\,)$ gegeben durch

$$(A,B) = \operatorname{Re}(\operatorname{tr} A^t \overline{B}).$$

Dies ermöglicht eine Identifikation

$$\mathfrak{g} \;\to\; \mathfrak{g}^*$$
$$A \;\mapsto\; \varphi_A \quad \text{mit} \quad \varphi_A(B) := (A,B),$$

die im folgenden stets vorgenommen werde.

Es wird nun die koadjungierte Bahn in $\mathfrak{g}^*$

$$G^{\#} B = \{\mathrm{Ad}^{*}(a)\,B;\ a \in G\} = \{a^{-1} B a;\ a \in G\}$$

betrachtet für das spezielle $B = B_0$ mit

$$B_0 = iE_-,\ E_- = \begin{pmatrix} (1/n)\,E_n & 0 \\ 0 & -1 \end{pmatrix}.$$

Dann gilt

$$G^{\#} B_0 \simeq SU(n+1)/U(n) \simeq \mathbb{P}^n,$$

denn es ist

$$a^{-1} E_- a = E_-$$

genau für

$$a = \begin{pmatrix} T & 0 \\ 0 & t \end{pmatrix},\ t = (\det T)^{-1}\ \text{und}\ T \in U(n).$$

Der Satz 5 im vorigen Abschnitt sagt dann, daß die symplektische Form ω auf $\mathbb{P}^n$ gegeben wird durch

$$\omega\,(X, Y) := (-B, [A^X, A^Y])$$

für $A^X, A^Y \in \mathfrak{g}$ Tangentialvektoren mit

$$\mathrm{pr}_* A^X = X,\ \mathrm{pr}_* A^Y = Y\ \text{für pr}: SU\,(n+1) \to SU\,(n+1)/U\,(n).$$

2.7   Symplektische Invarianten (Ein Ausblick)

Auf Grund des Satzes von Darboux in 2.2 sind alle symplektischen Mannigfaltigkeiten fester Dimension lokal isomorph. Um sie voneinander zu unterscheiden, gilt es, ihnen globale Objekte zuzuordnen. Hier soll nun nur ein Hinweis erfolgen auf zwei Wege, wie dies geschehen kann. Mehr und genaueres über diese derzeit sehr aktiven Forschungen kann in [HF] und [Ae] 4. resp. 6. nachgelesen werden. Beide Zugänge gehen auf GROMOV zurück, der im Zuge des Studiums symplektischer Einbettungen 1985 in [Gr] 0.3 A die folgende Aussage formulierte

Satz (Gromov's squeezing theorem): *Es sei für* $r, R \in \mathbb{R}_{>0}$

$$\mathbf{B}(r) := \{(x, y) \in \mathbb{R}^{2n};\, |x|^2 + |y|^2 < r^2\}$$

ein offener Ball in $\mathbb{R}^{2n}$ *und* $\mathbf{Z}(R) := \{(x,y) \in \mathbb{R}^{2n};\, x_1^2 + y_1^2 < R^2\}$ *ein offener Zylinder.* ϕ *sei eine auf* $\mathbf{B}(r)$ *definierte symplektische Einbettung mit*

$$\phi(\mathbf{B}(r)) \subset \mathbf{Z}(R).$$

Dann gilt

$$R \geq r.$$

Übungsaufgabe 2.6: Zeigen Sie die Aussage dieses Satzes, falls ϕ linear ist.

Pseudoholomorphe Kurven

In [Gr] wird das eben genannte Theorem bewiesen. Dabei wird als Werkzeug der Begriff der pseudoholomorphen Kurve benutzt. Dieser Begriff wird zusammen mit etlichen Anwendungen, die dort auch einen Beweis von Gromovs Theorem hergeben, auch bei [Ae] 6. studiert. Er kann so erklärt werden:

Es sei M eine fast–komplexe Mannigfaltigkeit, d.h. es gibt ein $J \in \mathrm{Aut}(TM)$ mit $J^2 = -1$ (s. auch 2.4), und Σ eine Riemannsche Fläche, also eine eindimensionale komplexe Mannigfaltigkeit, die mit der durch Multiplikation mit i vermittelten Abbildung der Tangentialräume erst recht eine fast komplexe Mannigfaltigkeit ist.

Definition:_Eine_ **pseudoholomorphe Kurve** _ist eine glatte Abbildung_ $f : \Sigma \to M$, _für die die induzierte Abbildung_

$$Tf := f_* : T\Sigma \to TM$$

(i,J)_–linear ist, also_ $f_* \circ i = J \circ f_*$ _erfüllt._

Hier sind die pseudoholomorphen Kurven dann besonders interessant, falls es auf M eine symplektische Struktur ω gibt, die mit der fast–komplexen verträglich ist. Zur Illustration sei eine der bei [Ae] auftretenden Aussagen herausgegriffen (Lemma 6.3.6 auf p. 128): Es seien

$f : \Sigma \to M$ eine pseudoholomorphe Kurve,

μ eine Metrik auf Σ in der konformen Klasse der komplexen Struktur i von Σ,

und

g eine Metrik auf M.

Die glatte Abbildung $f : \Sigma \to M$ induziert $f_* : T\Sigma \to TM$, also punktweise einen Homomorphismus

$$Tf_z = f_{*z} : T_z\Sigma \to T_{f(z)}M , \quad z \in \Sigma,$$

zwischen euklidischen Vektorräumen, und deshalb eine Norm

$$\| Tf \|^2 = \mathrm{tr}(Tf)^* \circ Tf.$$

Die Metrik μ auf Σ bestimmt eine Volumenform $d\tau_\mu$. Die „Energie von f" wird definiert durch

$$E(f) := \int_\Sigma \| Tf \|^2 \, d\tau_\mu$$

und die „Fläche von f" durch

$$a(f) = \int_{\Sigma} f^*(\omega).$$

Das genannte Lemma besagt nun, daß für verträgliche (ω, J, g)

$$E(f) = 2a(f)$$

gilt und dies eine topologische Invariante ist, die unter Verwendung der Bezeichnung $[\omega]$ für die de Rham–Klasse von ω auch geschrieben wird als $\langle [\omega], f_*(\Sigma) \rangle$. Als Folgerung ergibt sich etwa, daß eine pseudoholomorphe Kurve eine Minimalfläche bezüglich der verträglichen Metriken ist.

Symplektische Kapazitäten

In [Gr] wird auch noch der folgende Begriff eingeführt und bearbeitet.

Definition: *Der* **symplektische Radius** *rad M einer symplektischen Mannigfaltigkeit M ist der Supremum aller r, für die es eine symplektische Einbettung des Balls* **B(r)** *in M gibt.*

Das Motiv dieser Begriffsbildung wurde von EKELAND, HOFER, VITERBO, ZEHNDER u.a. aufgegriffen und variiert zu dem Begriff der symplektischen Kapazität, der gebildet wurde beim Studium der Frage nach der Existenz gewisser geschlossener Kurven (den „Hamiltonschen Trajektorien", die hier im nächsten Kapitel definiert werden) auf Hyperflächen „konstanter Energie" in symplektischen Mannigfaltigkeiten. Es gibt nun dazu die folgende Axiomatisierung (s. [Ae] p. 73/4 resp. [HZ] p. 51).

Definition: *c heißt* **symplektische Kapazität** *der Dimension $2n$ genau dann, wenn c eine Abbildung ist, die jeder symplektischen $2n$–Mannigfaltigkeit (M, ω) (eventuell mit Rand) ein Element aus $[0, \infty]$ zuordnet und dabei die Eigenschaften hat*

C 1 (Monotonie): *Es gilt*

$$c(M, \omega) \leq c(M', \omega'),$$

falls es eine symplektische Einbettung $\phi : (M, \omega) \hookrightarrow (M', \omega')$ gibt.

C 2 (Konformität): *Es gilt*

$$c(M, \alpha\omega) = |\alpha| c(M, \omega) \quad \textit{für alle } \alpha \in \mathbb{R}^*.$$

C 3 (Nicht–Trivialität): *Es gilt für die Standardform ω_0 auf $\mathbb{R}^{2n}$*

$$c(\mathbf{B}(1), \omega_0) = c(\mathbf{Z}(1), \omega_0) = \pi$$

Die Bedingung C 3 wird bisweilen auch abgeschwächt zu

C 3' (schwache Nicht–Trivialität): *Es gilt*

$$0 < c(\mathbf{B}(1), \omega_0) \quad \textit{und } c(\mathbf{Z}(1), \omega_0) < \infty$$

Daß eine symplektische Kapazität tatsächlich eine symplektische Invariante ist, ergibt sich sofort aus C 1).

Diese Axiome fixieren aber keine eindeutig bestimmte Kapazitätsfunktion.

Bemerkung:

1. Es kann gezeigt werden, daß das Quadrat des symplektischen Radius eine Kapazität ist.

2. Für $n = 1$, also den Fall zweidimensionaler symplektischer Mannigfaltigkeiten, ist der Betrag der Gesamtfläche

$$c(M,\omega) = |\int_M \omega|$$

ein Beispiel für eine Kapazitätsfunktion, die für $(M,\omega) \subset (\mathbb{R}^2,\omega_0)$ mit dem Lebesguemaß übereinstimmt. Für $n > 1$ gibt $(\operatorname{vol} M)^{1/n}$ wegen C 3 keine Kapazitätsfunktion, denn der Zylinder hat unendliches Volumen.

Übungsaufgabe 2.7: Zeigen Sie, daß für offene $U \subset \mathbb{R}^{2n}$ und $\lambda \neq 0$ mit der Standardform ω_0 gilt

$$c(\lambda\,(U),\omega_0) = \lambda^2 c(U,\omega_0)$$

und berechnen Sie $c(\mathbf{B}(r),\omega_0)$.

Mit Hilfe der symplektischen Kapazitäten kann Gromov's squeezing theorem bewiesen werden. Hierzu und für weitere Anwendungen sowie für einen Beweis der Existenz von Kapazitäten sei auf [HZ], insbesondere Ch. 2–4, und auf [Ae] 4. verwiesen.

3 Hamiltonsche Vektorfelder und Poissonklammern

Schon in 0.4 und 0.5 wurde darauf hingewiesen, daß sich die der theoretischen Mechanik zugrundeliegenden Hamiltonschen Gleichungen mit Hilfe des Formalismus der symplektischen Geometrie elegant formulieren (und dann auch bearbeiten) lassen. Diese Formulierung soll hier ausgeführt werden. Quellen dafür sind u.a. [Ki] p. 231–3, [GS] p. 88 ff sowie [AM] p. 187–208.

3.1 Hilfsmittel

Zu vorgegebenem Vektorfeld $X \in V(M)$ gibt es, wie in Kapitel 2 zum Teil schon verwandt, verschiedene Operationen auf den Räumen der Funktionen, Vektorfelder und Differentialformen auf M. Dazu findet sich in A 1.4, A 1.5 und A 2.1 eine einigermaßen systematische Übersicht. Die Dinge, die davon hier im folgenden immer wieder gebraucht werden, seien hier zusammengestellt.

i) (**Lieableitung einer Funktion**) Für

$$X \in V(M) \text{ und } f \in \mathcal{F}(M)$$

ist $L_X f \in \mathcal{F}(M)$ definiert durch

$$L_X f(p) = df_p(X_p) \text{ für } p \in M,$$

also

$$L_X f(p) = \sum_i a_i(x) \frac{\partial f}{\partial x_i}(x), \text{ falls } X\big|_U = \sum a_i \frac{\partial}{\partial x_i}$$

in der Karte (U, φ) mit den Koordinaten x. Dann ist

$$L_X \in \text{Der}\left(\mathcal{F}(M)\right) = \left\{D \in \text{End } \mathcal{F}(M); D(f \cdot g) = f\, Dg + g\, Df; f,g \in \mathcal{F}(M)\right\}$$

ii) (**Lieableitung einer Differentialform**) Für

$$X \in V(M) \text{ und } \beta \in \Omega^k(M)$$

ist $L_X \omega \in \Omega^k(M)$ definiert durch

$$L_X \beta = \frac{d}{dt}\left(F_t^* \beta\right)\big|_{t=0},$$

wobei F_t den zu X gehörigen Fluß meint.

iii) (**Lieableitung eines Vektorfeldes**) Für

$$X \in V(M) \text{ und } Y \in V(M)$$

ist, wenn wieder F_t der zu X gehörige Fluß ist, $L_X Y \in V(M)$ definiert durch $L_X Y = \frac{d}{dt}(F_{t*}Y)|_{t=0}$ und es gilt auch

$$L_X Y = [X, Y].$$

Hier wird benutzt, daß $V(M)$ eine Liealgebra mit der Lieklammer $[\ ,\ ]$ als Verknüpfung ist.

iv) (**Innere Multiplikation und die fundamentale Dualität**) Für

$$X \in V(M) \text{ und } \omega \in \Omega^2(M)$$

ist das innere Produktvon X und ω $i(X)\omega$ (auch $=: \omega^b(X)) \in \Omega^1(M)$ definiert durch

$$(i(X)\omega)(Y) = \omega(X, Y) \quad \text{für } Y \in V(M).$$

Ist ω nicht–ausgeartet, ergibt sich so ein Isomorphismus

$$V(M) \underset{\omega^\#}{\overset{\omega^b}{\rightleftarrows}} \Omega^1(M).$$

In den symplektischen Standardkoordinaten $x = (q, p)$ zu ω, also für $\omega = \sum_{j=1}^n dq_j \wedge dp_j$, läuft dies darauf hinaus, daß

$$\vartheta = \sum_{j=1}^n (a'_j dq_j + a''_j dp_j) \in \Omega^1$$

das Vektorfeld $\omega^\#(\vartheta) = X \in V(M)$ entspricht mit

$$X = \sum_{j=1}^n \left(a''_j \frac{\partial}{\partial q_j} - a'_j \frac{\partial}{\partial p_j} \right).$$

v) (**Eine Formelsammlung**) Einige der folgenden Aussagen wurden auch schon verwandt. Ihre Beweise finden sich bei [AM] p. 109–120, sie seien hier nunmehr als **Übungsaufgabe 3.1** empfohlen.

Es seien $\alpha \in \Omega^k$, $X, X_0, \dots, X_k, Y \in V(M)$ und $f \in \mathcal{F}(M)$. Dann gilt

$$(1) \qquad
\begin{aligned}
d\alpha(X_0, \dots, X_k) &= \sum_{i=0}^k (-1)^i L_{X_i}\alpha(X_0, \dots, \hat{X}_i, \dots, X_k) \\
&+ \sum_{i<j}(-1)^{i+j}\alpha([X_i, X_j], X_0, \dots, \hat{X}_i, \dots, \hat{X}_j, \dots, X_k),
\end{aligned}$$

(2) $i(X)\alpha$ ist $\mathbb{R}$–bilinear in X, α und

$$i\,(fX)\,\alpha = f i(X)\,\alpha = i\,(X)f\alpha, \quad i\,(X)\,i\,(X)\,\alpha = 0$$

$$i\,(X)(\alpha \wedge \beta) = (i\,(X)\,\alpha) \wedge \beta + (-1)^k \alpha \wedge (i\,(X)\beta) \quad \text{(für } \beta \in \Omega^*\text{)},$$

(3) $L_X \alpha = d(i\,(X)\,\alpha) + i\,(X)\,d\alpha,$

(4) $L_X \alpha$ ist $\mathbb{R}$–bilinear in X, α und

$$L_X(\alpha \wedge \beta) = L_X \alpha \wedge \beta + \alpha \wedge L_X \beta,$$

(5) $(L_X \alpha)(X_1, \dots, X_k) = L_X\big(\alpha(X_1, \dots, X_k)\big) - \sum_{i=1}^{k} \alpha(X_1, \dots, [X, X_i], \dots, X_k),$

(6) $L_{fX} \alpha = f L_X \alpha + df \wedge (i\,(X)\,\alpha),$

(7) $i\,([X, Y])\,\alpha = L_X i\,(Y)\,\alpha - i\,(Y)L_X \alpha,$

(8) $L_X d\alpha = d L_X \alpha,$

(9) $L_X i\,(X)\,\alpha = i\,(X)L_X \alpha,$

(10) $[X, Y]\alpha = L_X L_Y \alpha - L_Y L_X \alpha.$

3.2   Hamiltonsche Systeme

Der folgende Begriff ist zentral für die ganze Theorie.

Definition: *Es sei* (M, ω) *eine symplektische Mannigfaltigkeit und* $H \in \mathcal{F}(M)$*. Dann heißt ein Vektorfeld* X_H *auf* M *ein* **Hamiltonsches Vektorfeld** *mit der Energiefunktion* H*, wenn für* X_H *gilt*

$$i\,(X_H)\,\omega = dH.$$

(M, ω, X_H) *heißt dann Hamiltonsches System.*

Die folgenden wichtigen Aussagen sind unter Verwendung der bereitgestellten Hilfsmittel nurmehr Bemerkungen.

Bemerkung 1: Sind (q, p) die kanonischen Koordinaten zu ω, gilt nach 3.1 iv) in diesen Koordinaten wegen $dH = \sum_j \left(\frac{\partial H}{\partial q_j} dq_j + \frac{\partial H}{\partial p_j} dp_j \right)$

$$X_H = \sum \left(\frac{\partial H}{\partial p_j} \frac{\partial}{\partial q_j} - \frac{\partial H}{\partial q_j} \frac{\partial}{\partial p_j} \right).$$

Bemerkung 2: Ist (M, ω, X_H) ein Hamiltonsches System, dann ist $\gamma = \gamma(t) = (q(t), p(t))$, $t \in I$ genau dann eine Integralkurve für das Vektorfeld X_H, wenn für diese Kurve die *Hamiltonschen Gleichungen* in ihrer klassischen Form

$$\frac{\partial H}{\partial p_j} = \dot{q}_j, \quad \frac{\partial H}{\partial q_j} = -\dot{p}_j, \quad j = 1, \dots, n.$$

gelten. Und dann gilt der *Satz von der Erhaltung der Energie* in der Form

$$H(\gamma(t)) = \text{const} \quad \text{für alle} \quad t \in I.$$

Denn $\gamma(t) = (q(t), p(t))$ ist Integralkurve zu X_H genau dann, wenn gilt

$$\dot{\gamma}(t) = (X_H)_{\gamma(t)} \quad \text{für alle} \quad t.$$

Mit X_H wie in der Bemerkung 1 kann dies durch die Hamiltonschen Gleichungen in der genannten Form zum Ausdruck gebracht werden. Und, wenn $\gamma = \gamma(t)$ Integralkurve zu X_H ist, gilt

$$\begin{aligned}
\frac{d}{dt} H\left(\gamma(t)\right) &= dH_{\gamma(t)}(\dot{\gamma}(t)) = dH_{\gamma(t)}\left((X_H)_{\gamma(t)}\right) \\
&= \omega_{\gamma(t)}\left((X_H)_{\gamma(t)}, (X_H)_{\gamma(t)}\right) = 0.
\end{aligned}$$

$\square$

Als **Beispiel** für die Anwendbarkeit dieses Hamiltonformalismus kann die Behandlung der Bewegung eines Teilchens mit der Masse m und der Ladung e in einem elektromagnetischen Feld mit der elektrischen Feldstärke $\mathbf{E} = (E_1, E_2, E_3)$ und der magnetischen Feldstärke $\mathbf{B} = (B_1, B_2, B_3)$ dienen. Die Physik (s. etwa [LL] S. 57) gibt dann als Bewegungsgleichung dieses Teilchens mit der Geschwindigkeit $\mathbf{v} = (v_1, v_2, v_3)$ und dem Impuls $\mathbf{p} = (p_1, p_2, p_3)$

$$\frac{d\mathbf{p}}{dt} = e\mathbf{E} + \frac{e}{c}\, \mathbf{v} \times \mathbf{B}$$

also

$$\frac{dp_i}{dt} = e\, E_i + \frac{e}{c}\, (v_j\, B_k - v_k\, B_j), \quad \{i,j,k\} = (1,2,3), (2,3,1), (3,1,2).$$

Dabei besteht noch die Beziehung

$$\mathbf{p} = \frac{m}{\sqrt{1 - v^2/c^2}}\, \mathbf{v}, \quad v^2 = \sum_{j=1}^{3} v_i^2,$$

bzw. für $v^2 \ll c^2$ in der „klassischen" Näherung für $\mathbf{p} = m\mathbf{v}$. Diese Gleichungen lassen sich als Integralkurven γ eines Hamiltonschen Systems (M, ω, X_H) gewinnen. Als **Übungsaufgabe 3.2** wird vorgeschlagen, für die folgenden Systeme diese Integralkurven zu bestimmen (für die Formulierung der Maxwellschen Gleichungen mit Differentialformen s. etwa [Sch] p. 191).

a) Es sei im „klassischen" Fall zeitunabhängiger Felder

$$M = T^*\mathbb{R}^3 \quad \text{mit den Koordinaten} \quad (q,p) = (q_1, q_2, q_3, p_1, p_2, p_3),$$

$$\omega = \omega_0 - (e/c)\omega_B \quad \text{mit} \quad \omega_0 = \sum_{j=1}^{3} dq_i \wedge dp_i, \quad \omega_B = \sum_{\{i,j,k\}} B_i dq_j \wedge dq_k,$$

und

$$H(q,p) = (1/(2m)) \sum_{i=1}^{3} p_i^2 + e\phi(q) \quad \text{mit} \quad -\operatorname{grad}\phi = \mathbf{E}.$$

b) Es sei im „relativistischen" Fall im *Minkowskiraum* $\mathbb{R}^{1,3}$ mit den Koordinaten $q = (q_0, q_1, q_2, q_3)$ und der Metrik

$$ds^2 = dq_0^2 - dq_1^2 - dq_2^2 - dq_3^2,$$

$$M = T^*\mathbb{R}^{1,3} \quad \text{mit den Koordinaten} \quad (q,p),$$

$$\omega = c\widetilde{\omega}_0 - e\,\omega_F \quad \text{mit} \quad \widetilde{\omega}_0 = \sum_{i=0}^{3} dq_i \wedge dp_i, \ \omega_F = \omega_B + \omega_E,$$

$$\omega_E = \sum_{i=1}^{3} E_i\, dq_i \wedge dq_0$$

und

$$H(q,p) = \widetilde{H}(q,p) := (1/(2m))(p_0^2 - p_1^2 - p_2^2 - p_3^2).$$

Hier ist nach Kurven $\gamma = \gamma(s) = (q(s), p(s))$ zu suchen mit

$$\frac{d\gamma}{ds}(s) = (X_H)_{\gamma(s)}.$$

c) Eine Variante von b) ergibt sich für

$$M = T^*\mathbb{R}^{1,3},$$
$$\omega = c\widetilde{\omega}_0,$$

und

$$H(q,p) = \widetilde{H}(q, p - (e/c)A(q)) \quad \text{mit} \quad A = (A_0, A_1, A_2, A_3), \ \text{so daß gilt}$$

$$d\alpha = \omega_F \quad \text{für} \quad \alpha = \sum_{i=0}^{3} A_i\, dq_i.$$

Es ist leicht einzusehen, daß b) und c) äquivalente Probleme beschreiben. Bei [GS] p. 143/4 werden auch noch Vorschläge gemacht, wie der *Spin* geladener Teilchen in den Rahmen dieses Formalismus eingebaut werden kann.

Nun wird die allgemeine Theorie fortgeführt.

Bemerkung 3 (Satz von Liouville): Es sei F_t der Fluß zu X_H. Dann ist F_t symplektisch, d.h. es gilt

$$F_t^*\omega = \omega,$$

und infolgedessen erhält F_t die Volumenform τ_ω.

Beweis: Nach dem Lemma in 2.2 ist

$$\frac{d}{dt}(F_t^*\omega) = F_t^*\Big(i\,(X_H)d\omega + d\big(i\,(X_H)\,\omega\big)\Big),$$

also wegen $d\omega = 0$ und $i\,(X_H)\,\omega = dH$

$$= F_t^*(ddH) = 0.$$

Damit ist $F_t^*\omega$ als von t unabhängig erkannt und wegen $F_0 = \mathrm{id}$ auch gleich ω. Nach 1.1 ist die Volumenform zu vorgegebenem ω fixiert durch

$$\tau_\omega = \frac{(-1)^{[n/2]}}{n!}\,\omega^n.$$

Da F_t die 2–Form ω festläßt, bleibt dann auch τ_ω invariant. $\qquad\square$

Nachdem nun für die Hamiltonschen Vektorfelder so schöne Eigenschaften festgestellt wurden, bietet sich an, sie durch spezielle Bezeichnungen hervorzuheben, also

$$\mathrm{Ham}(M)$$

für den *Vektorraum aller Hamiltonschen Vektorfelder* und

$$\mathrm{Ham}^\circ(M)$$

für den der *lokalen Hamiltonschen Vektorfelder* $X \in V(M)$, die die Eigenschaft haben, daß es zu jedem $m \in M$ eine Umgebung U von m gibt mit $X\big|_U \in \mathrm{Ham}(U)$.

Die Frage nach der Charakterisierung der Hamiltonschen Vektorfelder findet folgende Antwort.

Satz: *Es ist* $X \in \mathrm{Ham}^\circ(M)$ *genau dann, wenn eine der folgenden äquivalenten Bedingungen erfüllt ist*
i) $i\,(X)\,\omega$ *ist geschlossen.*
ii) *Es gilt* $L_X\omega = 0$.
iii) *Der Fluß* F_t *zu* X *besteht aus symplektischen Abbildungen.*

Beweis: Daß ein lokal Hamiltonsches Vektorfeld die Bedingungen i) – iii) erfüllt, ist aus den vorangegangenen Bemerkungen klar. Das Lemma von Poincaré sagt, daß eine geschlossene Form lokal exakt ist, also gibt es zu $i\,(X)\,\omega$ lokal eine Funktion H mit $dH\big|_U = i\,(X)\,\omega\big|_U$.
Nach der Definition in 3.1 ii) ist $L_X\omega = 0$ mit der Invarianz von ω bei F_t gleichbedeutend, und dies zieht nach der ersten Gleichung im Beweis der Bemerkung 3 nach sich, daß $i\,(X)\,\omega$ geschlossen ist. $\qquad\square$

Aufgrund der Relation (10) in 3.1

$$L_{[X,Y]}\omega = L_X L_Y\omega - L_Y L_X\omega$$

bilden die lokal Hamiltonschen Vektorfelder eine Liealgebra in $V(M)$. Hamiltonsche Vektorfelder sind natürlich lokal Hamiltonsch. Für die Umkehrung dieser Aussage ist eine topologische Bedingung erforderlich, die sichert, daß geschlossene 1–Formen auch global exakt sind. Und zwar besagt (s. A 3.3) $H^1(M, \mathbb{R}) = \{0\}$ genau dies. Damit gilt

Bemerkung 4: Für M mit $H^1(M, \mathbb{R}) = \{0\}$ ist

$$\mathrm{Ham}(M) = \mathrm{Ham}^\circ(M)$$

eine Lieunteralgebra der Liealgebra $V(M)$.

Im allgemeinen ist die Kodimension von Ham in Ham$^\circ$ gerade

$$b_1(M) = \dim H^1(M, \mathbb{R}),$$

die *erste Bettizahl* von M.

Ein **Beispiel** für ein lokal Hamiltonsches Vektorfeld, das nicht Hamiltonsch ist, wird gegeben durch das Vektorfeld X, das auf dem 2–dimensionalen Torus $\mathbf{T} = \mathbb{R}^2/\mathbb{Z}^2$ mit den Koordinaten (x, y) definiert sei durch

$$X_{(x,y)} = (a, b), \quad a, b \in \mathbb{R} \text{ mit } a^2 + b^2 \neq 0.$$

Hier ist natürlich

$$\omega = dx \wedge dy.$$

Denn dann ist

$$i\,(X)\,\omega = \big(i\,(X)dx\big) \wedge dy - dx \wedge \big(i\,(X)dy\big) = a\,dy - b\,dx,$$

also geschlossen. D.h. X ist lokal Hamiltonsch. Aber ein lokal Hamiltonsches null-stellenfreies Vektorfeld auf einer *kompakten* symplektischen Mannigfaltigkeit kann nicht Hamiltonsch sein. Denn wäre $X = X_H$, müßte die Funktion H auf der kom-pakten Mannigfaltigkeit einen kritischen Punkt (also ein Maximum oder Minimum) haben, wo dann X eine Nullstelle hätte.

Bemerkung 5: Wenn i die Identifikation einer reellen Zahl c mit der konstanten Funktion auf M, die überall den Wert c hat, meint, und j einer Funktion $h \in \mathcal{F}(M)$ das zugehörige Hamiltonsche Vektorfeld X_h zuordnet, ergibt sich eine Sequenz von $\mathbb{R}$–Vektorräumen

$$0 \longrightarrow \mathbb{R} \xrightarrow{\; i \;} \mathcal{F}(M) \xrightarrow{\; j \;} \mathrm{Ham}\,(M) \longrightarrow 0.$$

Die fundamentale Dualität $\omega^\#$ bewirkt nun, daß diese Sequenz *exakt* ist, denn es gilt offenbar, daß genau die konstanten Funktionen das triviale Vektorfeld erzeugen, also im $i = \ker j$. Sie wird die fundamentale exakte Sequenz genannt.

Es ist von weitreichender Bedeutung, daß diese Sequenz nicht nur als Vektorraum-sequenz exakt ist, sondern auch bezüglich einer Liealgebra–Struktur, die auf $\mathcal{F}(M)$ durch die Poissonklammern definiert ist:

3.3 Poissonklammern

Für die Einführung der Poissonklammern gibt es verschiedene Zugänge, die dann für die Poissonklammer zweier Funktionen in kanonischen Koordinaten natürlich auf denselben Ausdruck führen (wobei allerdings unterschiedliche Vorzeichen auftreten, je nachdem, ob $\omega_0 = dq \wedge dp$ oder $\omega_0 = dp \wedge dq$ zugrundegelegt wurde). Hier wird nun einfach weiter [AM] p. 191 f gefolgt, wo zuerst Poissonklammern für 1–Formen eingeführt werden. Dabei wird stets die symplektische Mannigfaltigkeit (M, ω) festgehalten. Der in 3.1 iv) angesprochene Isomorphismus

$$V(M) \; \underset{\omega^{\#}}{\overset{\omega^{b}}{\rightleftarrows}} \; \Omega^1(M)$$

wird bisweilen abgekürzt zu

$$\omega^b(X) =: X^b \quad \text{für} \quad X \in V(M)$$

bzw.

$$\omega^{\#}(\vartheta) =: \vartheta^{\#} \quad \text{für} \quad \vartheta \in \Omega^1(M).$$

Definition: *Für $\alpha, \beta \in \Omega^1(M)$ ist die* **Poissonklammer** *von α und β die 1–Form*

$$\{\alpha, \beta\} := -[\alpha^{\#}, \beta^{\#}]^b.$$

Damit besteht das kommutative Diagramm

$$
\begin{array}{ccc}
V(M) \times V(M) & \xrightarrow{\;\; -[\,,\,] \;\;} & V(M) \\
\downarrow{\scriptstyle \omega^b \times \omega^b} & & \downarrow{\scriptstyle \omega^b} \\
\Omega^1(M) \times \Omega^1(M) & \xrightarrow{\;\; \{\,,\,\} \;\;} & \Omega^1(M)
\end{array}
$$

Da $V(M)$ mit der Lieklammer $[\,,\,]$ eine Liealgebrastruktur trägt, hat nun auch $\Omega^1(M)$ mit der Poissonklammer $\{\,,\,\}$ eine solche Liealgebrastruktur.

Satz 1: *Für $\alpha, \beta \in \Omega^1(M)$ gilt*

$$\{\alpha, \beta\} = -L_{\alpha^{\#}}\beta + L_{\beta^{\#}}\alpha + d\left(i\,(\alpha^{\#})\,i\,(\beta^{\#})\,\omega\right).$$

Beweis: Hier wird der Kalkül der Lieableitungen (s. 3.1) ausgenutzt. Ausgangspunkt ist die Formel (1) in 3.1 (vgl. dafür auch A 3.2)

$$(d\omega)(X,Y,Z) = L_X\big(\omega\,(Y,Z)\big) + L_Y\big(\omega\,(Z,X)\big) + L_Z\big(\omega\,(X,Y)\big)$$
$$-\omega\,([X,Y],Z) - \omega\,([Y,Z],X) - \omega([Z,X],Y).$$

Für $X = \alpha^{\#}, Y = \beta^{\#}$ ergibt sich unter Beachtung von $\omega(\alpha^{\#}, Z) = \alpha\,(Z)$

$$0 = L_{\alpha\#}\big(\beta\,(Z)\big) - L_{\beta\#}\big(\alpha\,(Z)\big) - L_Z\big(i\,(\alpha^{\#})\,i\,(\beta^{\#})\,\omega\big)$$
$$+\{\alpha,\beta\}(Z) + \alpha\,(L_{\beta\#}Z) - \beta\,(L_{\alpha\#}Z),$$

und daraus unter Verwendung von Standardformeln $L_X Y = [X,Y]$ sowie (1) und (5) in 3.1

$$0 = (L_{\alpha\#}\beta)(Z) - (L_{\beta\#}\alpha)(Z) - d\big(i\,(\alpha^{\#})\,i\,(\beta^{\#})\,\omega\big)(Z) + \{\alpha,\beta\}(Z).$$

$$\square$$

Korollar: Falls $\alpha, \beta \in \Omega^1(M)$ geschlossen sind, ist $\{\alpha,\beta\}$ exakt.

Beweis: Da für eine geschlossene 1–Form γ nach (3) in 3.1 gilt

$$L_X\gamma = d(i(X)\gamma),$$

zeigt Satz 1 sofort die Behauptung.

Die geschlossenen und die exakten 1–Formen bilden dann jeweils Lieunteralgebren von $\Omega^1(M)$.

Da nun jede Funktion $f \in \mathcal{F}(M)$ eine 1–Form df und via $\omega^{\#}$ auch ein Vektorfeld X_f mit sich bringt, bietet es sich an, auch Poissonklammern von Funktionen zu erklären.

Definition: *Für $f,g \in \mathcal{F}(M)$ wird als* **Poissonklammer** *genommen die Funktion*

$$\{f,g\} := -i\,(X_f)\,i\,(X_g)\,\omega,$$

also

$$= \omega\,(X_f, X_g).$$

Bei Kirillov [Ki] p. 232 wird die Aussage des folgenden Satzes zur Definition der Poissonklammer gemacht.

Satz 2: *Für $f,g \in \mathcal{F}(M)$ gilt*

$$\{f,g\} = -L_{X_f}g = L_{X_g}f.$$

Beweis: Aufgrund der Definition von X_g gilt

$$i\,(X_g)\,\omega = dg$$

und aufgrund der Definition der Lieableitung

$$L_{X_f} g \ = dg\left(X_f\right) = \omega\left(X_g, X_f\right) = i\left(X_f\right) i\left(X_g\right) \omega$$
$$= -\omega\left(X_f, X_g\right) = -L_{X_g} f.$$

$\square$

Korollar 1: *Für $f_0 \in \mathcal{F}(M)$ ist $g \mapsto \{f_0, g\}$ eine Derivation.*

Beweis: Für $g, h \in \mathcal{F}(M)$ gilt offenbar

$$\{f_0, gh\} \ = -L_{X_{f_0}}(gh) = -d\left(gh\right)(X_{f_0}) = -\left((dg)h + g dh\right)(X_{f_0})$$
$$= -(L_{X_{f_0}} g)h - (L_{X_{f_0}} h)g = \{f_0, g\}h + \{f_0, h\}g.$$

$\square$

Korollar 2: *Die folgenden Aussagen sind gleichbedeutend.*

i) *f ist konstant auf den Kurven zu X_g.*
ii) *g ist konstant auf den Kurven zu X_f.*
iii) *Es ist $\{f, g\} = 0$.*

Beweis: Es sei F_t der Fluß zu dem Vektorfeld X_f. Dann ist aufgrund der Definition der Lieableitung einer Funktion (s. 3.1 i) resp. A 1.4 5.))

$$\frac{d}{dt}(g \circ F_t) = F_t^* L_{X_f} g$$

(Beweis als **Übungsaufgabe 3.3**) und mit Satz 2

$$= -\{f, g\} \circ F_t.$$

Also g ist längs F_t konstant, genau dann wenn $\{f, g\} = 0$ gilt. Wegen der Antisymmetrie von $\{f, g\}$ ergibt sich auch die Äquivalenz mit ii). $\square$

Bemerkung: Die Relation $\{H, H\} = 0$ besagt demnach, daß H konstant auf den Kurven mit Tangentialvektorfeld X_H bleibt, und gibt damit den *Satz von der Erhaltung der Energie* wieder.

Endlich treten nun hier die Poissonklammern von 0.5 ins Bild:

Korollar 3: *In kanonischen Koordinaten, d.h. in einer Karte mit Koordinaten (q, p), in der die symplektische Form ω die Standardform $\omega_0 = dq \wedge dp$ hat, gilt für die Funktionen $f, g \in \mathcal{F}(M)$*

$$\{f, g\} = \sum_{i=1}^{n} \left(\frac{\partial f}{\partial q_i} \frac{\partial g}{\partial p_i} - \frac{\partial f}{\partial p_i} \frac{\partial g}{\partial q_i} \right).$$

Beweis: Es ist nach Satz 2

$$\{f, g\} = L_{X_g} f = df\left(X_g\right)$$

und nach 3.1 iv)

$$X_g = \omega^{\#}(dg) = \frac{\partial g}{\partial p}\frac{\partial}{\partial q} - \frac{\partial g}{\partial q}\frac{\partial}{\partial p}$$

also

$$\{f,g\} = \left(\frac{\partial f}{\partial q}\,dq + \frac{\partial f}{\partial p}\,dp\right)\left(\frac{\partial g}{\partial p}\frac{\partial}{\partial q} - \frac{\partial g}{\partial q}\frac{\partial}{\partial p}\right) = \frac{\partial f}{\partial q}\frac{\partial g}{\partial p} - \frac{\partial f}{\partial p}\frac{\partial g}{\partial q}.$$

$\square$

Korollar 4: *Für ein Hamiltonsches Vektorfeld $X_H \in Ham(M)$ mit Fluß F_t gilt*

$$\frac{d}{dt}(f \circ F_t) = \{f \circ F_t, H\}\quad \text{für alle } f \in \mathcal{F}(M).$$

Beweis: Nach Satz 2 ist

$$\{f \circ F_t, H\} = L_{X_H}(f \circ F_t),$$

also

$$= d(f \circ F_t)(X_H) = \frac{d}{dt}(f \circ F_t).$$

$\square$

Der Zusammenhang zwischen den Poissonklammern von 1–Formen und Funktionen liegt nun auf der Hand:

Satz 3: *Für $f, g \in \mathcal{F}(M)$ gilt*

$$d\{f,g\} = \{df, dg\}.$$

Beweis: Nach Satz 1 ist

$$\{df, dg\} = L_{X_f}dg + L_{X_g}df + d\left(i\,(X_f)\,i\,(X_q)\,\omega\right)$$

und wegen $ddg = 0$ auch

$$= d\left(i\,(X_f)\,i\,(X_g)\,\omega\right) = d\{f,g\}.$$

$\square$

Da $\Omega^1(M)$ bezüglich der Poissonklammer eine Liealgebra ist, liegt nun auch die folgende wichtige Aussage nahe.

Satz 4: *$\mathcal{F}(M)$ bildet als $\mathbb{R}$–Vektorraum mit der Poissonklammer eine Liealgebra.*

Beweis: Da d und $\omega^{\#}$ $\mathbb{R}$–linear sind, ist die Abbildung $f \mapsto X_f$ $\mathbb{R}$–linear und folglich $\{f,g\} = i\,(X_f)\,i\,(X_g)\,\omega$ $\mathbb{R}$–bilinear. Es ist klar, daß $\{f,f\} = 0$ gilt. Es bleibt, die Jacobische Identität zu zeigen: Es gilt

$$\begin{aligned}
\{f,\{g,h\}\} &= L_{X_f}\{g,h\} &&= L_{X_f}(L_{X_g}h),\\
\{g,\{h,f\}\} &= L_{X_g}(L_{X_h}f) &&= -L_{X_g}(L_{X_f}h),\\
\{h,\{f,g\}\} &= L_{X_{\{f,g\}}}h.
\end{aligned}$$

Aber es ist mit Satz 3 auch

$$X_{\{f,g\}} = \left(d\{f,g\}\right)^{\#} = \{df,dg\}^{\#} = -\left[(df)^{\#}, (dg)^{\#}\right]$$

und deshalb

$$X_{\{f,g\}} = -[X_f, X_g],$$

$\square$

woraus die Behauptung folgt.

Die letzte Beziehung sei hervorgehoben.

Korollar: *Für $f,g \in \mathcal{F}(M)$ gilt*

$$X_{\{f,g\}} = -[X_f, X_g],$$

also bilden die Hamiltonschen Vektorfelder Ham(M) eine Liealgebra. Die fundamentale exakte Sequenz in Bemerkung 5 in 3.2 ist mit $-j(f) = -X_f$ in der Form

$$0 \to \mathbb{R} \overset{i}{\to} \mathcal{F}(M) \overset{-j}{\to} \mathrm{Ham}(M) \to 0$$

damit auch eine exakte Sequenz von Liealgebren.

Im Rahmen des hier entwickelten Formalismus lassen sich nun noch nützliche Kriterien dafür angeben, daß ein Diffeomorphismus symplektischer Mannigfaltigkeiten symplektisch ist.

Satz 5 (Jacobi 1837): *Es seien (M,ω) und (M',ω') symplektische Mannigfaltigkeiten und $F: M \to M'$ ein Diffeomorphismus. Dann ist F symplektisch genau dann, wenn für alle $h \in \mathcal{F}(M')$ gilt*

$$F_* X_{h \circ F} = X'_h.$$

Beweis: Es ist

$$X'_h = \omega'^{\#}(dh) \quad \text{und} \quad X_{h \circ F} = \omega^{\#}\left(d(h \circ F)\right).$$

Also gilt für alle $Y' \in V(M')$

$$\omega'(X'_h, Y') = dh(Y').$$

i) Falls F symplektisch ist, gilt auch für alle $Y \in V(M)$

$$\omega'(F_* X_{h \circ F}, F_* Y) = \omega(X_{h \circ F}, Y),$$

also wie eben auch

$$= d(h \circ F)(Y),$$

und mit dem üblichen Übertragungsformalismus

$$= dh(F_* Y),$$

und somit

$$= \omega'(X'_h, F_*Y).$$

Da ω' nicht ausgeartet ist, kann hieraus auf

$$F_* X_{h \circ F} = X'_h$$

geschlossen werden.

ii) Es gilt wie eben für $h \in \mathcal{F}(M')$

$$i(X_{h \circ F})\omega = d(h \circ F) = F^* dh = F^*(i(X'_h)\,\omega')$$

und unter der Voraussetzung $F_* X_{h \circ F} = X'_h$ mit der allgemeinen Formel $F^*(i(X')\alpha) = i((F^{-1})_* X')F^*\alpha$ auch

$$= i(X_{h \circ F})F^*\omega'.$$

Da jedes X_m lokal von der Form $(X_{h \circ F})_m$ für ein $h \in \mathcal{F}(M)$ angenommen werden kann, ergibt sich die Behauptung $F^*\omega' = \omega$. $\qquad\qquad\square$

Symplektische Abbildungen sind definiert worden dadurch, daß sie die symplektische Struktur erhalten. Sie können ebenso dadurch charakterisiert werden, daß sie die Poissonklammer erhalten:

Satz 6: *Der Diffeomorphismus F von M auf M' ist symplektisch genau dann, wenn F die Poissonklammer von Funktionen auf M oder von 1–Formen auf M erhält, also genau dann, wenn*

$$F^* : \mathcal{F}(M') \;\to\; \mathcal{F}(M)$$
$$f \;\mapsto\; f \circ F$$

bzw.

$$F^* : \Omega^1(M') \;\to\; \Omega^1(M)$$
$$\vartheta \;\mapsto\; F^*\vartheta$$

Liealgebrahomomorphismen (bzgl. der Poissonklammer) sind.

Beweis: Es ist für $f, g \in \mathcal{F}(M')$ mit Satz 2

$$\{f, g\} \circ F = L_{(F^{-1})_* X'_g}(f \circ F)$$

und ebenso

$$\{f \circ F, g \circ F\} = L_{X_{g \circ F}}(f \circ F).$$

Also beides ist nach Satz 5 genau dann gleich, wenn F symplektisch ist. Die entsprechende Aussage für die 1–Formen bleibt als Übung.

Für eine Karte läßt sich feststellen, ob ihre Koordinaten kanonisch sind:

Bemerkung: Es sei (U, φ) eine Karte mit Koordinaten (q, p). Dann ist dies eine „symplektische Karte", d.h. mit

$$\omega_0 = \Sigma \, dq_i \wedge dp_i$$

ist $\omega = \varphi^* \omega_0$ genau dann, wenn gilt

$$\{q_i, q_j\} = \{p_i, p_j\} = 0 \text{ und } \{q_i, p_j\} = \delta_{ij}, \; i, j = 1, \ldots, n.$$

Beweis (als **Übungsaufgabe 3.4**).

3.4 Kontaktmannigfaltigkeiten

Ebenso wie durch die Vorgabe einer 2–Form mit gewissen Eigenschaften auf einer Mannigfaltigkeit diese zu einer symplektischen Mannigfaltigkeit wird, die dann notwendigerweise geradzahlige Dimension hat, kann durch Vorgabe einer gewissen 1–Form eine Kontaktstruktur auf einer Mannigfaltigkeit definiert werden, die dann erfordert, daß die Dimension ungerade ist. Die so entstehenden Kontaktmannigfaltigkeiten können eine eigene Theorie parallel zu der der symplektischen Mannigfaltigkeiten beanspruchen, und beide lassen sich einordnen als extreme Spezialfälle in eine allgemeinere Theorie „präsymplektischer Mannigfaltigkeiten". Allerdings erweist sich, daß die für die physikalischen Anwendungen wichtigsten Beispiele von Kontaktmannigfaltigkeiten als Hyperflächen konstanter Energie in Hamiltonschen Systemen und bei der Behandlung zeitabhängiger Hamiltonfunktionen auftreten. Deshalb wird ein Hinweis auf die Theorie der Kontaktmannigfaltigkeiten hier als Schluß des Kapitels über die Hamiltonschen Systeme plaziert.

Als übergeordnete allgemeine Begriffsbildung kann die folgende genommen werden:

Definition: *Es sei M eine differenzierbare Mannigfaltigkeit mit* $\dim M = 2n + k$, *$k \geq 0$, versehen mit einer geschlossenen 2–Form ω, die überall den Rang $2n$ hat. Dann heißt ω eine* **präsymplektische Form** *und (M, ω) eine* **präsymplektische Mannigfaltigkeit**.

Für $k = 0$ ergibt sich die Definition der symplektischen Mannigfaltigkeit und für $k = 1$ wird M dann hier auch eine *schwache Kontaktmannigfaltigkeit* genannt.

Der in 2.2 ausführlich behandelte Satz von Darboux für symplektische Mannigfaltigkeiten läßt sich unschwer modifizieren zu der folgenden Aussage über die Normalform von ω.

Satz 1: *Es sei M eine $(2n + k)$–dimensionale differenzierbare Mannigfaltigkeit und ω eine geschlossene Form vom Rang $2n$. Dann gibt es zu jedem $m \in M$ eine m enthaltende Karte (U, φ) mit Koordinaten $(q_1, \ldots, q_n, p_1, \ldots, p_n, w_1, \ldots, w_k)$, so daß in diesen Koordinaten*

$$\omega\big|_U = \sum_{j=1}^n dq_j \wedge dp_j$$

geschrieben werden kann.

In [AM] p. 372 erfolgt der Beweis durch Zurückführung auf den in 2.2 bewiesenen Satz von Darboux. Bei [St] p. 137–140 gibt es einen direkten Beweis. Der Begriff der hier „schwach" genannten Kontaktmannigfaltigkeit läßt sich verschärfen.

Definition: *Eine differenzierbare $(2n+1)$-dimensionale Mannigfaltigkeit heißt* **Kontaktmannigfaltigkeit**, *falls es auf M eine 1-Form ϑ gibt mit*

$$\vartheta \wedge (d\vartheta)^n \neq 0 \quad \text{überall auf } M.$$

ϑ heißt dann **Kontaktform**.

Diese Notation ist im Einklang mit [Ae], [Va] und BLAIR [Bl], wo sich ein guter Einstieg in diese Theorie findet und auf p. 11/2 auch eine Reflexion über die Namensgebung. Bei [AM] wird das eben fixierte M eine *exakte* Kontaktmannigfaltigkeit genannt, während „Kontaktmannigfaltigkeiten" schlechthin dort die hier „schwach" genannten Objekte sind.

Offenbar sind mit $\omega = d\vartheta$ Kontaktmannigfaltigkeiten schwache Kontaktmannigfaltigkeiten. Ebenso wie beim Satz von Darboux gibt es auch hier eine Normalformenaussage.

Satz 2: *Es sei M eine $(2n + 1)$-dimensionale differenzierbare Mannigfaltigkeit mit einer Kontaktform ϑ. Dann gibt es für jedes $m \in M$ eine m enthaltende Karte (U, φ) mit Koordinaten $(q_1, \ldots, q_n, p_1, \ldots, p_n, w)$ und*

$$\vartheta\big|_U = dw + \sum_{j=1}^n p_j dq_j.$$

Beweis: Es sei $\omega = -d\vartheta$. Dann gibt es nach Satz 1 eine Karte (U, φ) und Koordinaten $(q_1, \ldots, q_n, p_1, \ldots, p_n, w_1)$, so daß in U gilt

$$d(\vartheta - \sum_{j=1}^n p_j dq_j) = 0,$$

also lokal für ein $w = w(q_1, \ldots, w_1)$

$$\vartheta - \sum_{j=1}^n p_j dq_j = dw,$$

und wegen $\vartheta \wedge (d\vartheta)^n \neq 0$ sind auch $(q_1, \ldots, q_n, p_1, \ldots, p_n, w)$ als Koordinaten brauchbar. $\square$

Ein direkter Beweis ist bei [Ae] p. 168–171 zu finden.

Das Studium der Kontaktmannigfaltigkeiten wird erleichtert durch die Einführung gewisser differentieller Systeme, d.h. von glatt auf M variierenden Unterräumen fester Dimension der Tangentialräume, wie sie auch schon bei der Diskussion des Satzes von Frobenius in 2.5 vorkamen, bzw. von gewissen Unterbündeln des Tangentialbündels TM.

Definition: *Es sei* $\omega \in \Omega^2(M)$. *Dann heißt*

$$R_\omega := \{(m, X_m) \in TM;\ i(X_m)\omega_m = 0\}$$

das **charakteristische Bündel von** ω. $X \in V(M)$ *heißt* **charakteristisches Vektorfeld von** ω, *falls gilt*

$$i(X)\omega = 0.$$

Bemerkung 1: Wenn $\omega \in \Omega^2(M)$ konstanten Rang hat, ist R_ω ein Unterbündel von TM, seine Schnitte bilden ein differentielles System (das „differentielle System der charakteristischen Vektorfelder"). Falls ω geschlossen ist, ist R_ω integrabel.

Der Beweis ist nicht schwer (s. [AM] p. 371). Daß für zwei charakteristische Vektorfelder X, Y auch $[X, Y]$ charakteristisch ist, ergibt sich mit Hilfe der Formeln in 3.1. $\qquad\square$

Bemerkung 2: Insbesondere, wenn ω eine schwache Kontaktstruktur auf M definiert, ist R_ω ein Vektorbündel vom Rang 1, also das „charakteristische Geradenbündel".

Analog zu dem einer 2–Form zugeordneten charakteristischen Bündel kann nun auch einer 1–Form ein Bündel zugeordnet werden.

Definition: *Es sei* $\vartheta \in \Omega^1(M)$ *und* $\vartheta_m \neq 0$ *für alle* $m \in M$. *Dann heißt*

$$R_\vartheta := \{(m, X_m) \in TM;\ \vartheta_m(X_m) = 0\}$$

das **charakteristische Bündel von** ϑ.

Bemerkung 3: (M, ϑ) ist genau dann eine Kontaktmannigfaltigkeit, wenn $d\vartheta$ auf allen Fasern von R_ϑ nicht ausgeartet ist.

Denn R_ϑ ist ein Vektorbündel vom Rang $2n$, $d\vartheta$ ist also nichtausgeartet auf R_ϑ genau dann, wenn die n–te äußere Potenz $(d\vartheta)^n \neq 0$ ist. Und dies ist gleichbedeutend damit, daß $\vartheta \wedge (d\vartheta)^n \neq 0$ auf ganz M gilt. $\qquad\square$

Die hier von [AM] übernommene Bezeichnung ist mit Vorsicht zu gebrauchen. Bei [Bl] wird das differentielle System D der Schnitte von R_ϑ eine Kontaktverteilung (= contact distribution) genannt und ein Element X des eindimensionalen Komplements von D in $V(M)$ ein *charakteristisches Vektorfeld* der durch ϑ gegebenen Kontaktstruktur. Ein solches X ist dann etwa fixiert durch

$$\vartheta(X) = 1 \quad \text{und} \quad d\vartheta(X, Y) = 0 \ \text{für alle} \ Y \in V(M).$$

Diese auf den ersten Blick vielleicht etwas verwirrenden Verhältnisse werden aber transparent bei der Betrachtung einiger

Beispiele

1. Es sei $M = \mathbb{R}^{2n+1}$ versehen mit einer Kontaktstruktur durch

$$\vartheta = dw - \sum_{i=1}^{n} p_i dq_i.$$

Dann ist $X = \partial_w$ im eben genannten Sinn ein charakteristisches Vektorfeld zu ϑ, denn es gilt für $\omega = d\vartheta = \sum dq_i \wedge dp_i$

$$\vartheta(X) = 1 \quad \text{und} \quad i(X)\omega = 0,$$

d.h. X spannt auch den eindimensionalen Raum der charakteristischen Vektorfelder zu ω im Sinne der ersten Definition auf. Weiter wird die Kontaktverteilung D hier aufgespannt von

$$X_i := \partial_{q_i} + p_i \partial_w \quad \text{und} \quad X_{n+i} := \partial_{p_i}, i = 1, \dots, n,$$

denn es gilt offenbar für $i = 1, \dots, n$

$$\vartheta(X_i) = \vartheta(X_{n+i}) = 0.$$

2. Es sei S_e eine *reguläre Energiefläche* für ein Hamiltonsches System (M, ω, H), d.h. eine Zusammenhangskomponente von $H^{-1}(e)$ für einen regulären Wert e von H, also für den $dH_m \neq 0$ ist für alle $m \in H^{-1}(e)$. S_e ist dann eine Untermannigfaltigkeit von M der Kodimension 1. Und zwar ist für $\iota : S_e \hookrightarrow M$

$$(S_e, \iota^*\omega)$$

eine schwache Kontaktmannigfaltigkeit und $X_H\big|_{S_e}$ ist ein charakteristisches Vektorfeld von $\iota^*\omega$, das das charakteristische Geradenbündel $R_{\iota^*\omega}$ von $\iota^*\omega$ erzeugt.

Dies einzusehen ist nicht schwer. Insbesondere gilt

$$i(X_H\big|_{S_e})\iota^*\omega = 0$$

aufgrund der X_H definierenden Relation

$$\omega_m((X_H)_m, \xi) = (dH)_m(\xi) = 0 \quad \text{für alle} \quad m \in S_e \quad \text{und} \quad \xi \in T_m S_e \subset T_m M.$$

3. Um eine veritable Kontaktmannigfaltigkeit zu produzieren, läßt sich das Beispiel eben etwas verschärfen, und zwar für den physikalisch besonders interessanten Fall, daß

$$M = T^*Q \xrightarrow{\pi_Q} Q$$

der Phasenraum zum Konfigurationsraum Q ist mit $\omega = -d\vartheta_0$ (s. 2.3) und

$$H = K + V \circ \pi_Q,$$

wobei V eine reelle Potentialfunktion auf Q und K die zu einer Riemann–Metrik assoziierte kinetische Energie ist. Dann ist $(S_e, i^*\vartheta_0)$ eine Kontaktmannigfaltigkeit, denn es kann wieder leicht eingesehen werden, daß $\vartheta_0 \wedge (d\vartheta_0)^n$ auf S_e keine Nullstellen hat (s. [AM] p. 373).

4. Das Beispiel eben kann abstrakter formuliert werden.

Satz: *Es sei $i : S \hookrightarrow \mathbb{R}^{2n+2}$ die Immersion einer glatten Hyperfläche, wobei kein Tangentialraum an S den Nullpunkt von $\mathbb{R}^{2n+2}$ trifft. Dann hat S eine Kontaktstruktur.*

Und zwar wird sie gegeben durch $i^*\alpha$ für

$$\alpha = x_1 dx_2 - x_2 dx_1 + \ldots + x_{2n+1} dx_{2n+2} - x_{2n+2} dx_{2n+1},$$

wenn $x_1, \ldots, x_{2n+2}$ die Koordinaten in $\mathbb{R}^{2n+2}$ sind (Beweis [Bl] p. 9/10).

5. Es wird empfohlen, als **Übungsaufgabe 3.5** den 3–dimensionalen Torus $T = \mathbb{R}^3/\mathbb{Z}^3$ mit einer Kontaktstruktur zu versehen sowie das zugehörige charakteristische Vektorfeld und die Kontaktverteilung D explizit zu bestimmen.

6. Neben dem Beispiel 3 ist für die Physik besonders interessant die *Konstruktion einer Kontaktmannigfaltigkeit ausgehend von einer zeitabhängigen Hamiltonfunktion.*

Dazu wird eine symplektische Mannigfaltigkeit (M, ω) um eine „Zeitrichtung" $\mathbb{R}$ erweitert zu $\mathbb{R} \times M$ und es sei

$$\begin{aligned} \pi_2 : \mathbb{R} \times M &\longrightarrow M, \\ (t, m) &\longmapsto m, \end{aligned}$$

$\tilde{\omega} := \pi_2^*\omega$ und $\underline{t}$ das Vektorfeld auf $\mathbb{R} \times M$ gegeben durch

$$\underline{t}_{(s,m)} = (1,0) \in T_s\mathbb{R} \times T_m M \simeq T_{(s,m)}(\mathbb{R} \times M) \text{ für } (s, m) \in \mathbb{R} \times M.$$

Dann ist die folgende Aussage ziemlich leicht einzusehen (s. [AM] p. 374).

Bemerkung 4: i) $(\mathbb{R} \times M, \tilde{\omega})$ ist eine schwache Kontaktmannigfaltigkeit.

ii) $R_{\tilde{\omega}}$ wird erzeugt vom Vektorfeld $\underline{t} \in V(\mathbb{R} \times M)$

iii) Falls $\omega = d\vartheta$ gilt, ist für $\tilde{\vartheta} := \pi_2^*\vartheta$ auch $\tilde{\omega} = d\tilde{\vartheta}$, und $(\mathbb{R} \times M, \tilde{\vartheta})$ ist eine Kontaktmannigfaltigkeit.

Dies Beispiel läßt sich nun durch Einbeziehung einer zeitabhängigen Hamiltonfunktion H variieren. Dazu dient der folgende Formalismus. Es sei

$$X : \mathbb{R} \times M \to TM$$

ein zeitabhängiges Vektorfeld, d.h. für jedes feste $t \in \mathbb{R}$ ist ein Vektorfeld auf M gegeben. Dann wird X durch

$$\begin{aligned} \tilde{X} : \mathbb{R} \times M &\longrightarrow T(\mathbb{R} \times M) \\ (t, m) &\longmapsto ((t, m), (1, X_{(t,m)})) \end{aligned}$$

ein Vektorfeld $\tilde{X} \in V(\mathbb{R} \times M)$ zugeordnet, das die *Suspension von X* genannt wird. Zu einer Integralkurve γ von X durch $m \in M$, d.h.

$$\gamma : I \longrightarrow M$$
$$t \longmapsto \gamma(t) \ \text{ mit } \ \dot{\gamma}(t) = X_{(t,\gamma(t))} \ \text{ für alle } \ t \in I \ \text{ und } \ \gamma(0) = m$$

gehört dann die Integralkurve $\tilde{\gamma}$ von $\tilde{X}$ durch $(0,m) \in \mathbb{R} \times M$, also

$$\tilde{\gamma} : I \longrightarrow \mathbb{R} \times M$$
$$t \longmapsto (t,\gamma(t)) \ \text{ mit } \ \dot{\tilde{\gamma}}(t) = (1,\dot{\gamma}(t)) = (1, X_{(t,\gamma(t))}) \ \text{ und } \ \tilde{\gamma}(0) = (0,m).$$

Ist nun eine symplektische Mannigfaltigkeit (M,ω) gegeben zusammen mit einer zeitabhängigen Hamiltonfunktion $H \in \mathcal{F}(\mathbb{R} \times M)$, und damit

$$H_t : M \longrightarrow \mathbb{R}$$
$$m \longmapsto H_t(m) = H(t,m),$$

ist X_{H_t} wie oben ein zeitabhängiges Hamiltonsches Vektorfeld, indem $m \in M$ der Vektor $(X_{H_t})_m$ zugeordnet wird, und $\tilde{X}_H$ dann die zugehörige Suspension. Wird nun noch

$$\omega_H := \tilde{\omega} + dH \wedge dt$$

gesetzt, ergibt sich als Variante zur Bemerkung 4 die folgende Aussage.

Bemerkung 5: i) $(\mathbb{R} \times M, \omega_H)$ ist eine schwache Kontaktmannigfaltigkeit.

ii) $\tilde{X}_H$ erzeugt das charakteristische Bündel R_{ω_H}, es gilt

$$i(\tilde{X}_H)\omega_H = 0 \ \text{ und } \ i(\tilde{X}_H)dt = 1$$

iii) Für $\omega = d\vartheta, \vartheta_H := \pi_2^*\vartheta + H dt$ ist $\omega_H = d\vartheta_H$. Falls $H + (\vartheta \circ \pi_2)(X_H)$ überall nicht verschwindet, ist $(\mathbb{R} \times M, \vartheta_H)$ eine Kontaktmannigfaltigkeit.

Hier trägt also die Kontaktmannigfaltigkeit physikalische Information, und die Bewegungsgleichungen, die im Falle zeitunabhängiger Hamiltonfunktionen H geschrieben werden können als $L_{X_H} H = 0$, lauten hier

$$L_{\tilde{X}_H} H = \frac{\partial H}{\partial t}.$$

Die in den Beispielen beschriebenen Phänomene lassen sich zu großen Teilen einordnen in die folgende u.a. von WEINSTEIN beeinflußte Sichtweise, die Ausgangspunkt weiterer Untersuchungen ist (s. [Ae] p. 174). Es sei (M,ω) eine symplektische Mannigfaltigkeit und

$$i : S \hookrightarrow M$$

eine Hyperfläche gegeben als Nullstellenmenge von $f \in \mathcal{F}(M)$ mit $df|_S \neq 0$. Dann werden alle Vielfachen des Hamiltonschen Vektorfeldes X_f als *charakteristische Geradenfelder* auf S bezeichnet, und damit

$$\mathcal{L}_S := \{cX_f;\ c \in \mathbb{R}\}.$$

S wird nun vom *Kontakttyp* genannt, falls es eine 1–Form ϑ auf S gibt mit

$$d\vartheta = i^*\omega \quad \text{und} \quad \vartheta(X) \neq 0 \quad \text{für alle} \quad X \in \mathcal{L}_S \backslash \{0\}.$$

Im Rahmen der zu Anfang dieses Abschnitts dargestellten Begriffe ist jedes cX_f dann ein charakteristisches Vektorfeld zu α im Sinne von BLAIR sowie ein charakteristisches Vektorfeld zu $d\alpha$ im Sinne der Definition 3. Die Kontaktstruktur zu S ist natürlich nicht eindeutig bestimmt: Ist β eine geschlossene 1–Form auf S mit $(\vartheta + \beta)(X) \neq 0$, dann definiert auch $\vartheta + \beta$ eine Kontaktstruktur.

Als Abschluß sei hier die schöne Aussage genannt, die zeigt, wie eng symplektische und Kontaktmannigfaltigkeiten verflochten sind.

Eine Mannigfaltigkeit mit orientierbarer Kontaktstruktur kann als Hyperfläche vom Kontakttyp in einer symplektischen Mannigfaltigkeit realisiert werden.

Ein Beweis dieser Aussage und ein Einstieg in die moderneren Entwicklungen in diesem Bereich ist bei [Ae] p. 167–218 zu finden.

4 Die Impulsabbildung

Ein Hilfsmittel der klassischen Mechanik zur Lösung komplizierter Probleme besteht darin, *Integrale* (d.h. bei der Bewegung der Systeme konstant bleibende Ausdrücke) zu gewinnen, indem die Symmetrien des vorgegebenen Systems analysiert werden. Die Erhaltungssätze von Impuls resp. Drehimpuls bei Systemen mit Invarianz bei Translationen bzw. Rotationen sind die geläufigsten Beispiele. Dabei hat sich nun unter dem Einfluß von SOURIAU, KOSTANT, SMALE UND MARSDEN der folgende zunächst recht abstrakt anmutende Formalismus herauskristallisiert, der an die Diskussion in Abschnitt 2.5 anknüpft.

4.1 Definitionen

Es sei wieder stets (M, ω) eine symplektische Mannigfaltigkeit, auf der die Liegruppe G via ϕ *symplektisch operiert*, d.h. für

$$G \times M \;\to\; M$$
$$(g, m) \;\mapsto\; gm = \phi_g(m)$$

ist ϕ_g für alle $g \in G$ ein symplektischer Diffeomorphismus mit $\phi_e(m) = m$ und $\phi_{gg'}(m) = \phi_g(\phi_{g'}(m))$. $\mathfrak{g}$ bezeichnet die Liealgebra von G und $\mathfrak{g}^*$ ihr Dual. Dabei wird $\mathfrak{g}$ realisiert durch den Tangentialraum $T_e G$ an G im Element $e \in G$ und überdies identifiziert mit den linksinvarianten Vektorfeldern $V_l(G)$ auf G. Ebenso wird $\mathfrak{g}^*$ realisiert durch den Kotangentialraum $T_e^* G$ bzw. durch linksinvariante 1–Formen auf G.

Für $X \in \mathfrak{g}$ bezeichnet X_M das Vektorfeld auf M, das für alle $m \in M$ erklärt ist durch

$$(X_M f)(m) := \frac{d}{dt} f\big(\phi_{\exp tX}(m)\big)\big|_{t=0} \quad \text{für } f \in \mathcal{F}(M),$$

oder aber

$$(X_M)_m := \frac{d}{dt}\big(\phi_{\exp tX}(m)\big)\big|_{t=0},$$

oder auch

$$(X_M)_m := (\psi_m)_{*e} X \quad \text{für } \psi_m : G \longrightarrow M$$
$$g \longmapsto \psi_m(g) = gm.$$

Als **Übungsaufgabe 4.1** wird empfohlen (etwa auf der Grundlage des Materials in A 1) nachzuprüfen, daß diese drei Fixierungen denselben Begriff ergeben und daß gilt

$$L_{X_M}\omega = 0.$$

X_M wird der *infinitesimale Erzeuger* der zu X gehörigen Operation auf M genannt.

Definition: *Eine Abbildung*

$$\Phi : M \to \mathfrak{g}^*$$

heißt **Impulsabbildung** *(für die Gruppenoperation ϕ), falls für alle $Y \in \mathfrak{g}$ gilt*

$$(*) \qquad\qquad d\,\widehat{\Phi}\,(Y) = i\,(Y_M)\,\omega$$

mit

$$\widehat{\Phi}\,(Y) : M \;\to\; \mathbb{R}$$
$$m \;\mapsto\; \Phi\,(m)(Y).$$

Bemerkung 1: Hier ergibt sich die vielleicht anfangs etwas verwirrende Bezeichnung

$$\widehat{\Phi}\,(Y)(m) = \Phi\,(m)(Y) \quad \text{für } m \in M, \; Y \in \mathfrak{g},$$

die jedenfalls besagt, daß Φ durch $\widehat{\Phi}$ fixiert ist. Mit der aus Kapitel 3 gewohnten Abkürzung X_f für das zu $f \in \mathcal{F}\,(M)$ gehörige (Hamiltonsche) Vektorfeld ist $(*)$ auch äquivalent zu

$$X_{\widehat{\Phi}(Y)} = Y_M.$$

Bezeichnung: (M, ω, ϕ, Φ) wird auch *Hamiltonscher G–Raum* genannt.

Bemerkung 2: Nicht jede symplektische Gruppenoperation hat eine Impulsabbildung. Gesichert ist die Existenz einer Impulsabbildung Φ zur gegebenen Operation ϕ nur, wenn für M die lokal Hamiltonschen Vektorfelder auch global Hamiltonsch sind. Denn der Satz in 3.2 besagt, daß die symplektischen Diffeomorphismen ϕ_g lokal Hamiltonsche Vektorfelder Y_M produzieren, die dann unter der Voraussetzung $\mathrm{Ham}^\circ(M) = \mathrm{Ham}(M)$ von der Form $Y_M = X_{\widehat{\Phi}(Y)}$ sind.

Bemerkung 3: Sind Φ und Φ' beides Impulsabbildungen zur Gruppenoperation ϕ, so gibt es ein $\mu \in \mathfrak{g}^*$ mit

$$\Phi\,(m) - \Phi'(m) = \mu \quad \text{für alle } m \in M.$$

Die Bedeutung der Impulsabbildung erhellt nun schon ein bißchen aus der folgenden Erhaltungsaussage.

Satz: *Es sei Φ eine Impulsabbildung zur Operation ϕ von G auf M, und es sei $H \in \mathcal{F}\,(M)$ invariant unter dieser Operation, d.h. es gelte*

$$H\,(m) = H\,(\phi_g(m)) \; \textit{für alle } m \in M \textit{ und } g \in G.$$

Dann ist Φ ein Integral für das zu H gehörige Vektorfeld X_H, d.h. es gilt für den zu X_H gehörigen Fluß $F_t, t \in I$,

$$\Phi\left(F_t(m)\right) = \Phi\left(m\right) \text{ für alle } m \in M, t \in I.$$

Beweis: Für alle $Y \in \mathfrak{g}$ gilt

$$H\left(\phi_{\exp tY}(m)\right) = H\left(m\right),$$

da H invariant ist. Hier nach t differenziert und in $t = 0$ ausgewertet, ergibt sich

$$(dH)_m\left((Y_M)_m\right) = 0,$$

also

$$L_{Y_M} H = 0 \ \text{ für } Y_M = X_{\widehat{\Phi}(Y)}.$$

Nach Satz 2 in 3.3 ist dann

$$\{H, \widehat{\Phi}(Y)\} = 0,$$

und nach dem Korollar 2 zu diesem Satz auch

$$\widehat{\Phi}(Y)\left(F_t(m)\right) = \widehat{\Phi}(Y)(m)$$

für jedes $Y \in \mathfrak{g}$. Also gilt die Behauptung. $\square$

In den wichtigsten Beispielen hat die Impulsabbildung noch eine schöne Äquivarianz–Eigenschaft. Zu ihrer Beschreibung ist an die Definition der koadjungierten Darstellung in 2.5 resp. A 4.3 anzuknüpfen. Und zwar ist die *adjungierte Darstellung* Ad gegeben durch

$$\begin{aligned} G \times T_e G &\rightarrow T_e G \\ (g, Y) &\mapsto \operatorname{Ad}(g)Y = \operatorname{Ad}_g Y \text{ mit } \operatorname{Ad}_g = (\varrho_g^{-1}\lambda_g)_{*e} \end{aligned}$$

und die *koadjungierte Darstellung* Ad* durch

$$\begin{aligned} G \times (T_e G)^* &\rightarrow (T_e G)^* = T_e^* G \\ (g, \alpha) &\mapsto \operatorname{Ad}^*(g)\alpha = (\operatorname{Ad}(g^{-1}))^*\alpha =: \operatorname{Ad}_{g^{-1}}^* \alpha^1 \end{aligned}$$

wobei definiert ist

$$\begin{aligned} (\operatorname{Ad}(g))^* : (T_e G)^* &\rightarrow (T_e G)^* \\ \alpha &\mapsto \{Y \mapsto \alpha(\operatorname{Ad}(g)Y)\}, \end{aligned}$$

also

$$(\operatorname{Ad}(g)^*\alpha)(Y) = \alpha(\operatorname{Ad}(g)Y).$$

Definition: *Eine Impulsabbildung Φ zur Gruppenoperation ϕ heißt Ad*–äquivariant, falls gilt*

$$\Phi\left(\phi_g(m)\right) = \operatorname{Ad}_{g^{-1}}^* \Phi(m) \text{ für alle } m \in M \text{ und } g \in G,$$

---

[1] Diese Schreibweise ist in der die Impulsabbildung behandelnden Literatur üblich und wird deshalb hier auch verwandt.

d.h. falls für alle $g \in G$ das folgende Diagramm kommutiert

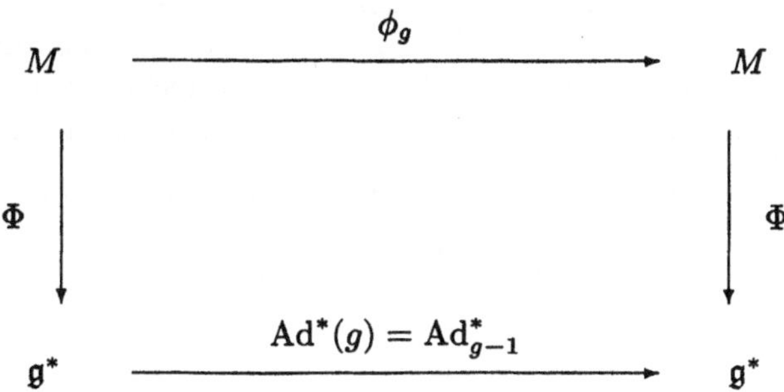

Bei [AM] wird noch als Maß für die Abweichung von dieser Äquivarianz eingeführt

Definition: *Es sei G eine Liegruppe und $\mathfrak{g}$ ihre Liealgebra, dann heißt σ ein* **koadjungierter Kozyklus**, *wenn σ eine Abbildung*

$$\sigma : G \to \mathfrak{g}^*$$

ist, die die Kozykelidentität

$$\sigma(gh) = \sigma(g) + \mathrm{Ad}^*_{g^{-1}}\sigma(h) \text{ für alle } g, h \in G$$

erfüllt. Und ein solcher Kozyklus δ heißt ein **Korand**, *falls es ein $\mu \in \mathfrak{g}^*$ gibt mit*

$$\delta(g) = \mu - \mathrm{Ad}^*_{g^{-1}}\mu \text{ für alle } g \in G.$$

Kozyklen modulo Korändern bilden eine *Kohomologiegruppe*, die im Zusammenhang mit der allgemeinen Theorie in A.3 zu sehen ist.

Einem Hamiltonschen G–Raum (M, ω, ϕ, Φ) wird ein koadjungierter Kozyklus σ (bzw. eine Klasse $[\sigma]$) zugeordnet, indem für $g \in G$ und $\xi \in \mathfrak{g}$ als $\sigma(g)(\xi)$ der Wert der Abbildung $\psi_{g,\xi}$ genommen wird, die definiert ist durch

$$\begin{aligned} \psi_{g,\xi} : M &\to \mathbb{R} \\ m &\mapsto \widehat{\Phi}(\xi)(\phi_g(m)) - \widehat{\Phi}(\mathrm{Ad}_{g^{-1}}\xi)(m) \end{aligned}$$

und für die gezeigt werden kann, daß sie konstant ist (s. [AM] p. 277).

4.2   Konstruktionen und Beispiele

Hier sollen nun nur Ad*–äquivariante Impulsabbildungen diskutiert werden, und es wird versucht, den Namen *Impulsabbildung* zu begründen, indem die klassischen Impulse und Drehimpulse in dem Formalismus zum Vorschein gebracht werden. Dazu sind aber noch einige allgemeinere Betrachtungen vorzunehmen.

Es wird zunächst wieder stets die Vorgabe einer symplektischen Operation

$$\phi : G \times M \to M$$

angenommen, d.h. für

$$G \times M \ni (g, m) \mapsto gm = \phi_g(m) \in M$$

seien alle ϕ_g, $g \in G$, Symplektomorphismen. Für ein $\xi \in \mathfrak{g} = \text{Lie } G$ meint ξ_M den zugehörigen *infinitesimalen Erzeuger*, d.h. das Vektorfeld auf M, das, wie zu Beginn von 4.1 definiert, gegeben wird durch

$$(\xi_M)_m := \frac{d}{dt}\phi_{\exp t\xi}(m)\big|_{t=0}.$$

Für die Bildung dieser Erzeuger gibt es allerlei Regeln, die später gebraucht werden:
Bemerkung 1: Für $\xi \in \mathfrak{g}$ und $g \in G$ gilt

$$\big((\mathrm{Ad}_g\xi)_M\big)_m = (\phi_{g*})_{g^{-1}m}(\xi_M)_{g^{-1}m}$$

bzw.

$$= (\phi^*_{g^{-1}}\xi_M)(m)$$

in der Schreibweise von [AM] p. 269.

Beweis: Es ist nach der Definition des infinitesimalen Erzeugers

$$\big((\mathrm{Ad}_g\xi)_M\big)_m = \frac{d}{dt}\phi_{\exp t\mathrm{Ad}_g\xi}(m)\big|_{t=0},$$

nach der Definition von Ad_g

$$= \frac{d}{dt}\phi_{g(\exp t\xi)g^{-1}}(m)\big|_{t=0},$$

und da ϕ eine Gruppenoperation ist,

$$= \frac{d}{dt}\big(\phi_g \circ \phi_{\exp t\xi}(g^{-1}m)\big)\big|_{t=0},$$

was schließlich als Verschiebung von $(\xi_M)_{g^{-1}m}$ mit φ_{g*} in den Punkt $g\,(g^{-1}m) = m$ gedeutet werden kann, also

$$= (\varphi_{g*})_{g^{-1}m}(\xi_M)_{g^{-1}m}.$$

Bemerkung 2: Für $\xi, \eta \in \mathfrak{g}$ gilt

$$[\xi_M, \eta_M] = -[\xi, \eta]_M.$$

Beweis als **Übungsaufgabe 4.2** (s. [AM] p. 269).

Bemerkung 3: Die Bildung der infinitesimalen Erzeuger ist funktoriell, d.h. falls für zwei Mannigfaltigkeiten M und N mit G–Operation ϕ bzw. ψ $F : M \to N$ eine äquivariante Abbildung ist (also mit $F \circ \phi_g = \psi_g \circ F$ für alle $g \in G$), dann gilt für $\xi \in \mathfrak{g}$

$$TF \circ \xi_M = \xi_N \circ F,$$

wobei ξ_M und ξ_N die jeweiligen Erzeuger auf M resp. N sind. Also kommutiert das folgende Diagramm

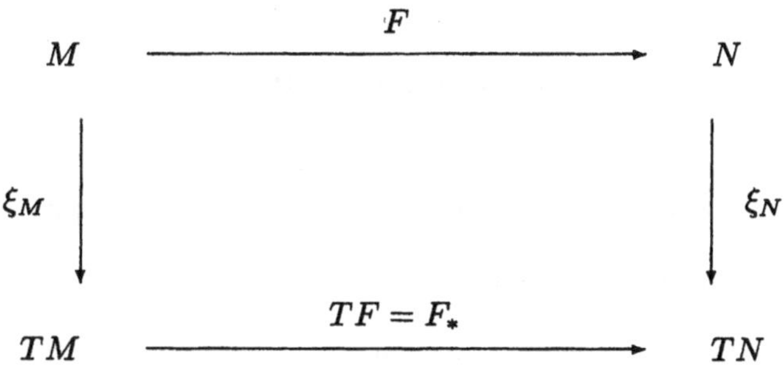

Beweis als **Übungsaufgabe 4.3** (s. [AM] p. 270).

Eine weitere Gelegenheit, sich mit dem Begriff des infinitesimalen Erzeugers vertraut zu machen, bietet der Beweis der folgenden Aussage, der hier als **Übungsaufgabe 4.4** empfohlen werden kann:

Es sei Ad : $G \times T_eG \to T_eG$ die adjungierte Darstellung. Dann ist für $\xi \in T_eG \simeq \mathfrak{g}$ der zugehörige infinitesimale Erzeuger $\xi_{T_eG} =: \mathrm{ad}_\xi$ mit

$$\begin{aligned}
\mathrm{ad}_\xi : T_eG &\longrightarrow T_eG \\
\eta &\longmapsto [\xi, \eta].
\end{aligned}$$

Viele Beispiele von Impulsabbildungen entstammen der folgenden Situation.

Satz 1: *Es sei ϕ eine symplektische Operation von G auf M. Die symplektische Form ω von M sei exakt, d.h. $\omega = -d\vartheta$, und dabei sei die 1–Form ϑ G–invariant, also $\phi_g^* \vartheta = \vartheta$ für alle $g \in G$. Dann wird durch*

$$\Phi : M \to \mathfrak{g}^*$$

mit

$$\Phi\,(m)(\xi) = \left(i\,(\xi_M)\,\vartheta\right)(m) = \vartheta_m\left((\xi_M)_m\right)$$

eine Ad-äquivariante Impulsabbildung für ϕ definiert.*

Beweis: i) Da ϑ G-invariant ist, gilt (vgl. 3.1 ii))

$$L_{\xi_M}\vartheta = 0,$$

und damit wegen (3) in 3.1 auch

$$d(i(\xi_M)\,\vartheta) + i(\xi_M)d\vartheta = 0,$$

also

$$d\left(i(\xi_M)\vartheta\right) = i(\xi_M)\,\omega,$$

d.h.

$$\widehat{\Phi}\,(\xi) := i(\xi_M)\vartheta \quad \text{für } \xi \in \mathfrak{g}$$

erfüllt die die Impulsabbildung Φ charakterisierende Relation.

ii) Für die Ad*-Äquivarianz ist

$$\widehat{\Phi}\,(\xi)\big(\phi_g(m)\big) = \widehat{\Phi}\,(Ad_{g^{-1}}\xi)(m) \quad \text{für alle } g \in G,\ m \in M \text{ und } \xi \in \mathfrak{g}$$

zu zeigen. Dies ist aber nach i) äquivalent zu

$$\left(i\,(\xi_M)\vartheta\right)\big(\phi_g(m)\big) = \left(i\,((Ad_{g-1}\xi)_M)\vartheta\right)(m),$$

also zu

$$\vartheta_{gm}(\xi_M)_{gm} = \vartheta_m\left((Ad_{g^{-1}}\xi)_M\right)_m$$

bzw. mit der Bemerkung 1 eben zu

$$\vartheta_{gm}(\xi_m)_{gm} = \vartheta_m\left((\phi_{g^{-1}*})_{gm}(\xi_M)_{gm}\right).$$

Nun besagt die G-Invarianz von ϑ, also $\phi_g^*\vartheta = \vartheta$, daß für alle $Y_m \in T_mG$ gilt

$$\vartheta_{gm}\left((\phi_{g*})_m Y_m\right) = \vartheta_m(Y_m).$$

Hier $Y_m = \left((Ad_{g^{-1}}\xi)_M\right)_m$ gesetzt, ergibt sich wegen

$$(\phi_{g*})_m Y_m = (\phi_{g*})_m(\phi_{g^{-1}*})_{gm}(\xi_M)_{gm} = (\xi_M)_{gm}$$

die behauptete Gleichheit

$$\vartheta_{gm}\left((\xi_M)_{gm}\right) = \vartheta_m\left(\left((Ad_{g^{-1}}\xi)_M\right)_m\right).$$

                                                □

Dieser Satz wird nun angewandt auf den *Phasenraum*, i.e. das Kotangentialbündel $M = T^*Q$ des *Konfigurationsraumes Q*. Dazu operiere G via φ diffeomorph auf Q, d.h. es ist

$$G \times Q \quad \to \quad Q$$
$$(g, q) \quad \mapsto \quad gq = \varphi_g(q), \quad \varphi_g \text{ diffeomorph für alle } g \in G.$$

An 2.3 anknüpfend wird diese G–Operation auf Q zu einer symplektischen G–Operation $\hat{\varphi}$ (auch *kanonische Transformation* genannt) auf $M = T^*Q$ fortgesetzt durch

$$G \times T^*Q \quad \to \quad T^*Q$$
$$(g, (q, \alpha_q)) \quad \mapsto \quad (gq = \varphi_g(q),\ \varphi_{g^{-1}}^* \alpha_q) =: \hat{\varphi}(q, \alpha_q),$$

wobei die Punkte $m \in M = T^*Q$ als Paare $m = (q, \alpha_q)$, $q \in Q$ und $\alpha_q \in T_q^*Q$ geschrieben werden.

Satz 2: *$\hat{\varphi}$ hat eine Ad^*–äquivariante Impulsabbildung*

$$\Phi : M = T^*Q \to \mathfrak{g}^*.$$

Diese wird für $m = (q, \alpha_q) \in M$ und $\xi \in \mathfrak{g}$ mit infinitesimalem Erzeuger ξ_Q auf Q, also

$$(\xi_Q)_q = \frac{d}{dt} \varphi_{\exp t\xi}(q)\big|_{t=0},$$

gegeben durch

$$\widehat{\Phi}(\xi)(q, \alpha_q) := \alpha_q\big((\xi_Q)_q\big).$$

Das wird auch geschrieben als

$$\widehat{\Phi}(\xi) = P(\xi_Q),$$

wobei für ein Vektorfeld $X \in V(Q)$ als *Impuls zu X* definiert ist

$$P(X) : T^*Q \quad \to \quad \mathbb{R}$$
$$(q, \alpha_q) \quad \mapsto \quad \alpha_q(X_q).$$

Beweis: Die G–Operation φ auf Q war so zu einer G–Operation $\hat{\varphi}$ auf $M = T^*Q$ fortgesetzt worden, daß die Projektion $\pi : T^*Q \to Q$ G–äquivariant ist, also

$$\varphi_g \circ \pi = \pi \circ \hat{\varphi}_g$$

$$
\begin{array}{ccc}
T^*Q & \xrightarrow{\ \hat{\varphi}\ } & T^*Q \\
\pi \downarrow & & \downarrow \pi \\
Q & \xrightarrow{\ \varphi\ } & Q
\end{array}
$$

Die in der Bemerkung 3 festgestellte Äquivarianz bei der Bildung der infinitesimalen Erzeuger ergibt hier für $M = T^*Q, N = Q$ und $F = \pi$

$$(*) \quad \xi_Q \circ \pi = \pi_* \circ \xi_M$$

$$
\begin{array}{ccc}
M = T^*Q & \xrightarrow{\ \pi\ } & Q \\
\ \downarrow{\scriptstyle \xi_M} & & \ \downarrow{\scriptstyle \xi_Q} \\
TM & \xrightarrow{\ T\pi = \pi_*\ } & TQ
\end{array}
$$

Die Definition der kanonischen 1–Form ϑ auf M besagt (s. 2.3) mit $d\pi_m = (\pi_*)_m : T_m M \to T_q Q$ für $m = (q, \alpha_q)$ und $X_m \in T_m M$

$$\vartheta_{(q,\alpha_q)}(X_{(q,\alpha_q)}) = \alpha_q \left(\pi_{*(q,\alpha_q)} X_{(q,\alpha_q)} \right).$$

Also ist dies und $(*)$ verwendend

$$
\begin{aligned}
(i(\xi_M)\,\vartheta)(q,\alpha_q) &= \vartheta_{(q,\alpha_q)}\big((\xi_M)_{(q,\alpha_q)}\big) \\
&= \alpha_q\big((\pi_*)_{(q,\alpha_q)}(\xi_M)_{(q,\alpha_q)}\big) \\
&= \alpha_q\big((\xi_Q)_q\big) \\
&= P(\xi_Q)(q,\alpha_q).
\end{aligned}
$$

Damit ist Φ nach Satz 1 als Ad*–äquivariante Impulsabbildung erkannt. $\qquad\square$

Werden wie üblich die Koordinaten (q,p) für Punkte $m \in T^*Q$ verwandt, ist der $X_q = \Sigma(X_i(q)\,\partial_{q_i}) \in T_q Q$ entsprechende „Impuls"

$$P(X)(q,p) = \sum_i p_i X_i(q).$$

Bei der Behandlung der Quantisierung im nächsten Abschnitt werden noch die folgenden Relationen an Bedeutung gewinnen. Und zwar werden Funktionen $f \in \mathcal{F}(Q)$ als *Ortsfunktionen* zugeordnet Funktionen $\tilde{f} \in \mathcal{F}(M)$ mit

$$
\begin{aligned}
\tilde{f} = f \circ \pi \text{ für die Projektion } \pi : M = T^*Q &\to Q \\
(q, \alpha_q) &\mapsto q.
\end{aligned}
$$

Bemerkung 4: Für $X, Y \in V(Q)$ und $f, g \in \mathcal{F}(Q)$ gilt

i) $\{P(X), P(Y)\} = -P([X,Y]),$

ii) $\{\tilde{f}, \tilde{g}\} = 0,$

iii) $\{\tilde{f}, P(X)\} = \widetilde{X(f)}.$

Die Beweise sind Routinerechnungen (s. [AM] p. 284).

Ebenso wie in Satz 2 kann eine Impulsabbildung auf dem Tangentialbündel $M = TQ$ etabliert werden, wenn Q eine Riemannsche Mannigfaltigkeit mit einem Skalarprodukt $\langle \, , \, \rangle$ in den Tangentialräumen $T_q Q$ ist (es genügt sogar, wenn Q pseudoriemannsch ist), eine Gruppe G durch Isometrien φ_g auf Q operiert und diese Operation in natürlicher Weise zu Symplektomorphismen $\breve{\varphi}_g = T\varphi_g$ auf TQ fortgesetzt wird. Dann kann aus Satz 2 deduziert (oder analog zu Satz 2 direkt bewiesen) werden

Satz 3: *Die zu $\breve{\varphi}$ gehörige Impulsabbildung Φ ist für*

$$(q, v_q) \in TQ \quad mit \quad q \in Q, v_q \in T_q Q$$

gegeben durch

$$\Phi \, (q, v_q)(\xi) = \widehat{\Phi} \, (\xi)(q, v_q) := \langle v_q, (\xi_Q)_q \rangle \quad für \quad \xi \in \mathfrak{g}.$$

In [AM] p. 285 wird noch ausgeführt, daß dies ein Spezialfall einer allgemeineren Aussage im Zusammenhang mit dem „Noetherschen Theorem" im Rahmen des Lagrangeformalismus zu TQ ist, der dort auf p. 208 ff im Anschluß an den Hamiltonformalismus zu T^*Q entwickelt wurde. Davon sei hier nur soviel wiedergegeben: Einer *Lagrangefunktion* $L \in \mathcal{F} \, (TQ)$ kann eine *Faserableitung* $\mathbf{F}L$ zugeteilt werden, d.h. eine Abbildung

$$\mathbf{F}L : TQ \to T^*Q,$$

die definiert ist durch

$$(q, v_q) \mapsto (q, d''L_q),$$

wobei $d''L_q \in T_q^*Q$ einem $v_q \in T_q Q$ den Wert $\big(d(L|_{\pi^{-1}(q)})\big)(v_q)$ gibt. (Dies entspricht der Relation $p = \frac{\partial L}{\partial \dot{q}}$ in 0.2 beim Übergang vom Lagrange– zum Hamiltonformalismus.) L wird *regulär* genannt, falls $\mathbf{F}L$ ein lokaler Diffeomorphismus ist. Genau dann wird die symplektische Standardform ω_0 auf T^*Q via $\mathbf{F}L$ zu einer symplektischen Form ω_L auf TQ zurückgezogen:

$$\omega_L = (\mathbf{F}L)^* \omega_0.$$

Entsprechend geht die Liouvilleform ϑ über in

$$\vartheta_L := (\mathbf{F}L)^* \vartheta.$$

Unter Verwendung dieser Bezeichnungen wird bei [AM] p. 285/6 bewiesen

Satz 4: *Die reguläre Lagrangefunktion $L \in \mathcal{F} \, (Q)$ sei G–invariant, d.h.*

$$L \circ \breve{\varphi}_g = L \quad für \ alle \ g \in G.$$

Dann gilt

i)   *Auch ϑ_L ist G–invariant, d.h. $\breve{\varphi}_g^* \vartheta_L = \vartheta_L$ für alle $g \in G$.*

ii)   *Für diese G-Operation wird eine Ad^*-äquivariante Impulsabbildung Φ gegeben durch*

$$\widehat{\Phi}\,(\xi)(q, v_q) = d'' L_q\big((\xi_Q)_q\big) \quad \text{für } \xi \in \mathfrak{g}.$$

iii) *Die Impulsabbildung Φ ist ein Integral der zu L gehörigen Lagrange-Gleichungen.*

Jetzt bieten sich die folgenden **Beispiele** an.

1.) Es sei $Q = \mathbb{R}^n$, und $G = \mathbb{R}^n$ operiere auf $\mathbb{R}^n$ durch Translationen

$$\begin{aligned} G \times Q &\to Q \\ (s, q) &\mapsto s + q = \varphi_s(q). \end{aligned}$$

Dann ist der zu $\xi \in \mathbb{R}^n = \mathfrak{g}$ gehörige infinitesimale Erzeuger auch

$$(\xi_Q)_q = \xi$$

(und damit unabhängig von q). Nach dem Satz 2 ist die zugehörige Impulsabbildung Φ auf T^*Q in den Standardkoordinaten (q, p) von $M = T^*Q$ gegeben durch

$$\widehat{\Phi}\,(\xi)(q, p) = \sum_i p_i \xi_i,$$

also es ist

$$\Phi\,(q, p) = p$$

der *Impuls*.

Dies ist im Zusammenhang mit der Erhaltungsaussage im Satz in 4.1 zu sehen: Für jedes System mit bei $G = \mathbb{R}^n$ invariant bleibender Hamiltonfunktion ist der Impuls eine Erhaltungsgröße (eine Erkenntnis, für die die Physiker allerdings nicht den ganzen hier aufgebauten Apparat gebraucht hätten).

2.) Es sei $Q = \mathbb{R}^n$, und es sei G eine Lieuntergruppe von $GL_n(\mathbb{R})$. Die Elemente $q \in Q$ werden als Spalten gedacht, und G operiert wie gewohnt durch Multiplikation, also

$$\begin{aligned} G \times Q &\to Q \\ (A, q) &\mapsto Aq = \varphi_A(q). \end{aligned}$$

Der infinitesimale Erzeuger zu $B \in \mathfrak{g} = \text{Lie } G \subset M_n(\mathbb{R})$ ist B_Q mit $(B_Q)_q = Bq$. Wieder nach Satz 2 ist dann eine Ad^*-äquivariante Impulsabbildung gegeben durch

$$\widehat{\Phi}\,(B)(q, p) = p\,(Bq),$$

wobei p als Zeile gemeint ist.

Im Spezialfall $n = 3$ und $G = SO(3)$ ist (s. Ende von A.2.2)

$$\mathfrak{g} = \mathfrak{so}\,(3) = \{B \in M_3(\mathbb{R}),\ B = -{}^t B\} \simeq \mathbb{R}^3$$

mit

$$B = \begin{pmatrix} 0 & -b_3 & b_2 \\ b_3 & 0 & -b_1 \\ -b_2 & b_1 & 0 \end{pmatrix} \leftrightarrow b = \begin{pmatrix} b_1 \\ b_2 \\ b_3 \end{pmatrix} \in \mathbb{R}^3.$$

Wird jetzt die Impulsabbildung Φ wie in Satz 3 auf TQ realisiert, ergibt sich mit dem Standardskalarprodukt $\langle\,,\,\rangle$ auf $\mathbb{R}^3$

$$\begin{aligned} \widehat{\Phi}(B)(q,v) &= \langle v, Bq \rangle \\ &= \langle b \times q, v \rangle = \det(b,q,v) \\ &= \langle q \times v, b \rangle. \end{aligned}$$

Also bei Identifikation von $\mathfrak{so}\,(3)$ mit $\mathbb{R}^3$ und $\mathbb{R}^3$ mit $(\mathbb{R}^3)^*$ ist

$$\Phi\,(q,v) = q \times v$$

der gewohnte *Drehimpuls*.

Etwa für den harmonischen Oszillator mit der Hamiltonfunktion

$$H\,(q,\dot{q}) = (1/2)(\| q \|^2 + \| \dot{q} \|^2)$$

ist diese Impulsabbildung ein Integral.

3.) Die Liegruppe G operiere auf sich selbst durch Linkstranslation

$$\begin{aligned} G \times G &\to G \\ (g,h) &\mapsto gh = \lambda_g(h). \end{aligned}$$

Dann ist der zu dieser Operation gehörige infinitesimale Erzeuger ξ_G für $\xi \in \mathfrak{g} = \text{Lie } G$ gegeben durch das rechtsinvariante Vektorfeld, das in e den Wert ξ annimmt, also

$$(\xi_G)_g = (\varrho_{g*})_e\xi, \quad \varrho_g \text{ die Rechtstranslation.}$$

Damit ergibt sich für die Impulsabbildung auf T^*G

$$\widehat{\Phi}\,(\xi)(g,\alpha_g) = \alpha_g\big((\varrho_{g*})_e\xi\big) = (\varrho_g^*\alpha_g),$$

d.h.

$$\Phi\,(g,\alpha_g) = \varrho_g^*\alpha_g.$$

Bei [AM] werden in den Übungen noch weitere Beispiele diskutiert. Überdies sei noch auf [GS] p. 124 f hingewiesen, wo das Beispiel der Operation der Euklidischen Gruppe $E\,(3) = SO(3) \times \mathbb{R}^3$ auf $\mathbb{R}^3$ ausgeführt wird.

4.3 Reduktion des Phasenraumes bei Vorliegen von Symmetrie

Ein klassisches, auf Jacobi und Liouville zurückgehendes, Theorem besagt, daß bei Vorgabe von k „ersten" Integralen, deren Poissonklammern verschwinden, die Hamiltonschen Gleichungen zu einem System Hamiltonscher Gleichungen reduziert werden können, in dem $2k$ Variable weniger auftreten. In ähnlicher Weise erlaubt die Rotationsinvarianz beim n–Körperproblem die Elimination von 4 Variablen. Diese beiden Vorgänge ordnen sich ein in ein allgemeines Verfahren, mit Hilfe *symplektischer Reduktion* von höher– zu niedrigerdimensionalen symplektischen Mannigfaltigkeiten abzusteigen, wenn eine Symmetriegruppe auf der vorgegebenen Mannigfaltigkeit operiert. Dieses Verfahren, *Quotienten von Räumen* zu bilden, geht auf Élie Cartan zurück, ist ganz allgemein ein Hauptthema mathematischer Überlegungen und hätte auch schon im Anschluß an den Abschnitt 2.5 bei der Diskussion der Konstruktionsverfahren symplektischer Mannigfaltigkeiten angesiedelt werden können.

Hierbei wird die Darstellung von [AM] p. 298 ff nachgezeichnet. Und zwar sei gegeben

eine symplektische Mannigfaltigkeit (M, ω),

eine symplektische Operation $\phi : G \times M \to M$ einer Liegruppe G auf M,

und für $\mathfrak{g} = \text{Lie } G$

eine zugehörige Ad*–äquivariante Impulsabbildung $\Phi : M \to \mathfrak{g}^*$.

Dann bezeichne G_μ für ein $\mu \in \mathfrak{g}^*$ die Isotropiegruppe

$$G_\mu := \{g \in G;\ \text{Ad}^*_{g^{-1}}\mu = \mu\}.$$

Es ist dies eine abgeschlossene Untergruppe von G und deshalb auch eine Liegruppe. Da Φ Ad*–äquivariant ist, macht der Raum

$$M_\mu := \Phi^{-1}(\mu)/G_\mu$$

der G_μ–Orbiten in der Faser $\Phi^{-1}(\mu)$ einen Sinn. Er wird der *reduzierte Raum*, assoziiert zu M, Φ und μ, genannt, und zwar der *reduzierte Phasenraum* in dem für die Anwendungen besonders wichtigen Spezialfall $M = T^*Q$. Es werden nun noch einige „technische" Zusatzbedingungen vorausgesetzt, die sichern, daß M_μ zunächst wenigstens eine glatte Mannigfaltigkeit ist:

i) Es sei $\mu \in \mathfrak{g}^*$ ein *regulärer* Wert von Φ, d.h. für alle $m \in \Phi^{-1}(\mu)$ ist die Abbildung $T\Phi_m$ (auch $(\Phi_*)_m$ geschrieben) des jeweiligen Tangentialraumes $T_m M$ in $T_\mu \mathfrak{g}^* \simeq \mathfrak{g}$ surjektiv (was nach einem Theorem von Sard für „fast alle" μ passiert). Dann kann unter Verwendung der in A.1 beschriebenen Methoden (s. [AM] p. 49) gezeigt werden, daß die Faser $\Phi^{-1}(\mu)$ eine Untermannigfaltigkeit von M ist, und zwar mit $\dim \Phi^{-1}(\mu) = \dim M - \dim G$.

ii) G_μ operiere *fixpunktfrei* und *eigentlich* auf $\Phi^{-1}(\mu)$. Dabei bedeutet „eigentlich" das folgende: falls (m_j) und $(\phi_{g_j} m_j)$ in M konvergente Folgen sind, hat (g_j) eine in G konvergente Teilfolge. Diese Bedingung ist automatisch erfüllt, wenn G kompakt ist. Es ist dann eine fundamentale Aussage (s. etwa [AM] p. 266), daß der oben eingeführte Raum $M_\mu = \Phi^{-1}(\mu)/G_\mu$ eine Mannigfaltigkeit ist, und daß die kanonische Projektion

$$\pi_\mu : \Phi^{-1}(\mu) \to M_\mu = \Phi^{-1}(\mu)/G_\mu$$

eine Submersion ist. Daß M_μ überdies symplektisch ist, besagt der folgende Satz.

Satz 1: *Es sei (M, ω) symplektisch mit einer symplektischen G-Operation und einer Ad^*-äquivarianten Impulsabbildung mit den eben genannten Zusatzbedingungen. Dann hat $M_\mu = \Phi^{-1}(\mu)/G_\mu$ eine eindeutig bestimmte symplektische Form ω_μ mit*

$$\pi_\mu^* \omega_\mu = i_\mu^* \omega,$$

wobei $\pi_\mu : \Phi^{-1}(\mu) \to M_\mu$ die kanonische Projektion und $i_\mu : \Phi^{-1}(\mu) \hookrightarrow M$ die Inklusion meint.

Beweis: Hier wird die folgende Aussage gebraucht, deren Beweis als **Übungsaufgabe 4.5** empfohlen wird (notfalls s. [AM] p. 299).

Lemma: *Für $m \in \Phi^{-1}(\mu)$ und $Gm := \{\phi_g m; \, g \in G\}$ gilt*

o) $T_m(\Phi^{-1}(\mu))/T_m(G_\mu m) \simeq T_{\pi_\mu(m)} M_\mu$

i) $T_m(G_\mu m) = T_m(Gm) \cap T_m(\Phi^{-1}(\mu)),$

ii) $T_m(\Phi^{-1}(\mu))$ *und* $T_m(Gm)$ *sind zueinander orthogonale Komplemente.*

Damit wird nun wie folgt geschlossen:

a) Für $v \in T_m(\Phi^{-1}(\mu))$ sei $[v] = (\pi_\mu)_{*m}(v)$ die zugehörige Äquivalenzklasse in $T_m(\Phi^{-1}(\mu))/T_m(G_\mu m)$. Die Gleichung $\pi_\mu^* \omega_\mu = i_\mu^* \omega$ besagt

$$\omega_\mu([v], [w]) = \omega(v, w) \text{ für alle } v, w \in T_m(\phi^{-1}(\mu)).$$

Da π_μ und $(\pi_\mu)_*$ surjektiv sind, ist ω_μ offenbar eindeutig bestimmt.

b) Daß ω_μ wohldefiniert ist, ergibt sich sofort aus Teil ii) des Lemmas.

c) ω_μ ist geschlossen, denn es ist

$$d(\pi_\mu^* \omega_\mu) = d(i_\mu^* \omega) = i_\mu^* d\omega = 0,$$

also auch $\pi_\mu^* d\omega_\mu = 0$, und wegen der Surjektivität von π_μ kann hieraus auf $d\omega_\mu = 0$ geschlossen werden.

d) ω_μ ist nicht ausgeartet, denn aus

$$\omega_\mu([v], [w]) = 0 \text{ für alle } w \in T_m \Phi^{-1}(\mu)$$

folgt

$$\omega\,(v, w) = 0 \quad \text{für alle } w \in T_m \Phi^{-1}(\mu),$$

also $v \in T_m(Gm)$ nach ii) im Lemma und überdies $v \in T_m(G_\mu m)$ nach i), d.h. $[v] = 0$. $\qquad\qquad\Box$

Es ist anzumerken, daß wenn $\omega = d\vartheta$ gilt und ϑ G–invariant ist, ω_μ nicht exakt zu sein braucht.

Bemerkung 1: Die Mannigfaltigkeit M_μ ist als symplektische Mannigfaltigkeit stets von gerader Dimension, und zwar gilt nach naheliegenden allgemeinen Prinzipien, die hier nicht ausgebreitet werden können,

$$\dim M_\mu = \dim \Phi^{-1}(\mu) - \dim G_\mu = \dim M - \dim G - \dim G_\mu.$$

Bemerkung 2: Falls μ ein regulärer Wert von Φ ist, ist die Operation von G_μ lokal frei. Die im Satz beschriebene Reduktion kann deshalb in gewissen interessanten Fällen zumindest lokal vorgenommen werden, auch wenn die globalen Voraussetzungen nicht erfüllt sind.

Einer gewissen Vollständigkeit halber wird jetzt noch die Konstruktion spezialisiert auf den für die physikalischen Anwendungen wichtigen Fall $M = T^*Q$, wobei G auf Q und dann, wie im vorigen Abschnitt diskutiert, auch auf M operiert und die zugehörige Impulsabbildung wie im Satz 2 gegeben ist durch

$$\widehat{\Phi}\,(\xi)(q, \alpha_q) = \alpha_q\big((\xi_Q)_q\big) \quad \text{für } \xi \in \mathfrak{g}, q \in Q, \alpha_q \in T_q^*Q.$$

Es seien die vor Satz 1 eben genannten Bedingungen erfüllt, und überdies operiere G_μ fixpunktfrei und eigentlich auf Q, so daß

$$Q_\mu := Q/G_\mu$$

wieder eine Mannigfaltigkeit ist.

Satz 2: *Es sei überdies α_μ eine G_μ–äquivariante 1–Form auf Q mit Werten in $\Phi^{-1}(\mu)$, d.h. mit $(\alpha_\mu)_q\big((\xi_Q)_q\big) = \mu\,(\xi)$ für alle $\xi \in \mathfrak{g}$. Mit der kanonischen symplektischen 2–Form ω_0 auf T^*Q ist dann auch*

$$\Omega_\mu := \omega_0 + \pi^* d\alpha_\mu$$

eine symplektische Form auf T^*Q. Diese induziert dann auch eine symplektische Form auf T^*Q_μ und es gibt eine symplektische Einbettung

$$\chi_\mu : M_\mu \to T^*Q_\mu$$

auf ein Unterbündel über Q_μ. χ_μ ist ein Diffeomorphismus auf T^*Q_μ genau für $\mathfrak{g} = \mathfrak{g}_\mu = \operatorname{Lie} G_\mu$.

Beweis(skizze): Für

$$F_\mu := \{(q, \alpha_q) \in T^*Q;\ \alpha_q((\xi_Q)_q) = 0 \text{ für alle } \xi \in \mathfrak{g}_\mu\}$$

gilt mit etwas Analyse des Bündelbegriffs bei der Bildung von Quotienten

$$T^*Q_\mu = F_\mu/G_\mu.$$

Die Definition der Faser $\Phi^{-1}(\mu)$ gibt (s. Satz 2 in 4.2)

$$\Phi^{-1}(\mu) = \{(q, \alpha_q) \in T^*Q; \alpha_q((\xi_Q)_q) = \mu(\xi) \text{ für alle } \xi \in \mathfrak{g}\}.$$

Nun definiert

$$\psi_\mu : \Phi^{-1}(\mu) \quad \to \quad F_\mu$$
$$(q, \alpha_q) \quad \mapsto \quad (q, \alpha_q - (\alpha_\mu)_q)$$

eine symplektische Abbildung mit $\psi_\mu^*\left(\Omega_\mu\big|_{F_\mu}\right) = \omega_0\big|_{\Phi^{-1}(\mu)}$.

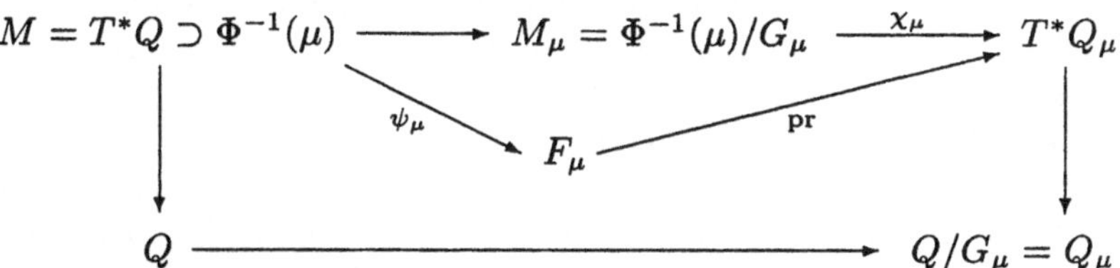

ψ_μ ist offenbar eine Einbettung und surjektiv genau für $\mathfrak{g} = \mathfrak{g}_\mu$. α_μ ist G_μ-äquivariant, $\psi_\mu \circ \mathrm{pr}$ faktorisiert damit über den Quotienten M_μ und definiert so χ_μ. Nach Definition der symplektischen Struktur auf M_μ ist χ_μ symplektisch. $\square$

Bemerkung: In Abschnitt 4.5 von [AM] werden konkretere Systeme mit Symmetrie diskutiert, die dann den Satz 2 mit Leben erfüllen, und dort werden auch Differentialformen α_μ vom Grad 1 für diesen Satz hier konstruiert. Anzumerken ist, daß für $\mu = 0$ offenbar $\alpha_\mu = 0$ genommen werden kann. Falls G abelsch ist, gilt $\mathfrak{g} = \mathfrak{g}_\mu$, also $M_\mu \simeq T^*Q_\mu$.

Beispiele:

1. Das anfangs erwähnte *Theorem von Jacobi und Liouville* ordnet sich nun hier so ein: Es seien

$$(M, \omega) \text{ eine symplektische Mannigfaltigkeit}$$

und

$$f_1, \ldots, f_k \in \mathcal{F}(M) \text{ mit } \{f_i, f_j\} = 0 \text{ für alle } i, j.$$

Da die zu X_{f_i} und X_{f_j} gehörigen Flüsse K_i resp. K_j dann vertauschen (dies ist eine Konsequenz von Korollar 2 zu Satz 2 in 3.3), definieren sie eine symplektische Operation von $G = \mathbb{R}^k$ auf M. Die zugehörige Impulsabbildung ist dann $\Phi = K_1 \times \ldots \times K_k$. Angenommen, die dK_i seien unabhängig in jedem Punkt, so daß jedes $\mu \in \mathrm{im}\,\Phi$ ein regulärer Wert von Φ ist. Da G abelsch ist, gilt $G_\mu = G$, und es ergibt sich eine symplektische Mannigfaltigkeit $M_\mu = \Phi^{-1}(\mu)/G$ der Dimension $2n - 2k$.

Es läßt sich dann zeigen (s. [AM] p. 304), daß jedes invariante Hamiltonsche System auf M kanonisch ein Hamiltonsches System auf M_μ induziert. In dem wichtigen Spezialfall $n = k$ heißt das System *vollständig integrabel*.

In diesem Sinne vollständig integrabel ist etwa das Hamiltonsche System ($M = T^*\mathbb{R}^3$, ω_0, H_V) eines *Zentralkraftfeldes*, also mit

$$H_V(q,p) = (1/2)p^2 + V(q),$$

wobei $V(q)$ ein $SO(3)$–invariantes Potential ist. Dann sind

$$f_1 = H, \, f_2 = \| \, I \, \|^2 , \, f_3 = I_3 \quad \text{mit} \quad I = q \times p$$

Integrale mit verschwindenden Poissonklammern (**Übungsaufgabe 4.7**).

2. Es sei X_H ein *Hamiltonsches Vektorfeld* auf M. Sein Fluß gibt eine symplektische Operation von $\mathbb{R}$ auf M, deren Impulsabbildung Φ dann die Funktion H selbst ist. Also gibt es für einen regulären Wert $E \in \mathbb{R}$ von H eine symplektische Struktur auf $H^{-1}(E)/\mathbb{R} =: M_E$. In diesem Quotienten kann jede Bahn bzw. Lösung der zu H gehörigen Hamiltonschen Gleichungen als Punkt angesehen werden; M_E heißt deshalb die *Mannigfaltigkeit der Lösungen konstanter Energie E*. Es gilt dim $M_E = $ dim $M - 2$.

3. Für $G = SO(3)$ kann die adjungierte Operation von G auf $\mathfrak{g} = \mathbb{R}^3$ beschrieben werden wie im Beispiel 2 in 4.2 dargestellt. Für $\mu \in \mathbb{R}^3$, $\mu \neq 0$, entspricht dann $G_\mu = S^1$ den Drehungen um die von μ aufgespannte Gerade. Die Reduktion von M zu $\Phi^{-1}(\mu)/S^1 = M_\mu$ für den zugehörigen „Drehimpuls" Φ geht auf *Jacobi* zurück. Es gilt dim $M_\mu = $ dim $M - $ dim $G - $ dim $G_\mu = $ dim $M - 4$.

4. Das Beispiel 2 kann ausgebaut werden, um speziellen vorgegebenen Mannigfaltigkeiten eine symplektische Struktur zuzuteilen, wenn sie sich als Quotienten in das hier betrachtete Schema einordnen lassen. Dies ist der Fall für den schon in 2.6 diskutierten *komplexen projektiven Raum* $\mathbb{P}^n = \mathbb{P}^n(\mathbb{C})$, und gibt damit noch einen Beweis, daß dieser eine symplektische Mannigfaltigkeit ist: Es sei $M = \mathbb{R}^{2(n+1)} = T^*\mathbb{R}^{n+1}$ mit der kanonischen symplektischen Form $\omega_0 = \sum_{i=1}^{n+1} dq_i \wedge dp_i$, und

$$H\,(q,p) = \sum_{i=1}^{n+1} (q_i^2 + p_i^2)$$

sei die Hamiltonfunktion des harmonischen Oszillators. Dann ist (s. Bemerkung 1 in 3.1)

$$X_H(q,p) = \sum_{i=1}^{n+1} \left(p_i \frac{\partial}{\partial q_i} - q_i \frac{\partial}{\partial p_i} \right),$$

und der zugehörige Fluß ist (**Übungsaufgabe 4.8**)

$$F_t : (q,p) \mapsto (q \cos t + p \sin t,\, p \cos t - q \sin t).$$

Da F_t periodisch ist mit der Periode 2π, definiert F_t eine symplektische Operation von S^1 auf M. Wegen der Kompaktheit von S^1 ist die Operation eigentlich und überdies offenbar fixpunktfrei. Der Wert $1/2$ ist ein regulärer Wert für H, und es gilt $H^{-1}(1/2) = S^{2n+1}$. Satz 2 bzw. das Beispiel 2 sagen dann, daß

$$H^{-1}(1/2)/\mathbb{R} = H^{-1}(1/2)/S^1 = S^{2n+1}/S^1 = \mathbb{P}^n(\mathbb{C})$$

eine symplektische Mannigfaltigkeit der reellen Dimension $2n$ ist.

5. Auch das in 2.4 beschriebene Verfahren, Beispiele für symplektische Mannigfaltigkeiten mit Hilfe der *koadjungierten Bahnen* zu konstruieren, kann hier (zumindest teilweise) eingepaßt werden: wie im Beispiel 3 in 4.2 sei G eine Liegruppe und $\lambda : G \times G \to G$ die Operation von G auf sich durch Linkstranslationen, also

$$(g, h) \mapsto \lambda_g(h)$$

$\widehat{\lambda}$ bezeichne dann die übliche Fortsetzung dieser Operation auf $M = T^*G$. Dann ist, wie in jenem Beispiel geschildert, die zugehörige Impulsabbildung Φ gegeben durch

$$\Phi\,(g, \alpha_g) = \varrho_g^* \alpha_g.$$

Jedes $\mu \in \mathfrak{g}^*$ ist ein regulärer Wert für Φ, und es ist

$$\Phi^{-1}(\mu) = \{(g, \alpha_g) \in T^*G,\ \alpha_g\big((\varrho_{g*})_g\, \xi\big) = \mu\,(\xi) \text{ für alle } \xi \in \mathfrak{g}\},$$

d.h. hier ist α die rechtsinvariante 1–Form α_μ deren Wert in e μ ist, also

$$\alpha = \alpha_\mu \text{ mit } (\alpha_\mu)_e = \mu.$$

Überdies kann eingesehen werden, daß hier

$$G_\mu = \{g \in G,\ \lambda_g^* \alpha_\mu = \alpha_\mu\}$$

ist, und weiter

$$\Phi^{-1}(\mu)/G_\mu \simeq G/G_\mu \simeq G^{\#}\mu \in \mathfrak{g}^*,$$

wobei die letzte Isomorphie durch die koadjungierte Darstellung gegeben ist. Damit ist die koadjungierte Bahn $G_\mu^{\#}$ als symplektische Mannigfaltigkeit erkannt. Bei [AM] p. 302 wird dies als das Theorem von Kirillov–Kostant–Souriau zitiert, und dann im Anschluß noch die zugehörige symplektische Form ω_μ explizit konstruiert. Es kommt dabei das Ergebnis heraus, das im Satz 5 in 2.5 bereits erarbeitet wurde.

6. Es sei $M = \mathbb{C}^n$ als reelle symplektische Mannigfaltigkeit versehen und $\omega(x,y) := \mathrm{Im}(^t x \bar{y})$ für $x,y \in \mathbb{C}^n$. $G = S^1 = \{\zeta \in \mathbb{C},\ |\zeta| = 1\}$ operiere auf M durch Multiplikation

$$(\zeta, x) \mapsto \Phi_\zeta(x) = \zeta x \text{ für } \zeta \in S^1,\ x \in M = \mathbb{C}^n.$$

Als **Übungsaufgabe 4.9** mag dienen, die vorstehend eingeführten Begriff in dieser einfachen Situation explizit zu machen und zu prüfen, daß ϕ_ζ eine symplektische Operation ist, zu der für $x \in \mathbb{C}^n$ und $Y \in \mathfrak{g} = \mathrm{Lie}\,S^1 \simeq \mathbb{R}$

$$\Phi(x)(Y) := (1/2) \parallel x \parallel^2 Y$$

eine Impulsabbildung gegeben wird. Ist diese Ad^*–äquivariant? Wie sieht der zugehörige reduzierte symplektische Raum aus?

Hier wird jetzt abgebrochen, um noch Platz für das letzte Kapitel, die Quantisierung vorstellend, zu behalten. Wer an weiteren konkreten Anwendungen interessiert ist, dem wird jedoch unbedingt empfohlen, noch den Rest des Abschnitts 4.3 in [AM] sowie die dort folgenden Abschnitte 4.4 und 4.5 anzusehen, deren Material nun leicht zugänglich sein sollte.

5 Quantisierung

Wie schon in 0.6 angekündigt, geht es bei der Quantisierung darum, die Beschreibung der zeitlichen Entwicklung physikalischer Systeme von einer symplektischen Mannigfaltigkeit (insbesondere dem Phasenraum) der klassischen Mechanik in einen Hilbertraum der Quantenmechanik zu transferieren. Einer kritischen Betrachtung dieses Problems unter Einbeziehung historischer Bemerkungen ist das Buch [Wa] von WALLACH gewidmet. Daneben ist das Buch [Wo] von WOODHOUSE zu nennen. Eine weitere recht ausführliche Darstellung dieses Übergangs findet sich bei [AM] 5.4 p. 425 ff. Knappere Einführungen gibt es in Abschnitt 15.4 bei [Ki] p. 241 und in Abschnitt 34. bei [GS] p. 265 f. Dabei werden allerdings noch mehr als in den vorigen Abschnitten hier „externe" Hilfsmittel aus der Funktionalanalysis und/oder Darstellungstheorie gebraucht, deren Ausbreitung den Rahmen dieses Textes endgültig sprengen würde. Die Nacherzählung des allgemeinen Falles in 5.5 bewegt sich deshalb auf hier nicht gerade soliden Fundamenten. Glücklicherweise kommt die einfachst denkbare Situation, nämlich $M = \mathbb{R}^{2n} = T^*\mathbb{R}^n$ ohne großen theoretischen Apparat aus, und es können dabei die Problematik und die ins Spiel kommenden Begriffe erläutert werden. Da dabei die für Physik und Mathematik gleichermaßen wichtigen Heisenberg– und Jacobigruppen zutagetreten, wird dieser einfachste Fall in den Abschnitten 5.1 bis 5.4 zunächst recht ausführlich vorgestellt.

5.1 Homogene quadratische Polynome und die $\mathfrak{sl}_2$

Es sei jetzt $M = \mathbb{R}^{2n}$ mit den Koordinaten $(q_1, \ldots, q_n, p_1, \ldots, p_n)$. Dabei wird, wenn es mit den Rechnungen ernst wird, meist noch $n = 1$ genommen. Ausgegangen wird nun von der fundamentalten exakten Sequenz von Liealgebren (s. 3.2 und 3.3)

$$0 \to \mathbb{R} \xrightarrow{\ i\ } \mathcal{F}(M) \xrightarrow{\ -j\ } \mathrm{Ham}(M) \to 0.$$

Hier ist i die Einbettung, die $c \in \mathbb{R}$ mit der konstanten Funktion $f(m) = c$ für alle $m \in M$ identifiziert, und j ordnet $H \in \mathcal{F}(M)$ das Hamiltonsche Vektorfeld

$$X_H = \sum_{j=1}^{n} \left(\frac{\partial H}{\partial p_j} \frac{\partial}{\partial q_j} - \frac{\partial H}{\partial q_j} \frac{\partial}{\partial p_j} \right)$$

zu. $\mathcal{F}(M)$ bildet eine (unendlichdimensionale) Liealgebra mit der Poissonklammer

$$\{f, g\} = \sum_{j=1}^{n} \left(\frac{\partial f}{\partial q_j} \frac{\partial g}{\partial p_j} - \frac{\partial f}{\partial p_j} \frac{\partial g}{\partial q_j} \right)$$

und Ham(M) mit der Lieklammer $[\,,\,]$ für Vektorfelder. Dabei gilt

$$[X_f, X_g] = -X_{\{f,g\}} \quad \text{für } f, g \in \mathcal{F}(M).$$

Nun geht es also bei der Quantisierung darum, eine $\mathbb{R}$–lineare Abbildung zu suchen, die $\mathcal{F}(M)$ oder wenigstens Elementen f aus einem möglichst großen Teil von
$\mathcal{F}(M)$ selbstadjungierte Operatoren $\hat{f}$ in einem Hilbertraum $\mathcal{H}$ zuordnet, so daß
die Liestruktur in dem Sinne erhalten bleibt, daß gilt

$$(*) \qquad \widehat{\{f_1, f_2\}} = c\,[\hat{f}_1, \hat{f}_2] = c\,(\hat{f}_1 \hat{f}_2 - \hat{f}_2 \hat{f}_1)$$

mit einer von der Physik gewünschten Konstanten $c = -\frac{ih}{2\pi}$, h das „Plancksche
Wirkungsquantum". Überdies wird noch verlangt

$$(**) \qquad \qquad \hat{1} = 1 := \operatorname{id}_{\mathcal{H}}.$$

Angesichts der Tatsache, daß M als $M = T^*\mathbb{R}^n$ gedeutet werden kann, bietet sich
in diesem Kontext

$$\mathcal{H} = L^2(\mathbb{R}^n)$$

als „kleinster nicht–trivialer" Hilbertraum an, und zwar, indem versucht wird, das
folgende **allgemeine Vorgehen** zu realisieren:

Es wird eine Poissonunteralgebra $\mathcal{F}^0$ von $\mathcal{F}(M)$ gesucht, die isomorph ist zur Liealgebra einer Liegruppe G

$$\sigma : \mathcal{F}^0 \xrightarrow{\sim} \mathfrak{g} = \operatorname{Lie} G.$$

Dann (s. A 4) hat eine *irreduzible unitäre Darstellung* von G

$$\begin{aligned} \pi : G &\longrightarrow \operatorname{Aut} \mathcal{H} \\ g &\longmapsto \pi(g) \end{aligned}$$

eine zugehörige *infinitesimiale Darstellung* von $\mathfrak{g}$, die für $X \in \mathfrak{g}$ gegeben wird durch

$$d\pi(X)v = \frac{d}{dt}\,\pi(\exp(tX)v)\big|_{t=0}.$$

Diese Darstellung lebt auf dem Unterraum $\mathcal{H}_\infty$ der *glatten* Vektoren v in $\mathcal{H}$, für
die der Differentiationsprozeß ausführbar ist. Es gibt tiefliegende Sätze der Darstellungstheorie (insbesondere von NELSON und HARISH–CHANDRA), die sich mit
diesem Raum befassen und der Frage, wann $\mathcal{H}_\infty$ in $\mathcal{H}$ dicht ist. Im vorliegenden
Fall wird $\mathcal{H}_\infty = \mathcal{S}(\mathbb{R}^n)$, der Schwartzraum, sein, und alles geht gut.

Durch Differentiation der Unitaritätsbedingung

$$\langle \pi(\exp tX)v,\, \pi(\exp tX)w \rangle = \langle v, w \rangle$$

für $v, w \in \mathcal{H}_\infty$ und $\langle\,,\,\rangle$ als Skalarprodukt in $\mathcal{H}$ ergibt sich

$$\langle d\pi(X)v, w \rangle + \langle v, d\pi(X)w \rangle = 0,$$

also die Operatoren $d\pi(X)$ sind *schiefhermitesch*. Durch Multiplikation mit $\pm i$ werden sie dann hermitesch, also der Übergang

$$\mathcal{F}^0 \ni f \xrightarrow{\sigma} \sigma(f) = X \xrightarrow{d\pi} d\pi(X) \xrightarrow{\pm i} \pm i d\pi(X) =: \widehat{f}$$

erfüllt wegen

$$d\pi(\sigma(\{f,g\})) = [d\pi(\sigma(f)), d\pi(\sigma(g))]$$

die Bedingung

$$\widehat{\{f,g\}} = \pm i d\pi(\sigma\{f,g\}) = \mp i[\widehat{f},\widehat{g}],$$

und damit bei der Wahl der Multiplikation mit $-i$ die Bedingung $(*)$, wobei die Konstante $\frac{h}{2\pi}$, wie häufig bei der mathematischen Behandlung physikalischer Probleme, durch passende „Wahl der physikalischen Einheiten" der Einfachheit halber zu Eins normiert wurde (es ist natürlich leicht, hier statt der Multiplikation mit $-i$ die mit c^{-1} einzubauen, um die Relation $(*)$ mit der Konstanten c zu realisieren).

Als nächstliegender Kandidat $\mathcal{F}^0$, auf den sich das allgemeine Verfahren anwenden läßt, bietet sich die Poissonalgebra $\mathcal{F}_2$ der quadratischen Polynome in $\mathcal{F}$ an, also (der Einfachheit halber $n = 1$)

$$\mathcal{F}^0 = \mathcal{F}_2 = \langle qp, p^2, q^2 \rangle$$

mit den Relationen

$$\{q^2, p^2\} = 4qp, \ \{qp, p^2\} = 2p^2, \ \{qp, q^2\} = -2q^2.$$

$\mathcal{F}_2$ ist via j isomorph zur Unteralgebra $\mathrm{Ham}_2(M)$ von $\mathrm{Ham}(M)$, die für

$$H_1 = qp, \quad H_2 = (1/2)p^2, \quad H_3 = (1/2)q^2$$

erzeugt wird von den Vektorfeldern

$$X_{H_1} = q\frac{\partial}{\partial q} - p\frac{\partial}{\partial p}, \quad X_{H_2} = p\frac{\partial}{\partial q}, \quad X_{H_3} = -q\frac{\partial}{\partial p}.$$

Weiter läßt $\mathcal{F}_2$ sofort an die Liealgebra

$$\mathfrak{g} = \mathfrak{sl}_2 = \mathrm{Lie}\, SL_2(\mathbb{R})$$

denken, die beschrieben werden kann als

$$\mathfrak{sl}_2 = \langle H, F, G \rangle$$

mit

$$H = \begin{pmatrix} 1 & 0 \\ 0 & -1 \end{pmatrix}, \ F = \begin{pmatrix} 0 & 1 \\ 0 & 0 \end{pmatrix}, \ G = \begin{pmatrix} 0 & 0 \\ 1 & 0 \end{pmatrix}$$

und also

$$[F, G] = H, \quad [H, F] = 2F, \quad [H, G] = -2G.$$

Als **Übungsaufgabe 5.1** wird empfohlen, die hier angesprochenen einfachen Rechnungen auszuführen.

Eine Diskussion der Darstellungen von $SL_2(\mathbb{R})$ und $\mathfrak{sl}_2$ findet sich an vielen Stellen (s. insbesondere LANG: $SL_2(\mathbb{R})$ [La], KNAPP [Kn] Ch. II oder [BS]) und wird in 5.3 etwas ausgeführt. Hier sei als **Übungsaufgabe 5.2** zunächst nur vorgeschlagen zu verifizieren, daß die Operation von H, F, G auf einem von Vektoren $v_j, j \in \mathbb{N}_0$, aufgespannten Vektorraum V eine Darstellung von $\mathfrak{sl}_2$ beschreibt., die für $\mu \in \mathbb{R}\backslash\{0\}$ gegeben wird durch

$$Hv_j = (j + 1/2)v_j, \, Fv_j = -(1/(2\mu))v_{j+2}, \, Gv_j = (\mu/2)j(j-1)v_{j-2}.$$

Es wird sich herausstellen, daß diese Darstellung isomorph ist zu einer infinitesimalen Darstellung einer unitären projektiven Darstellung π_W der Gruppe $SL_2(\mathbb{R})$, der sogenannten **Weildarstellung**, die erst nach einigen zusätzlichen Vorbereitungen in 5.3 vorgestellt werden kann.

5.2   Polynome vom Grad 1 und die Heisenberggruppe

Das eben behandelte erlaubt (jedenfalls im Prinzip) die Quantisierung von Systemen mit in p und q homogenen quadratischen Hamiltonfunktionen. Das läuft nun insbesondere auf die Beschreibung des „harmonischen Oszillators" hinaus, ist aber insgesamt noch zu wenig. Etwas besser dürfte es sein, den Fall $\mathcal{F}^0 = \mathcal{F}_{\leq 2}(M)$ der Polynome in p, q vom Grad ≤ 2 zu betrachten. Auch $\mathcal{F}_{\leq 2}(M)$ ist eine Lieunteralgebra bezüglich der Poissonklammer. Als Vorbereitung dazu wird zunächst der Fall $\mathcal{F}_1(M)$ der in p, q homogenen linearen Polynome studiert. Wegen

$$(1) \qquad \{q_i, p_j\} = \delta_{ij}, \{q_i, q_j\} = 0, \{p_i, p_j\} = 0, \quad i, j = 1, \ldots, n,$$

ist $\mathcal{F}_1(M)$ keine Lieunteralgebra von $\mathcal{F}(M)$ (aber $\mathcal{F}_{\leq 1}(M)$ ist es). Die zugehörigen Hamiltonschen Vektorfelder sind

$$X_p = \frac{\partial}{\partial q} \text{ und } X_q = -\frac{\partial}{\partial p},$$

also wird $\mathcal{F}_1(M)$ bei j bijektiv auf die *konstanten Vektorfelder*

$$\text{Ham}_c(M) = \mathbb{R}\frac{\partial}{\partial q} + \mathbb{R}\frac{\partial}{\partial p} \cong \mathbb{R}^{2n}$$

abgebildet. $\text{Ham}_c(M)$ ist allerdings eine Lieunteralgebra von $\text{Ham}(M)$, die der *infinitesimalen Translationen* auf $\mathbb{R}^{2n}$. Es liegt hier nun folgende Situation vor: Die Liealgebra $\mathfrak{g}_1 = \mathbb{R}^{2n}$ kann mit einer ι genannten Abbildung mit $\text{Ham}_c(M)$ identifiziert werden. Es gibt aber im Unterschied zu der eben in 1. betrachteten Situation, wo sich $\mathfrak{sl}_2$ sowohl mit $\mathcal{F}_2(M)$ als auch mit einer Unteralgebra $\text{Ham}_2(\mathcal{F})$ von $\text{Ham}(\mathcal{F})$ identifizieren ließ, keine Liftung λ zu einem Liealgebrahomomorphismus von $\mathfrak{g}_1$, in $\mathcal{F}(M)$ wie folgt

$$0 \longrightarrow \mathbb{R} \longrightarrow \mathcal{F}(M) \xrightarrow{\ j\ } \mathrm{Ham}(M) \longrightarrow 0$$

(2)

Nun gibt es aber eine Liealgebra, nämlich $\mathcal{F}_{\leq 1}(M)$, die von j auf $\mathrm{Ham}_c(M) \simeq \mathfrak{g}_1$ abgebildet wird, allerdings nicht isomorph, sondern mit dem Kern Ker $j \cong \mathbb{R}$. Diese Situation gibt dann Anlaß, die Gruppe $\mathbb{R}^{2n}$ aller Translationen auf $\mathbb{R}^{2n}$ zu betrachten, und nach einer Gruppe $H\,(\mathbb{R}^{2n})$ und einer zugehörigen Projektion $\widehat{j}$ auf $\mathbb{R}^{2n}$ zu suchen, so daß für die zugehörigen Liealgebren $\widehat{j}$ in j übergeht. Gesucht ist somit $H\,(\mathbb{R}^{2n})$ und $\widehat{j}$ mit

$$
\begin{array}{ccc}
H(\mathbb{R}^{2n}) & \xrightarrow{\ \widehat{j}\ } & \mathbb{R}^{2n} \\
\downarrow & & \downarrow \\
\mathfrak{h} \simeq \mathcal{F}_{\leq 1}(M) & \xrightarrow{\ j\ } & \mathfrak{g}_1 = \mathbb{R}^{2n}
\end{array}
$$

also eine Gruppe, die die *Heisenbergschen Vertauschungsrelationen* (1) hervorbringt. Diese Aufgabe wird gelöst durch die

Konstruktion der Heisenberggruppe

Es sei (V, ω) ein symplektischer $\mathbb{R}$–Vektorraum der Dimension $2n$. Dann tritt eine zugehörige Heisenberggruppe in der Literatur auf verschiedene Weisen zutage, die hier etwas vorgestellt werden sollen.

a) Die Menge

$$H(V) = V \times \mathbb{R} = \{h = (v, \kappa);\ v \in V, \kappa \in \mathbb{R}\}$$

wird zur Heisenberggruppe durch das Multiplikationsgesetz

(3)
$$h_1 h_2 = (v_1 + v_2, \kappa_1 + \kappa_2 + \omega(v_1, v_2)).$$

Eine leichte Rechnung (**Übungsaufgabe 5.3**) zeigt die folgenden Aussagen.

Bemerkung: i) $H(V)$ ist tatsächlich eine Gruppe. Es gilt

$$h^{-1} = (-v, -\kappa)$$

und

$$h\, h_1 h^{-1} = (v_1, \kappa_1 + 2\omega(v, v_1)).$$

ii) $H(V)$ kann als Gruppe von $(2n + 2)$-reihigen Matrizen realisiert werden. Und zwar ist für $v = (\lambda, \mu)$ $(\lambda, \mu \in \mathbb{R}^n$ als Zeilen)

$$
h = \begin{pmatrix} 1_n & 0 & 0 & {}^t\mu \\ \lambda & 1 & \mu & \kappa \\ 0 & 0 & 1_n & -{}^t\lambda \\ 0 & 0 & 0 & 1 \end{pmatrix} \; .
$$

iii) Die Einparameteruntergruppen von $H(V)$ sind von der Form

$$
G_{v,\kappa} := \{(tv, t\kappa), t \in \mathbb{R}\}, \; v \in V, \kappa \in \mathbb{R}.
$$

iv) Für die zugehörige Liealgebra $\mathfrak{h} = \mathfrak{h}(V)$ gilt

$$
\mathfrak{h} = V \times \mathbb{R}
$$

mit

(4) $\qquad [(u_1,\vartheta_1),(u_2,\vartheta_2)] = (0, 2\omega(u_1,u_2)) \;\;\text{für}\;\; (u_1,\vartheta_1),(u_2,\vartheta_2) \in \mathfrak{h}.$

v) Für die adjungierte Darstellung von $H(V)$ auf $\mathfrak{h}$ gilt

$$
\mathrm{Ad}_{(v,\kappa)}(u,\vartheta) = (u, \vartheta + 2\omega(v,u)).
$$

vi) Für $n = 1$ ist $\mathfrak{h} = \langle P, Q, R \rangle$ mit $[Q,R] = [P,R] = 0$ und $[P,Q] = 2R$,

$$
P = \begin{pmatrix} 0 & 0 & 0 & 0 \\ 1 & 0 & 0 & 0 \\ 0 & 0 & 0 & -1 \\ 0 & 0 & 0 & 0 \end{pmatrix}, Q = \begin{pmatrix} 0 & 0 & 0 & 1 \\ 0 & 0 & 1 & 0 \\ 0 & 0 & 0 & 0 \\ 0 & 0 & 0 & 0 \end{pmatrix}, R = \begin{pmatrix} 0 & 0 & 0 & 0 \\ 0 & 0 & 0 & 1 \\ 0 & 0 & 0 & 0 \\ 0 & 0 & 0 & 0 \end{pmatrix} .
$$

b) Für $S^1 = \{\zeta \in \mathbb{C}, |\zeta| = 1\}$ wird die Menge

$$
H'(V) = V \times S^1 = \{h' = (v,\zeta), v \in V, \zeta \in S^1\}
$$

zur Gruppe mit

(3′) $\qquad h_1' h_2' = (v_1 + v_2, \zeta_1\zeta_2 e(\omega(v_1,v_2))), \; e(u) := \exp(2\pi i u).$

Offenbar ist dann

$$
H(V)/\mathbb{Z} \simeq H'(V)
$$

mit

$$
h = (v, \kappa) \mapsto h' = (v, e(\kappa)).
$$

c) Bei [GS] p. 94 wird $V \times S^1$ mit der Verknüpfung

(3*) $\qquad h_1 h_2 = (v_1 + v_2, \zeta_1\zeta_2 \exp((i/2)\omega(v_1,v_2)))$

betrachtet. Hier wird dafür $H^*(V)$ geschrieben.

d) Häufig wird (s. etwa den fundamentalen Artikel von A. Weil [We₁] oder das Buch von Lion–Vergne [LV]) für einen beliebigen K–Vektorraum W mit Dualraum W^* und der zugehörigen kanonischen Bilinearform $\langle\,,\,\rangle : W \times W^* \to K$ als zugehörige Heisenberggruppe bezeichnet

$$\mathrm{Heis}\,(W) := W \times W^* \times K = \{h = (q,p,\kappa), q \in W, p \in W^*, \kappa \in K\}$$

mit

$$h_1 h_2 = (q_1 + q_2,\ p_1 + p_2,\ \kappa_1 + \kappa_2 + \langle q_1, p_2\rangle),$$

oder

$$\mathrm{Heis'}\,(W) := W \times W^* \times S^1 = \{h' = (q,p,\zeta);\ q \in W,\ p \in W^*, \zeta \in S^1\}$$

mit

$$h_1' h_2' = (q_1 + q_2,\ p_1 + p_2,\ \zeta_1 \zeta_2 e(\langle q_1, p_2\rangle)).$$

Hier kann Heis (W) wieder als Matrizengruppe realisiert werden, und zwar als Untergruppe in $GL_{n+2}(K)$ durch

$$h \longmapsto \begin{pmatrix} 1 & q & \kappa \\ 0 & 1_n & {}^t p \\ 0 & 0 & 1 \end{pmatrix}.$$

Im folgenden wird hier hauptsächlich die in a) wiedergegebene Beschreibung benutzt, die sich in der modernen Literatur durchzusetzen scheint.

Die Liealgebra $\mathfrak{h}$ zur Heisenberggruppe wird natürlich die *Heisenbergalgebra* genannt. Für die natürlichen Basiselemente $(n = 1)$

$$P = (1,0,0),\ Q = (0,1,0),\ R = (0,0,1)$$

von $\mathfrak{h}$ gilt auf Grund von (4)

$$(5) \qquad\qquad [P,Q] = 2R,\quad [R,P] = [R,Q] = 0\,,$$

also

$$\sigma(1) = 2R,\, \sigma(q) = P,\, \sigma(p) = Q$$

beschreibt einen Lie–Isomorphismus σ von $\mathcal{F}_{\leq 1}$ auf $\mathfrak{h}$.

Für die Quantisierung im zu Beginn von 5.1 formulierten Sinn ist es nun interessant (aber für die Darstellungstheoretiker auch ohnedies), nach Darstellungen von $\mathfrak{h}$ und von $H(V)$ zu suchen. Dies geschieht in der Literatur auf verschiedenen Wegen. Zunächst bietet sich an, analog wie am Schluß von 5.1 festzustellen, daß für $n = 1$ und $\mu \in \mathbb{R}\backslash\{0\}$ eine irreduzible Darstellung von $\mathfrak{h} = \langle P, Q, R\rangle$ auf dem von $v_j, j \in \mathbb{N}_0$, aufgespannten Vektorraum W gegeben wird durch

(6) $$Pv_j = v_{j+1}, \; Qv_j = -\mu j v_{j-1}, \; Rv_j = (\mu/2)v_j.$$

Für die Quantisierung ist das aber noch nicht besonders hilfreich. Hier ist wesentlicher, daß auch eine nicht–triviale unitäre Darstellung der Heisenberggruppe mit einiger Routine leicht zu Fuß gefunden werden kann.

Und zwar kann leicht nachgerechnet werden (**Übungsaufgabe 5.4**), daß mit $h = (\lambda, \mu, \kappa) \in H(\mathbb{R}^n)$ für jedes $m \in \mathbb{R}$ durch

(7) $$(\pi_S^m(h)f)(x) = e^m(\kappa + (2x + \lambda)^t\mu)f(x + \lambda), f \in L^2(\mathbb{R}^n),$$

eine unitäre Darstellung von $H(\mathbb{R}^n)$ auf $L^2(\mathbb{R}^n)$ gegeben wird, die für $m \neq 0$ *Schrödingerdarstellung zum Index m* heißt. In der allgemeinen Theorie kommt sie zustande als ein einfaches Beispiel für eine „induzierte Darstellung" im Zuge der *Theorie von* MACKEY (s. dazu A 4 oder für mehr Information etwa [Ki] p. 218/9, das schon genannte Buch von LION–VERGNE [LV] oder den Artikel von CARTIER [Ca]). Bei [GS] p. 97 wird die folgende Darstellung τ von $H^*(\mathbb{R}^{2n})$ angegeben, die dort als Ergebnis einer Diskussion der geometrischen Optik (!) herauskommt. Und zwar ist mit $h = (q, p, \zeta) \in H^*(\mathbb{R}^{2n})$

(7′) $$(\tau(h)f)(x) = \zeta^{-1} e^{-iq^t p} e^{ix^t p} f(x - q) \quad \text{für} \quad f \in L^2(\mathbb{R}^n).$$

Dies entspricht der oben angegebenen Darstellung π_S^m für $m = -1$. Ein fundamentaler *Satz von Stone und von Neumann* sagt, daß eine solche Darstellung π_S^m (resp. τ) der Heisenberggruppe durch ihre Wirkung auf dem Zentrum (d.h. hier durch $\pi_S^m(0,0,\kappa) = e^m(\kappa)$) bis auf Äquivalenz eindeutig bestimmt ist. Für eine genauere Formulierung dieses Satzes und einen zugänglichen Beweis kann auf [LV] p. 19 ff. verwiesen werden.

Es ist nun wieder eine leichte Übung nachzurechnen, daß aus (7) folgt (der Einfachheit halber $n = 1$ genommen)

$$\frac{d}{dt}\pi_S^m\left((t,0,0)\right)f(x)\Big|_{t=0} = f'(x),$$

$$\frac{d}{dt}\pi_S^m\left((0,t,0)\right)f(x)\Big|_{t=0} = 4\pi i m x f(x),$$

$$\frac{d}{dt}\pi_S^m\left((0,0,t)\right)f(x)\Big|_{t=0} = 2\pi i m f(x).$$

Für die schiefhermiteschen Operatoren

$$d\pi_S^m(P) = \frac{d}{dx}, \quad d\pi_S^m(Q) = 4\pi i m x, \quad d\pi_S^m(R) = 2\pi i m$$

gelten dann die in (5) genannten Vertauschungsregeln. Nach Multiplikation mit $-i$ (und Normierung $4\pi m = 1$) ergeben sich selbstadjungierte Operatoren, und

$$(\hat{7}) \qquad \hat{1} = 1, \quad \hat{q} = (1/i)\,\frac{d}{dx}, \quad \hat{p} = x$$

erfüllen das anfangs genannte Ziel der Quantisierung. Die Physiker mögen dabei bemängeln, daß der der Ortsvariablen q zugeordnete Operator der Ableitungsoperator ist und p der Multiplikationsoperator entspricht. Dies liegt hier daran, daß die benutzte Form der Schrödingerdarstellung die in funktionentheoretischen Überlegungen übliche ist. Es ließe sich dies durch eine zu π_S^m äquivalente Darstellung leicht reparieren. Da jedoch die im folgenden auftretenden Formeln der Weildarstellung an obigen π_S^m festgemacht sind, wird dieser Widersinn zunächst beibehalten und erst später im größeren Zusammenhang wegtransformiert.

Aus der allgemeinen Theorie (s. A 4) wird verständlich, daß es sinnvoll ist, hier noch ins Komplexe überzugehen. Und zwar sei

$$Y_\pm := (1/2)(P \pm iQ), \ Z_0 := -iR.$$

Dann ist $\mathfrak{h}_c = \mathfrak{h} \otimes_{\mathbb{R}} \mathbb{C} = \langle Y_\pm, Z_0 \rangle$ mit

$$(5') \qquad [Z_0, Y_\pm] = 0 \ \text{ und } \ [Y_+, Y_-] = Z_0$$

sowie

$$(\hat{7}') \qquad \hat{\pi}_S^m(Y_\pm) = \frac{1}{2}\frac{d}{dx} \mp 2\pi m x \ \text{ und } \ \hat{\pi}_S^m(Z_0) = 2\pi m.$$

Übungsaufgabe 5.5: Überprüfen Sie, daß für $\mu > 0$ auf $V = \langle v_j \rangle_{j \in \mathbb{N}_0}$ durch

$$Y_+ v_j = v_{j+1},\ Y_- v_j = -j\mu\,v_{j-1},\ Z_0 v_j = \mu v_j,\ j = 0, 1, 2, \dots$$

eine irreduzible Darstellung von $\mathfrak{h}$ gegeben wird, und „realisieren" Sie diese durch Funktionen aus $L^2(\mathbb{R})$, indem Sie

$$v_0 = f_0 \ \text{ mit } \ f_0(x) = e^{-2\pi m x^2}$$

setzen und für $Y_\pm$ und Z_0 die Differentialoperatoren aus $(\hat{7}')$ einsetzen, um die $v_j\ (j \in \mathbb{N})$ zu bestimmen.

5.3 Polynome vom Grad 2 und die Jacobigruppe

Hier wird wieder der Einfachheit halber $n = 1$ betrachtet. Das Folgende ist aber meist unschwer auf $n \geq 1$ zu verallgemeinern.

Ebenso wie $\mathcal{F}_{\leq 1}$ und $\mathcal{F}_2$ ist auch der Unterraum $\mathcal{F}_{\leq 2}$ aller Polynome vom Grad ≤ 2, also

$$\mathcal{F}_{\leq 2} = \langle 1, q, p, q^2, qp, p^2 \rangle$$

eine Liealgebra bezüglich der Poissonklammer. Sie ist isomorph zur Liealgebra

$$\mathfrak{g}^J = \mathfrak{sl}_2 + \mathfrak{h}$$

der Jacobigruppe $G^J(\mathbb{R})$, die hier so in Erscheinung gebracht werden kann: Die Gruppe $SL_2(\mathbb{R})$ operiert von rechts auf $H(\mathbb{R})$ via

$$(M,h) \longmapsto h^M = (vM, \kappa) \quad \text{für} \quad M \in SL_2(\mathbb{R}) \quad \text{und} \quad h = (v, \kappa) \in H(\mathbb{R}).$$

Dies gibt dann Anlaß zur Bildung des semidirekten Produkts

$$G^J(\mathbb{R}) := SL_2(\mathbb{R}) \ltimes H(\mathbb{R}) = \{ g = (M, h); \ M \in SL_2(\mathbb{R}), h \in H(\mathbb{R}) \}$$

mit der Multiplikationsregel

$$gg' = (MM', vM' + v', \kappa + \kappa' + \omega(vM', v'))$$

Als **Übungsaufgabe 5.6** wird vorgeschlagen, zu überprüfen, daß folgendes gilt:

a) Es ist $\mathfrak{g}^J = \langle H, F, G, P, Q, R \rangle$
mit

$$\begin{array}{lll} [F,G] = H, & [H,F] = 2F, & [H,G] = -2G, \\ [P,Q] = 2R, & [H,Q] = Q, & [H,P] = -P, \\ & [H,P] = -Q, & [G,Q] = -P \end{array}$$

und alle anderen Lieklammern $= 0$.

b) Die Abbildung $\sigma : \mathcal{F}_{\leq 2} \to \mathfrak{g}^J$

mit

$$\begin{array}{lll} \sigma(1) = 2R &, \quad \sigma(q) = P &, \quad \sigma(p) = Q \\ \sigma(qp) = H &, \quad \sigma(q^2) = -2Q &, \quad \sigma(p^2) = 2F \end{array}$$

ist ein Liealgebraisomorphismus.

Hinweis zu a): $G^J(\mathbb{R})$ kann als Untergruppe von $Sp_2(\mathbb{R})$ realisiert werden, indem $H(\mathbb{R})$ eingebettet wird wie bei der Einführung der Heisenberggruppe in 5.2 beschrieben, und $SL_2(\mathbb{R})$ wie folgt:

$$M = \begin{pmatrix} a & b \\ c & d \end{pmatrix} \longmapsto \begin{pmatrix} a & 0 & b & 0 \\ 0 & 1 & 0 & 0 \\ c & 0 & d & 0 \\ 0 & 0 & 0 & 1 \end{pmatrix} .$$

Weitere Details hierzu und für alles in 5.3 folgende finden sich in [Be S] Ch. 1 und 2.

Die Operation von SL_2 auf H fixiert im Zusammenhang mit dem schon erwähnten Theorem von Stone und von Neumann eine ausgezeichnete *projektive* Darstellung von SL_2, die sogenannte *Weildarstellung*. Und zwar ist für jedes $M \in SL_2$ mit der Schrödingerdarstellung $\tau := \pi_S^m$ auf $L^2(\mathbb{R})$ aus 5.2 auch τ^M, gegeben durch

$$\tau^M(h) := \tau(h^M) \text{ für } h \in H,$$

eine Darstellung von H. Da diese Darstellung auf dem Zentrum von H dieselbe Wirkung hat wie τ, ist sie nach dem Theorem von Stone und von Neumann zu τ äquivalent, d.h. es gibt zu jedem $M \in SL_2$ einen unitären Operator $U(M)$, so daß gilt

$$(8) \qquad U(M)\,\tau(h)\,U(M^{-1}) = \tau(h^M) \text{ für alle } h \in H.$$

Diese Relation fixiert U aufgrund einer allgemeineren Aussage aus der Darstellungstheorie (das *Lemma von Schur*, s. etwa [Ki] p. 119) bis auf einen konstanten Faktor, und es gilt

$$(9) \qquad U(M_1)\,U(M_2) = c(M_1, M_2)\,U(M_1 M_2).$$

Dabei ist $c(M_1, M_2) \in \mathbb{C}_1 = \{z \in \mathbb{C}, |z| = 1\}$, und für diese c gilt aufgrund des Assoziativgesetzes in SL_2 die Relation (s. [Ki] p. 218)

$$c(M_1, M_2)\,c(M_1 M_2, M_3) = c(M_1, M_2 M_3)\,c(M_2, M_3).$$

Das besagt nun, daß

$$(10) \qquad SL_2 \ni M \mapsto U(M) \in \operatorname{Aut} \mathcal{H}$$

eine *projektive Darstellung* von SL_2 in $\mathcal{H}$ definiert.

Zwischenbemerkung: Eine im eben genannten Sinne „projektive Darstellung" $g \mapsto \pi(g)$ einer Gruppe G im Raum $\mathcal{H}$ induziert eine „gewöhnliche Darstellung" $\widetilde{\pi}$ im zu $\mathcal{H}$ gehörigen projektiven Raum $\mathbb{P}(\mathcal{H})$, und zwar wird $\widetilde{\pi}$ definiert durch

$$v_\sim \mapsto \widetilde{\pi}(g)(v_\sim) = \big(\pi(g)\,v\big)_\sim \text{ für } v_\sim \in \mathbb{P}(\mathcal{H}).$$

Dieses Procedere kommt dem entgegen, daß in der Quantentheorie nicht die Elemente v des Hilbertraumes physikalische Bedeutung haben, sondern die von ihnen für $v \neq 0$ aufgespannten 1–dimensionalen Unterräume.

Es gibt nun eine Standard–Realisierung von (10), die heute meist *Weildarstellung* genannt wird, bisweilen auch Shale–Weil–Darstellung, metaplektische Darstellung oder Oszillator–Darstellung. Auch der Name Segal taucht in diesem Zusammenhang auf. Und zwar wird diese Darstellung, hier statt U mit π_W bezeichnet, fixiert, indem sie auf Erzeugern der Gruppe SL_2 angegeben wird. Dies führt zu folgenden Formeln, für deren Entstehung der fundamentale Artikel von WEIL [We$_1$] konsultiert werden sollte, die aber unterdies auch mannigfach anders begründet werden (s. etwa [LV] p. 1–63, [Mu$_2$] p. 133 f., oder [GS] p. 47–65). Für $f \in L^2(\mathbb{R})$ ist

$$\pi_W(d(a))f(x) \;=\; f(ax)|a|^{1/2} \qquad \text{für } d(a) = \begin{pmatrix} a & 0 \\ 0 & a^{-1/2} \end{pmatrix}, \quad a \neq 0.$$

$$\pi_W(n(v))f(x) \;=\; f(x)e^{2\pi i v x^2} \qquad \text{für } n(v) = \begin{pmatrix} 1 & v \\ 0 & 1 \end{pmatrix}, \qquad v \in \mathbb{R},$$

$$\pi_W(w)f(x) \;=\; \widehat{f}(x) = \int f(u)e^{2\pi i u x}du \quad \text{für } \quad w = \begin{pmatrix} 0 & 1 \\ -1 & 0 \end{pmatrix}.$$

Die Herkunft dieser Formeln zu verstehen, erfordert einige allgemeinere Betrachtungen, es kann jedoch elementar nachgerechnet werden, daß sie die Relationen (8) erfüllen. Wer dies nicht selbst ausprobieren mag, findet die Rechnungen bei MUMFORD [Mu$_2$] p. 134/5.

Zusammen mit der im vorigen Abschnitt gegebenen Schrödingerdarstellung $\pi_S^m = \tau$ ergibt sich dann via

$$\pi_{SW}(M, h) = \pi_S(h)\pi_W(M)$$

eine (projektive) Darstellung der Jacobigruppe $G^J(\mathbb{R})$, die hier *Schrödinger–Weil–Darstellung* genannt wird.

Es ist nun eine nicht mehr ganz so leichte Rechnung (**Übungsaufgabe 5.7**) hierzu die infinitesimale Darstellung zu bestimmen. Zu den schon in $(\hat{7})$ und $(\hat{7}')$ genannten Operatoren kommen hinzu

$$(11) \qquad \hat{\pi}_W(F) = 2\pi i m x^2, \ \hat{\pi}_W(G) = \frac{i}{8\pi m}\left(\frac{d}{dx}\right)^2, \ \hat{\pi}_W(H) = \frac{1}{2} + x\frac{d}{dx}$$

für

$$F = \begin{pmatrix} 0 & 1 \\ 0 & 0 \end{pmatrix}, \ G = \begin{pmatrix} 0 & 0 \\ 1 & 0 \end{pmatrix}, \ H = \begin{pmatrix} 1 & 0 \\ 0 & -1 \end{pmatrix}$$

bzw. bei der Komplexifizierung

$$X_\pm := (1/2)(H \pm (F + G)), \ Z = -i(F - G)$$

$$(11') \ \hat{\pi}_W(X_\pm) = \frac{1}{4} + \frac{1}{2}\frac{d}{dx} \mp \pi m x^2 \mp \frac{1}{16\pi m}\left(\frac{d}{dx}\right)^2, \ \hat{\pi}_W(Z) = 2\pi m x^2 - \frac{1}{8\pi m}\left(\frac{d}{dx}\right)^2.$$

In Fortsetzung der letzten Übungsaufgabe läßt sich damit eine Realisierung der infinitesimalen Darstellung $\hat{\pi}_{SW}$ auf $V = \langle v_j\rangle_{j\in \mathbb{N}_0}$ gewinnen, wobei $\mathfrak{g}_c^J = \langle Z_0, Y_\pm, X_\pm, Z\rangle$ für $\mu = 2\pi m > 0$ operiert via

$$\begin{aligned} Z_0 v_j &= \mu v_j &, \quad & Z v_j = (j + 1/2)v_j, \\ Y_+ v_j &= v_{j+1} &, \quad & X_+ v_j = -\tfrac{1}{2\mu}v_{j+2}, \\ Y_- v_j &= -\mu j v_{j-1} &, \quad & X_- v_j = \tfrac{\mu}{2}j(j-1)v_{j-2}. \end{aligned}$$

Rechnungen dazu finden sich mit der hier verwendeten Notation in Ch. 1 und 2 von [BeS] sowie u.a. bei [LV] p. 198 und [GS] p. 101, wobei aber immer zu beachten ist, daß dort das Gruppengesetz der Heisenberggruppe verschieden formuliert wird. In jedem Fall ist hier nun eine Darstellung der Liealgebra bezüglich $\{\ ,\ \}$

$$\mathcal{F}_{\leq 2} = \langle 1, p, q, q^2, qp, p^2\rangle$$

durch Differentialoperatoren $(\hat{7})$ bzw. (11) gewonnen, die auf einem dichten Unterraum von $L^2(\mathbb{R})$ operieren und nach Multiplikation mit $(-i)$ die Quantisierungsaufgabe vom Beginn von 5.1 lösen.

5.4 Das Theorem von Groenwald – van Hove

Die Untersuchungen in den Abschnitten 5.1 – 5.3 legen die Frage nahe, ob die Quantisierung über den dort behandelten Bereich der Polynome vom Grad 2, die zur Angabe der Operatoren in (7) und (11) führte, hinaus ausgedehnt werden kann. Das Theorem von Groenwald und van Hove besagt nun in erster Näherung, daß das nicht geht. Dies soll nun etwas präzisiert werden. Zunächst wird für einen beliebigen Körper K der Charakteristik 0 eine Aussage von allgemeinem Interesse bewiesen.

Satz 1: *Die Algebra der quadratischen Polynome* $\mathfrak{p} = K[q,p]_{\leq 2}$ *ist bezüglich der Poissonklammer eine maximale Unteralgebra in der Algebra* $K[q,p]$ *aller Polynome.*

Beweis: i) Die Formeln

$$\{(1/2)q^2, p^j q^k\} = jp^{j-1}q^{k+1}, \{(1/2)p^2, p^j q^k\} = -kp^{j+1}q^{k-1}, \{pq, p^j q^k\} = (j-k)p^j q^k$$

zeigen, daß durch (eventuell mehrfache) Links–Poissonklammermultiplikation mit q^2 resp. p^2 jedes Monom $p^j q^k, j + k = l$, in der Menge $\mathcal{F}_l$ der homogenen Polynome vom Grad l in jedes andere überführt werden kann, ja sogar, daß jedes homogene Polynom vom Grad l alle Monome $p^j q^k, j + k = l$, auf diese Weise hervorbringt.

ii) Es sei $f \in K[q,p]$ ein Polynom vom Grad > 2. Wegen

$$\{q, f\} = \frac{\partial f}{\partial p}, \quad \{p, f\} = -\frac{\partial f}{\partial q}$$

kann nach genügend häufiger Links–Klammermultiplikation mit p resp. q angenommen werden, daß in einer $\mathfrak{p}$ echt enthaltenden Algebra $\mathfrak{a}$ auch ein Polynom mit maximalem homogenen Bestandteil vom Grad 3 enthalten ist, und nach Subtraktion des quadratischen Anteils sogar, daß das Polynom homogen vom Grad 3 ist. Nach i) liegt dann ganz $\mathcal{F}_3$ in der Algebra $\mathfrak{a}$.

iii) Wegen

$$\{q^3, p^3\} = 9q^2 p^2$$

ist dann aber auch ein Polynom vom Grad 4 und nach i) ganz $\mathcal{F}_4$ in der Algebra. Wegen

$$\{q^3, p^4\} = 12q^2 p^3$$

kann diese Schlußweise fortgesetzt werden, um zu zeigen, daß mit einem Polynom von höherem Grad als 2 auch gleich der ganze Polynomring in der $\mathfrak{p}$ enthaltenden Algebra $\mathfrak{a}$ liegt. $\square$

Nach $(\hat{7})$ in 5.2 sowie (11) in 5.3 ist mit der Normierung $4\pi m = 1$

$$1 \longmapsto i, \quad q \longmapsto \frac{d}{dx}, \quad p \longmapsto ix, \quad q^2 \longmapsto -i\left(\frac{d}{dx}\right)^2, \quad p^2 \longmapsto ix^2, \quad qp \longmapsto \left(x \frac{d}{dx} + 1/2\right)$$

eine Darstellung σ von $\mathfrak{p} = \mathcal{F}_{\leq 2}$ durch schiefhermitesche Operatoren auf einem dichten Unterraum von $\mathcal{H} = L^2(\mathbb{R})$, die durch Multiplikation mit $(-i)$ hermitesch gemacht werden kann. Dies kann ohne Rückgriff auf die Formeln der Schrödinger–Weil-Darstellung übrigens auch direkt nachgerechnet werden, was zusammen mit der Verifikation der gleich folgenden Aussage als **Übungsaufgabe 5.8** empfohlen wird.

Um die Darstellung der auf CHERNOFF zurückgehenden in [GS] p. 101–104 anzupassen, die hier etwas variiert werden wird, und zugleich die von der Physik vertrauten Verhältnisse herzustellen, wird noch der folgende Lie–Isomorphismus η von $\mathfrak{p}$ dazwischengeschaltet, der gegeben wird durch

$$\eta(1) = -1, \ \eta(q) = -p, \ \eta(p) = -q, \ \eta(q^2) = -p^2, \ \eta(p^2) = -q^2, \ \eta(qp) = -qp.$$

Dann ist $\sigma\eta$ ein Lie–Isomorphismus von $\mathfrak{p}$, und $A = i\sigma\eta$ gegeben durch

$$A(1) = 1, A(q) = x, A(p) = -i\,\frac{d}{dx},$$

(12)

$$A(q^2) = x^2, A(p^2) = -\frac{d}{dx}, A(qp) = -i(x\frac{d}{dx} + 1/2).$$

$\sigma\eta$ erfüllt mit $\hat{f} = Af$ die anfangs genannten Quantisierungsbedingungen $(*)$ und $(**)$, also

$$\widehat{\{f,g\}} = i[\hat{f},\hat{g}] \ \text{ und } \ \hat{1} = 1.$$

Zur Abkürzung wird jetzt gesetzt

$$A(q) = x =: Q \ \text{ und } \ A(p) = -i\,\frac{d}{dx} =: P$$

(die alte Bedeutung der Buchstaben P und Q wird nicht mehr gebraucht). Dann ist offenbar

(13) $$A(q^2) = Q^2 \ \text{ und } \ A(p^2) = P^2.$$

Das Theorem von Groenwald–van Hove ist dann in der vorliegenden Situation in folgender Aussage enthalten.

Satz 2: *Es gibt keine lineare Abbildung A von $K[q,p]$ in eine assoziative K-Algebra, die $(*),(**)$ sowie (13) mit $A(q) = Q$ und $A(p) = P$ erfüllt.*

Dies bedeutet nämlich, daß die Quantisierungsabbildung A nicht über $\mathfrak{p}$ hinaus ausgedehnt werden kann, denn jede $\mathfrak{p}$ echt enthaltende Poissonalgebra ist nach Satz 1 gleich $K[q,p]$.

Beweis: i) Die Idee besteht darin, daß aufgrund der vielen Relationen der Poisson-klammern etwa das Polynom $q^2 p^2$ auf verschiedene Weise als Klammer dargestellt werden kann, und zwar

$$(14) \qquad q^2 p^2 = (1/3)\{q^2 p, p^2 q\}$$

oder

$$(15) \qquad q^2 p^2 = (1/9)\{q^3, p^3\}.$$

Hieraus ergibt sich dann aber ein Widerspruch, denn es kann gezeigt werden, daß A beiden Poissonklammern verschiedene Werte zuteilt. Und das geht mit einiger Rechnung in mehreren Schritten so:

ii) Es gilt

$$(16) \qquad A(qp) = (1/2)(QP + PQ).$$

Denn aus $\{q, p\} = 1$ folgt mit $(*)$

$$(17) \qquad [Q, P] = QP - PQ = -i$$

und aus $\{q^2, p^2\} = 4qp$

$$4A(qp) = i[Q^2, P^2] = i(Q^2 P^2 - P^2 Q^2),$$

mit (17)

$$= i(QPQP - iQP - P^2 Q^2)$$

und weitere wiederholte Anwendung von (17) auch

$$= i(-2i(QP + PQ)).$$

iii) Es gilt

$$(18) \qquad A(q^3) = Q^3.$$

Denn $A(q^3) =: X$ gesetzt, folgt aus $\{q^3, q\} = 0$ sofort

$$[X, Q] = 0,$$

und aus $\{q^3, p\} = 3q^2$ mit $(*)$ und (13)

$$[X, P] = -3iQ^2.$$

Trivialerweise gilt in einer assoziativen Algebra

$$[Q^3, Q] = 0,$$

und wegen (17)

$$[Q^3, P] = Q^3 P - P Q^3 = Q^2 PQ - PQ^3 - iQ^2 = \ldots = -3iQ^2.$$

Daraus folgt nun sofort, daß $Y := X - Q^3$ mit P sowie Q vertauscht, und dann wegen

$$[Y, PQ] = YPQ - PQY = [Y, P]Q + P[Y, Q] = 0$$

auch mit PQ, und mit einer analogen Begründung auch mit QP.

Dies kann folgendermaßen verwendet werden. Wegen $\{q^3, qp\} = 3q^3$ ist mit (16) und (*)

$$[X, (1/2)(QP + PQ)] = -3iA(q^3) = -3iX,$$

aber, da $Y = X - Q^3$ mit QP und PQ vertauscht, auch

$$\begin{aligned}
&= \quad [Q^3, (1/2)(QP + PQ)] \\
&= \quad (1/2)(Q^4 P + Q^3 PQ - QPQ^3 - PQ^4),
\end{aligned}$$

und unter wiederholter Anwendung von (17)

$$= -3iQ^3,$$

also $X = Q^3$.

iv) Mit einer analogen Rechnung kann gezeigt werden

$$(19) \qquad\qquad A(p^3) = P^3.$$

v) Es gilt

$$(20) \qquad\qquad A(q^2 p) = (1/2)(Q^2 P + PQ^2).$$

Denn aus $\{q^3, p^2\} = 6q^2 p$ folgt mit (*), (18) und (17)

$$\begin{aligned}
-6iA(q^2 p) &= \quad [Q^3, P^2] = Q^3 P^2 - P^2 Q^3 = Q^2 PQP - iQ^2 P - P^2 Q^3 \\
&= \quad \ldots = -3i(Q^2 P + PQ^2).
\end{aligned}$$

vi) Ebenso ergibt sich

$$(21) \qquad\qquad A(qp^2) = (1/2)(QP^2 + P^2 Q).$$

vii) Aufgrund der Formeln (18) und (19) ist

$$(1/9)A\{q^3, p^3\} = (i/9)[Q^3, P^3].$$

Daraus ergibt sich wieder mit einigen den eben ausgeführten ähnlichen Rechnungen (oder, wenn auch nicht methodenrein, so doch schneller, durch Rückgriff auf (12))

$$(1/9)A\{q^3,p^3\} = 2/3 + 2iQP - Q^2P^2.$$

Ebenso ist mit (20) und (21) nach einer in jedem Fall mühsamen Rechnung

$$(1/3)A\{q^2p,p^2q\} = (i/12)[(Q^2P + PQ^2),(P^2Q + QP^2)] = 1/3 + 2iQP - Q^2P^2.$$

Nach (14) und (15) bedeutet die Verschiedenheit dieser beiden Ausdrücke den im Teil i) des Beweises angekündigten Widerspruch. $\qquad\square$

Als **Übungsaufgabe 5.9** wird vorgeschlagen, die hier noch fehlenden Rechnungen auszuführen.

Bemerkung: Die hier benutzten Operatoren operieren auf einem dichten Unterraum des $L^2(\mathbb{R})$ und waren mit Hilfe der irreduziblen Darstellung π_{SW}^m entstanden. Es kann nun versucht werden, den Bereich der Quantisierung auszudehnen, indem der Raum, auf dem die Operatoren der Quantisierung operieren, vergrößert wird, etwa indem darauf verzichtet wird, daß die Operatoren von einer irreduziblen Darstellung herkommen. Bei [AM] p. 435–439 wird die Unmöglichkeit der Ausdehnung der Quantisierung über $\mathfrak{p}$ hinaus auch für den Fall des Raumes von Funktionen mit Werten in einem endlich–dimensionalen Vektorraum gezeigt, indem die hier vorgeführte Schlußweise geringfügig verallgemeinert wird.

5.5 Zum allgemeinen Fall

Kirillov entwirft in [Ki] p. 241 f das folgende Bild der Vorgehensweise der klassischen Mechanik und der Quantenmechanik. Obwohl das hier schon bei verschiedenen Gelegenheiten angesprochen wurde, sei es doch noch einmal zur Einstimmung in die jetzt zu behandelnde allgemeine Problematik reproduziert.

In der *klassischen Mechanik* sind physikalische Größen (in der englisch–sprachigen Literatur "quantities") reelle Funktionen $f \in \mathcal{F}(M)$. Die symplektische Mannigfaltigkeit M ist dabei in erster Linie der Phasenraum, also das Kotangentialbündel T^*Q an einen Konfigurationsraum Q, aber es geht u.a. darum, hier nicht nur diesen Raum zur Verfügung zu haben. Die zeitliche Veränderung eines physikalischen Systems wird fixiert durch die Vorgabe eines *Hamiltonschen Vektorfeldes* $X_H \in V(M)$, $H \in \mathcal{F}(M)$, die *Energie* des Systems. Und zwar ist dann längs einer das zeitliche Verhalten beschreibenden Integralkurve γ von X_H die zeitliche Veränderung einer Größe $f \in \mathcal{F}(M)$ gegeben durch die verallgemeinerte Hamiltonsche Gleichung

$$\dot{f} = \{f,H\}.$$

Eine Gruppe G heißt eine Symmetriegruppe des gegebenen Systems, wenn sie durch symplektische Transformationen auf M operiert.

In der *Quantenmechanik* wird der Phasenraum, bzw. die symplektische Mannigfaltigkeit M, ersetzt durch den projektiven Raum $\mathbb{P}(\mathcal{H})$ zu einem für das System geeigneten Hilbertraum $\mathcal{H}$. Die physikalischen Größen f gehen dabei über in selbstadjungierte Operatoren $\widehat{f}$, die auf (oder genauer in) $\mathcal{H}$ operieren (auf die subtilen Probleme, die Definitionsbereiche der Operatoren betreffend, kann hier nicht eingegangen werden). Der „Wert" der Größe f bzw. $\widehat{f}$ in einem Zustand des Systems beschrieben durch den Einheitsvektor $v_1 \in \mathcal{H}$ ist eine Zufallsvariable mit der Verteilungsfunktion

$$p(s) = (E_s v_1, v_1), \quad E_s \text{ projektorwertiges Spektralmaß zum Operator } \widehat{f}.$$

Das bedeutet, im Zustand beschrieben durch v_1 haben nur die Größen f einen bestimmten Wert a, für die v_1 ein Eigenvektor mit Eigenwert a ist.

Die zeitliche Veränderung wird hier gegeben durch eine Einparametergruppe unitärer Operatoren auf $\mathcal{H}$ der Form

$$U(t) = e^{\frac{ih}{2\pi}t\widehat{H}}, \quad h \text{ die Plancksche Konstante.}$$

$\widehat{H}$ ist hier ein selbstadjungierter Operator, der *Energieoperator*, so daß dann für die zeitliche Veränderung einer Größe $\widehat{f} = F$ gilt

$$\dot{F} = \frac{ih}{2\pi}[\widehat{H}, F].$$

G ist in dieser Beschreibung eine Symmetriegruppe des Systems, wenn G durch unitäre Operatoren auf $\mathcal{H}$ operiert.

Eine *Quantisierung* ist nun der Prozeß, aus einem gegebenen klassischen System ein „korrespondierendes" Quantensystem zu konstruieren. Dabei ist allerdings dem Wort „korrespondieren" nur schwer (wenn überhaupt) eine eindeutige Interpretation zu geben. Die klassische Mechanik wird in allen gängigen Deutungen als Grenzfall der Quantenmechanik für $h \to 0$ angesehen. Die Umkehrung dieses Vorganges ist nun per se nicht als eindeutiger Vorgang zu erwarten. Allerdings ist nach Kirillov diese Umkehrung in gewissen einfachen Fällen unabhängig von der Wahl des Quantisierungsprozesses. Bei Vergleich der hier verwendeten Quellen in [Ki] p. 243, [AM] p. 433 f und [GS] p. 265 und aufgrund der in 5.1 bis 5.4 gewonnenen Erfahrungen kann folgendes Schema versucht werden.

Es werden in $\mathcal{F}(M)$ physikalische Größen zu einem gegebenen physikalischen System betrachtet und unter diesen gewisse *„primäre" Größen f* ausgesondert, die bezüglich der Poissonklammer eine Liealgebra $\mathfrak{p}$ bilden. Der Übergang zu einem Quantensystem soll nun so geschehen, daß

$$f \mapsto \widehat{f}$$

eine $\mathbb{R}$–lineare Abbildung von $\mathfrak{p}$ in eine Liealgebra (selbstadjungierter) Operatoren in einem Hilbertraum $\mathcal{H}$ ist mit

$$(*) \qquad \widehat{\{f_1, f_2\}} = c[\widehat{f_1}, \widehat{f_2}] \text{ für } f_1, f_2 \in \mathfrak{p} \subset \mathcal{F}(M).$$

Hier ist bei [Ki] $c = \frac{ih}{2\pi}$, wobei allerdings die Poissonklammer das andere Vorzeichen hat als hier üblich. Bei [AM] und bisweilen auch bei [GS] ist $c = -i$. Weiter wird verlangt, daß die konstanten Funktionen in $\mathfrak{p}$ enthalten sind, und daß dann auch gilt

$$(**) \qquad\qquad \widehat{1} = 1 = \mathrm{id}_{\mathcal{H}}.$$

Eine Vorschrift, die genau dies leistet, wird auch *Präquantisierung* genannt. Ansonsten (s. etwa [AM] p. 434) wird für eine *volle Quantisierung* noch eine gewisse Irreziblität der Operation der $\hat{f}$'s verlangt in dem Sinne, daß es keinen echten gemeinsamen invarianten Unterraum gibt, oder allenfalls endlich viele. Für $\mathfrak{p} = \mathcal{F}_{\leq 2}$ ergab die Konstruktion in 5.1–5.3 eine volle Quantisierung, da sie durch die infinitesimale Darstellung der irreduziblen Darstellung π^m_{SW} der Jacobigruppe zustande kam. Die Aussage des Theorems von Groenwald – van Hove in 5.4 besagte, daß der Bereich dieser Quantisierung nicht noch ausgedehnt werden konnte.

Es kann nun noch ein etwas anderer Ansatz verfolgt werden, der hier KIRILLOV [Ki] p. 243 entnommen wird. Und zwar wird dabei für $M = T^*\mathbb{R}^n$ als Unteralgebra $\mathfrak{p}$ von $\mathcal{F}(M)$ die Algebra genommen, die aufgespannt wird von den linearen Funktionen in den $p_1, \ldots, p_n$ und der kommutativen Algebra $\mathfrak{p}_0$ der Funktionen $\mathfrak{p}$, die nur von den $q_1, \ldots, q_n$ abhängen. Diese Algebra ist unendlich–dimensional und hat die Eigenschaft

$$\{f, g\} \subset \mathfrak{p}_0 \quad \text{für alle} \quad f \in \mathfrak{p},\, g \in \mathfrak{p}_0$$

Im Einklang mit Kirillov wird dies $\mathfrak{p}$ jetzt die Algebra der *primären Größen* genannt. Es läßt sich nun auf folgende Weise unter gewissen Bedingungen eine Darstellung der Poissonalgebra $\mathcal{F}(M)$ gewinnen, die dann bei Einschränkung auf $\mathfrak{p}$ eine Minimalitätsbedingung für den Darstellungsraum $\mathcal{H}$ hervorbringt, die in gewisser Weise der oben genannten Bedingung für die volle Quantisierung entspricht.

Konstruktion einer Darstellung der Liealgebra primärer Größen $\mathfrak{p}$

i) Ausgangspunkt dafür ist die Abbildung

$$\mathcal{F}(M) \ni f \mapsto X_f \in \mathrm{Ham}(M),$$

da das Vektorfeld X_f, nach dem Satz in A.2.1 als Derivation auf $\mathcal{F}(M)$, und damit als linearer Differentialoperator, gedeutet werden kann. Es erfüllt also

$$f \mapsto \widehat{f} = -iX_f$$

wegen $X_{\{f,g\}} = -[X_f, X_g]$ (s. Korollar zu Satz 4 in 3.3) die Bedingung $(*)$ mit $c = -i$. Da die konstanten Funktionen in $\mathrm{Ham}(M)$ das Bild Null haben, muß diese Vorschrift noch abgeändert werden, um $(**)$ zu erfüllen. Kirillov nimmt deshalb mit einer 1–Form α auf M

$$(+) \qquad\qquad \widehat{f} := -iX_f + f + \alpha(X_f).$$

Damit (∗) erfüllt bleibt, muß dabei für α gelten $d\alpha = \omega$. (Dies kann als **Übungs-aufgabe 5.10** unter Verwendung der Relation 1. in 3.1

$$d\alpha\,(X_1, X_2) = L_{X_1}\alpha\,(X_2) - L_{X_2}\alpha\,(X_1) - \alpha\,([X_1, X_2])$$

überprüft werden.) Im Spezialfall $M = T^*Q$ kann $-\alpha = \vartheta = \Sigma p_i dq_i$ genommen werden, und (+) bekommt die Form

$$\widehat{f} = -i\sum_{j=1}^{n}\left(\frac{\partial f}{\partial p_j}\frac{\partial}{\partial q_j} - \frac{\partial f}{\partial q_j}\frac{\partial}{\partial p_j}\right) + f - \sum_{j=1}^{n} p_j\frac{\partial f}{\partial p_j},$$

also insbesondere

$$\widehat{p}_j = -i\frac{\partial}{\partial q_j},\quad \widehat{q}_j = i\frac{\partial}{\partial p_j} + q_j.$$

ii) Falls ω nicht exakt ist, kann die Konstruktion eben noch in Form einer Verallgemeinerung verwendet werden. Und zwar wird hier unter Ausnutzung der Tatsache, daß ω geschlossen, also lokal exakt ist, ein Kozyklus h (s. A 1.2) konstruiert, zu dem wiederum ein Vektorbündel E vom Rang 1, also ein *Geradenbündel*, gehört. Dann kann die Konstruktion verallgemeinert werden, indem den primären Größen f wie in (+) Schnitte $\widehat{f}$ dieses Bündels zugeordnet werden. Dies funktioniert dann (s. Th. 1 bei [Ki] p. 245), falls bei passender Normierung das Integral von ω

$$\int_{\gamma} \omega$$

über einen beliebigen 2–Zyklus γ in M ganzzahlig (resp. ein ganzzahliges Vielfaches des Planckschen Wirkungsquantums h in der Normierung von [Ki]) ist. Weiter zeigt Kirillov

Satz: *Es gibt eine 1–1–Korrespondenz zwischen den Klassen äquivalenter Darstellungen von* $\mathfrak{p}$ *und den Elementen der Kohomologiegruppe* $H^1(M, \mathbb{C}^*)$.

Insbesondere für zusammenhängende M ist $H^1(M, \mathbb{C}^*)$ trivial, und damit diese Quantisierung eindeutig.

Bis jetzt ist in dieser allgemeinen Betrachtung nichts gesagt über den Hilbertraum $\mathcal{H}$, in dem die Operatoren $\widehat{f}$ als selbstadjungierte Operatoren operieren sollen, und die Wahl von f brauchte auch noch nicht auf $\mathfrak{p}$ beschränkt werden. Die Operatoren, die in (+) auftauchten, waren (Differential–)Operatoren, die auf $\mathcal{F}(M)$ bzw. dem Raum $\Gamma(E)$ der Schnitte des Geradenbündels E operieren. Wie schon bei der Diskussion des Quantisierungsbegriffes angedeutet, wird zu wünschen sein, daß der Raum, auf dem die f entsprechenden Operatoren $\widehat{f}$ operieren, so klein wie möglich ist (so daß die Operation irreduzibel oder zumindest von endlicher Multiplizität wird). In der expliziten Diskussion des Beispiels $M = T^*Q \simeq \mathbb{R}^{2n}$ in den Abschnitten 5.1 – 5.3 tauchte einigermaßen zwanglos der Raum $\mathcal{H} = L^2(\mathbb{R}^n)$ auf, der dann auch das dort gewünschte leistete, nämlich für $n = 1$ die Quantisierung von $\mathfrak{g}^J$ mit Hilfe der Schrödinger–Weil–Darstellung π_{SW} der Jacobigruppe $G^J(\mathbb{R})$. Im nächst allgemeineren Fall $M = T^*Q$ wird dementsprechend auch $\mathcal{H} = L^2(Q, d\mu)$ mit einem geeigneten Maß $d\mu$ der richtige Raum sein. Dies soll nun noch in der allgemeinsten Situation etwas beleuchtet werden, in der Hoffnung, dabei klar zu machen, daß gerade die hier getroffene Wahl von $\mathfrak{p}$ ermöglicht, mit diesem „kleinen" Hilbertraum als Wirkungsfeld der Operatoren $\hat{f}$ auszukommen.

Falls M nicht der Kotangentialraum zu einer Mannigfaltigkeit ist, wird wieder ein Hilbertraum von Funktionen der Variablenzahl $n = (1/2)\dim M$ zu erwarten sein. Die lokal durch die Form

$$\omega = \Sigma \, dq_j \wedge dp_j$$

angelegte Trennung der Variablen in q und p ist global eventuell nicht möglich. Eine Halbierung der Dimension ist aber mit Hilfe der in 1. für den lokalen Fall eingeführten Begriffe möglich. Und zwar sei auf M eine *Lagrange–Verteilung L* definiert, d.h. in jedem $m \in M$ ein Lagrange–Unterraum L_m in $T_m M$ (auf dem ω_m verschwindet), so daß diese Räume „differenzierbar von Punkt zu Punkt variieren" (das kann wieder wie der Begriff des differenzierbaren Vektorfeldes präzisiert werden). Analytisch läuft dies auf die Auswahl einer bezüglich $\{\,,\,\}$ maximal kommutativen Unteralgebra $\mathcal{F}_0(U) \subset \mathcal{F}(U)$ für alle Umgebungen $U \subset M$ hinaus. Dann gilt

$$\mathcal{F}_0(U) = \{f \in \mathcal{F}(U); \; Xf = 0 \text{ für alle } X \in L\},$$

und $\Gamma_0(E, U)$ bezeichnet den Raum der Schnitte von $\Gamma(E)$, für die die den Funktionen $f \in \mathcal{F}_0(U)$ gemäß der Vorschrift in ii) zugeordneten Operatoren $\hat{f}$ als Multiplikationsoperatoren operieren. Dazu ergibt sich dann ein Unterraum $\Gamma_0(E)$ des Raums der Schnitte $\Gamma(E)$, der auch charakterisiert werden kann als Raum der Schnitte, die durch kovariante Differentiation (s. A 1.4) entlang beliebiger $X \in L$ annulliert werden. Die primären Größen $f \in \mathfrak{p}$ sind nun ausgezeichnet durch die Eigenschaft, daß für sie gilt

$$\{f, \mathcal{F}_0(U)\} \subset \mathcal{F}_0(U) \quad \text{für alle } U.$$

Diese Bedingung bewirkt, daß die den f zugeordneten Operatoren $\hat{f}$ gerade $\Gamma_0(E)$ stabil lassen. Im Spezialfall $M = T^*\mathbb{R}^n$ übersetzt sie sich dahingehend, daß die f primär sind, d.h. Summen beliebiger Funktionen der $q_1, \dots, q_n$ und linearer Funktionen von $p_1, \dots, p_n$ sind. $\mathcal{H}$ ist dann die Vervollständigung von $\Gamma_0(E)$ bezüglich eines geeigneten Skalarprodukts, so daß die Operatoren dazu selbstadjungiert sind.

Schlußbemerkung: Die hier zuletzt gemachten Andeutungen, die in [Ki] p. 241–248 etwas ausführlicher aber auch nicht mit allen Details ausgeführt sind, zeigen zumindest, daß sich hier die in den vorigen Kapiteln und den Anhängen eingeführten Begriffe zu einem gemeinsamen Einsatz versammeln. Die allgemeine Theorie geht dabei noch weiter; allerdings unter zunehmender Verwendung der Funktionalanalysis.

Ich hoffe doch, daß der interessierte Leser jetzt vorbereitet genug ist, um in den genannten Quellen [AM], [GS], [Ki], [Wa] und [Wo] weitere Studien zu treiben. Insbesondere sei hierfür noch einmal auf [Wa] hingewiesen, wo in einem Appendix R. HERMANN eine lesenswerte Einführung in die Quantenmechanik mit einigen historischen und kritischen Bemerkungen gibt.

¿Te cojí? Yo no sé
si te cojí, pluma suavísima,
o si cojí tu sombra.

J.R. Jiménez

A Anhang

A.1 Differenzierbare Mannigfaltigkeiten und Vektorbündel

Die folgenden Definitionen sind Standarddefinitionen der Funktionentheorie und Differentialgeometrie und gehen alle auch ein in die symplektische Geometrie. Sie sind zu finden etwa in [AM] p. 31 ff. oder [A] p. 77 f. und p. 163 ff. Meine Darstellung ist auch beeinflußt durch die Bücher von H. CARTAN: *Formes Differentielles* [C], HOLLMANN U. RUMMLER: *Alternierende Differentialformen* [HL], STERNBERG: *Lectures on Differential Geometry* [St], und CHERN: *Complex Manifolds without Potential Theory* [Ch] sowie den Aufsatz von KÄHLER: *Der innere Differentialkalkül* [K_2].

A.1.1 Differenzierbare Mannigfaltigkeiten und ihre Tangentialräume

Grundlage der symplektischen (und Riemannschen) Geometrie ist der Begriff der differenzierbaren Mannigfaltigkeit. Deshalb gilt es zunächst den Begriff der p–dimensionalen ($p \in \mathbb{N}$) differenzierbaren Mannigfaltigkeit zu fixieren. „Differenzierbar" bedeute dabei hier stets „beliebig oft differenzierbar", obwohl für viele Zwecke eine schwächere Bedingung ausreichend wäre.

Definition: *Ein zusammenhängender hausdorffscher topologischer Raum M mit abzählbarer Umgebungsbasis heißt eine p–**Mannigfaltigkeit** genau dann, wenn jeder Punkt $m \in M$ eine offene Umgebung $U \subset M$ hat, die homöomorph zu einem offenen Teil von $\mathbb{R}^p$ ist.*

M ist also insbesondere lokal kompakt und wird auch als „lokal euklidisch der Dimension p" bezeichnet.

Definition: *Eine **Karte** von M ist ein Paar (φ, U) (auch abgekürzt φ), wobei U ein offener Teil von M ist und*

$$\varphi : U \to \mathbb{R}^p$$

ein Homöomorphismus auf einen offenen Teil $\varphi(U)$ des $\mathbb{R}^p$.

U wird *Koordinatenumgebung*, φ *Koordinatenabbildung* und φ_i (= die i–te Komponente von φ) die i–te *Koordinatenfunktion* genannt. Die Koordinaten in $\mathbb{R}^p$, die das Bild von U bei φ beschreiben, werden im folgenden bis auf weiteres mit $x = (x_1, \ldots, x_p)$ bezeichnet. Also

$$m \in U,\, x = \varphi(m) \quad \text{bzw.} \quad x_i = \varphi_i(m),\, i = 1,\dots,p.$$

Definition: *Zwei Karten* $\varphi : U \to \mathbb{R}^p$ *und* $\varphi' : U' \to \mathbb{R}^p$ *heißen* **verträglich** *genau dann, wenn die* **Übergangsfunktionen** *genannten Abbildungen*

$$\left.\varphi' \circ \varphi^{-1}\right|_{\varphi(U \cap U')} \quad \text{und} \quad \left.\varphi \circ \varphi'^{-1}\right|_{\varphi'(U \cap U')}$$

differenzierbar sind.

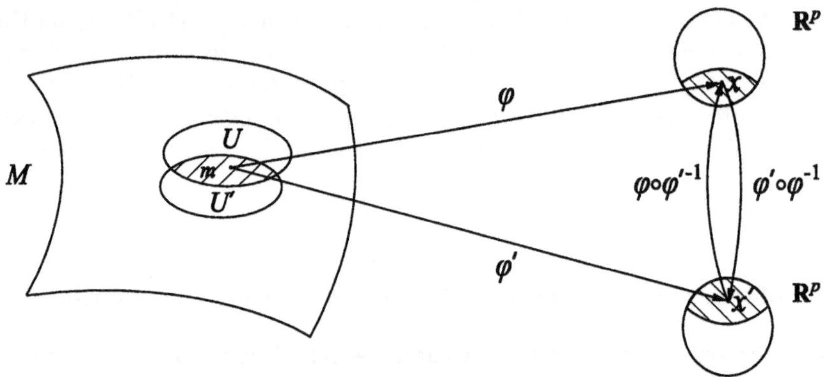

Ein *Atlas* von M ist eine Familie α von Karten von M mit

   i) α überdeckt M, d.h. jeder Punkt $m \in M$ kommt in der Koordinatenumgebung von mindestens einer Karte aus α vor, und

   ii) je zwei Karten aus α sind verträglich.

Zwei Atlanten α und α' von M heißen *verträglich* (Bezeichnung $\alpha \sim \alpha'$), wenn ihre Vereinigung $\alpha \cup \alpha$ wieder ein Atlas ist.

Es ist nicht schwer nachzuweisen, daß $\sim$ eine Äquivalenzrelation ist. Dies ermöglicht dann die hier grundlegende Begriffsbildung.

Definition: *Eine* **differenzierbare Struktur** *auf M ist eine Äquivalenzklasse* $\underline{\alpha} = (\alpha)_\sim$ *verträglicher Atlanten auf M. Eine* **differenzierbare Mannigfaltigkeit** *der Dimension p ist ein Paar* $(M, \underline{\alpha})$, *wobei M eine p–Mannigfaltigkeit und $\underline{\alpha}$ eine differenzierbare Struktur ist.*

Im Allgemeinen wird abgekürzt

   „M ist eine differenzierbare Mannigfaltigkeit".

Parallel zu diesen reellen Mannigfaltigkeiten werden auch *komplexe differenzierbare Mannigfaltigkeiten* der Dimension p betrachtet. Dabei bilden die Karten φ Umgebungen $U \subset M$ homöomorph in den $\mathbb{C}^p$ ab und die Übergangsabbildungen zwischen je zwei Kartenbildern $\varphi(U)$ und $\varphi'(U')$ sind durch holomorphe Funktionen gegeben.

Es ist hier nicht der Platz, um diese Definitionen durch möglichst viele Beispiele vertraut zu machen. Deshalb sei nur auf die folgenden im Text häufig vorkommenden hingewiesen.

i) Offene Untermannigfaltigkeiten

M sei eine differenzierbare Mannigfaltigkeit mit dem Atlas α. M_0 sei ein offener Teil von M. Dann ist die Familie $(M_0 \cap U, \varphi|_{M_0 \cap U})$ für (φ, U) aus α ein Atlas α_0 von M_0. M_0 versehen mit der dadurch gegebenen differenzierbaren Struktur heißt offene Untermannigfaltigkeit.

ii) p-dimensionale Untermannigfaltigkeiten des $\mathbb{R}^q$

Bei FORSTER [F 3] S. 128 f findet sich folgender Begriff

Definition: *Eine Teilmenge* $M \subset \mathbb{R}^q$ *heißt* p-**dimensionale differenzierbare Untermannigfaltigkeit** *genau dann, wenn gilt: Zu jedem Punkt* $m \in M$ *gibt es eine offene Umgebung* $V \subset \mathbb{R}^q$ *und differenzierbare Funktionen* $f_i : V \to \mathbb{R}$ $(i = 1, \ldots, q - p)$ *mit*

   a) $M \cap V = \{x \in V; f_1(x) = \ldots = f_{q-p}(x) = 0\}$

   b) $\operatorname{Rang} Df(m) = q - p.$

Dabei bezeichnet

$$Df = \frac{\partial(f_1, \ldots, f_{q-p})}{\partial(x_1 \ldots x_q)} = \begin{pmatrix} \frac{\partial f_1}{\partial x_1} & \cdots & \frac{\partial f_1}{\partial x_q} \\ \vdots & & \vdots \\ \frac{\partial f_{q-p}}{\partial x_1} & \cdots & \frac{\partial f_{q-p}}{\partial x_q} \end{pmatrix}$$

die Funktionalmatrix von $f = (f_1, \ldots, f_{q-p}).$

Es kann nachgeprüft werden, daß eine solche differenzierbare Untermannigfaltigkeit eine differenzierbare Mannigfaltigkeit im eben erklärten Sinne ist. Die handlichsten Beispiele ergeben sich dabei natürlich durch die *Hyperflächen*, bei denen $q = p + 1$ ist. Insbesondere entstehen so die *Hyperebenen*

$$H^p = \{x \in \mathbb{R}^{p+1}, f(x) = 0\},$$

wobei f eine lineare Funktion ist

$$f(x) = a_0 + \sum_{i=1}^{p+1} a_i x_i \quad , \quad a_0, \dots, a_{p+1} \in \mathbb{R}, \quad \sum_{i=1}^{p+1} a_i^2 \neq 0,$$

sowie die *p–Sphäre*

$$S^p = \left\{ x \in \mathbb{R}^{p+1}, \sum_{i=1}^{p+1} x_i^2 = 1 \right\}.$$

iii) Der **komplexe projektive Raum** $\mathbb{P}^p(\mathbb{C})$

Es sei

$$\mathbb{P}^p(\mathbb{C}) = \{(z)_\sim, z \in \mathbb{C}^{p+1} \setminus \{0\}\}$$

der Raum aller komplexen Geraden durch 0 im $\mathbb{C}^{p+1}$, also $z \sim z'$ genau dann, wenn ein $\lambda \in \mathbb{C}^*$ existiert mit $z_i' = \lambda z_i$ für $i = 1, \dots, p+1$, versehen mit dem Atlas α, der für $i = 1, \dots, p+1$ gegeben wird durch

$$\varphi^{(i)} : U_i = \{(z)_\sim, z_i \neq 0\} \quad \longrightarrow \quad \mathbb{C}^p$$

$$m = (z)_\sim \quad \longmapsto \quad x = \left(\frac{z_1}{z_i}, \dots, \frac{\widehat{z_i}}{z_i}, \dots, \frac{z_{p+1}}{z_i} \right)$$

($\widehat{}$ bedeutet „Weglassen"). Offenbar sind hier die Übergangsfunktionen holomorph: Sei etwa $\varphi = \varphi^{(1)}$ und $\varphi' = \varphi^{(p+1)}$, dann ist

$$\varphi(m) = x = \left(\frac{z_2}{z_1}, \dots, \frac{z_{p+1}}{z_1} \right) \quad \text{sowie} \quad \varphi'(m) = x' = \left(\frac{z_1}{z_{p+1}}, \dots, \frac{z_p}{z_{p+1}} \right)$$

und folglich

$$\varphi' \circ \varphi^{-1} \Big|_{\varphi(U_1 \cap U_{p+1})} (x) = \left(\frac{1}{x_p}, \frac{x_1}{x_p}, \dots, \frac{x_{p-1}}{x_p} \right)$$

also holomorph, da $x_p = z_{p+1}/z_1 \neq 0$ in $U_1 \cap U_{p+1}$ ist.

Morphismen differenzierbarer Mannigfaltigkeiten

Der zu differenzierbaren Mannigfaltigkeiten gehörige Abbildungsbegriff ist der derjenigen Abbildungen, die mit der differenzierbaren Struktur verträglich sind.

Definition: *M und N seien differenzierbare Mannigfaltigkeiten der Dimension p bzw. q. Eine Abbildung $F : M \to N$ heißt eine* **differenzierbare Abbildung** *oder ein* **Morphismus** *genau dann, wenn gilt*

　　i) *F ist stetig*

　　ii) *F wird lokal durch differenzierbare Abbildungen gegeben,*

d.h. es existieren Atlanten α von M und β von N der jeweiligen zugrundeliegenden differenzierbaren Struktur, so daß für Karten (φ, U) aus α sowie (ψ, V) aus β und $W := U \cap F^{-1}(V)$ die Zusammensetzung

$$\varphi(W) \xrightarrow[\varphi^{-1}]{} W \xrightarrow[F|_W]{} V \xrightarrow[\psi]{} \psi(V)$$

differenzierbar ist.

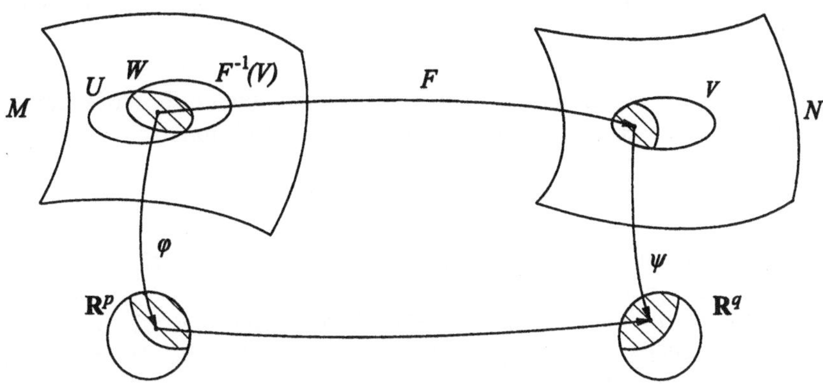

Bemerkungen:

1.) Die Bedingung ii) ist unabhängig von der Wahl der Atlanten von M und N.

2.) Die Sprechweise „F wird lokal durch differenzierbare Abbildungen gegeben" soll zum Ausdruck bringen, daß jeweils $\psi \circ F \circ \varphi^{-1}$ in Koordinaten als q–tupel differenzierbarer Funktionen in p Variablen gegeben wird.

3.) Zusammensetzung differenzierbarer Abbildungen liefert wieder differenzierbare Abbildungen.

Definition: *Ein Morphismus differenzierbarer Mannigfaltigkeiten $F : M \to N$ heißt ein* **Isomorphismus** *oder* **Diffeomorphismus**, *wenn F ein Homöomorphismus auf N und $F^{-1} : N \to M$ ein Morphismus ist.*

Daß der als Beispiel ii) beschriebene Begriff der Untermannigfaltigkeit im $\mathbb{R}^q$ sehr allgemein ist, zeigt die folgende Aussage.

Satz (WHITNEY [Wh]): *Eine differenzierbare Mannigfaltigkeit der Dimension p ist diffeomorph zu einer Untermannigfaltigkeit des $\mathbb{R}^{2p+1}$.*

Differenzierbare Funktionen

Für $N = \mathbb{R}$ ergibt sich als Spezialfall der Definition der differenzierbaren Abbildung der Begriff der *differenzierbaren Funktion* auf einer differenzierbaren Mannigfaltigkeit M. Für einen offenen Teil V von M bezeichne $\mathcal{F}(V)$ den Ring der auf V definierten differenzierbaren Funktionen, also der Funktionen $f : V \to \mathbb{R}$, die in jeder Karte (φ, U) eines Atlas α von M mit $U \cap V \neq \emptyset$ jeweils durch differenzierbare Funktionen $f \circ \varphi^{-1}|_{\varphi(U \cap V)}$ der p Variablen $x_1, \ldots, x_p$ gegeben werden.

Die Funktion $f \circ \varphi^{-1}$ wird für die „typische Karte" (φ, U) im Einklang mit der Literatur bisweilen auch einfach mit f bezeichnet, also $f(m) = f(x)$ für den Wert der Funktion f in dem $m \in V$ in der Karte (φ, U) entsprechenden Punkt mit den Koordinaten x.

Analog bezeichnet für einen offenen Teil V einer komplexen differenzierbaren Mannigfaltigkeit $\mathcal{O}(V)$ den Ring der auf V holomorphen Funktionen.

Tangentialräume

Einem Punkt m einer differenzierbaren Mannigfaltigkeit M läßt sich auf verschiedene Weisen „der" Tangentialraum $T_m M$ zuordnen. Kernpunkt ist jeweils der Nachweis, daß er ein Vektorraum ist, der die gleiche Dimension hat wie M. Die folgende Definition formalisiert die anschauliche Vorstellung, daß der Tangentialraum in $m \in M$ die Menge der Tangentialvektoren an alle Kurven auf M ist, die durch diesen Punkt gehen:

Definition 1: *Es sei $m \in M$. Dann ist der* **Tangentialraum** *von M in m*

$$T_m M := Cu_m M / \sim .$$

Dabei ist $Cu_m M$ die Gesamtheit der Paare (J, γ), J ein offenes die Null enthaltendes Intervall auf $\mathbb{R}$ und

$$\gamma : J \to M \quad \text{eine differenzierbare Abbildung mit} \quad \gamma(0) = m,$$

wobei auf $Cu_m M$ eine Äquivalenzrelation definiert ist durch

$$(J, \gamma) \sim (J', \gamma')$$

genau dann, wenn gilt

$$\frac{d(\varphi_i \circ \gamma)}{dt}(0) = \frac{d(\varphi_i \circ \gamma')}{dt}(0) \qquad (i = 1, \dots, p)$$

für eine Karte (φ, U) mit $m \in U$.

Mit Hilfe der Kettenregel kann gezeigt werden, daß diese Definition unabhängig von der Wahl der Karte ist.

Bemerkung: Falls $M \subset \mathbb{R}^q$ eine Untermannigfaltigkeit ist, vereinfacht sich die Definition zu:
$v \in \mathbb{R}^q$ ist genau dann Tangentialvektor an M in $m \in M$ (also $\in T_m M$), wenn es für ein $\varepsilon > 0$ eine Abbildung $\gamma : (-\varepsilon, \varepsilon) \to M$ gibt mit $\gamma(0) = m$ und $\dot{\gamma}(0) = v$.

Diese Bemerkung bereitet die allgemeine Aussage vor, daß $T_m M$ in natürlicher Weise die Struktur eines Vektorraumes der Dimension p hat:

Satz: *Zu jeder Karte (φ, U) mit $m \in U$ existiert eine Bijektion*

$$h : T_m M \to \mathbb{R}^p$$

gegeben durch

$$X_m := (J,\gamma)_\sim \longmapsto \left(\frac{d(\varphi_i \circ \gamma)}{dt}(0) \right)_{i=1,\ldots,p}.$$

Ist nun (φ', U') eine zweite Karte mit $m \in U', \varphi'(m) = y$ und Übergangsfunktionen $y = y(x) = \varphi' \circ \varphi^{-1}|_{\varphi(U \cap U')}(x)$, dann gilt für die zu φ' gehörige Abbildung h' auf Grund der Kettenregel

$$h_i'(X_m) = \sum_{j=1}^p \frac{\partial y_i}{\partial x_j}(x)\, h_j(X_m) \qquad (i = 1, \ldots, p).$$

Damit ist dann ersichtlich, daß $T_m M$ eine kanonische, von der Wahl der Koordinaten unabhängige Vektorraumstruktur hat. Es ist üblich, einer m enthaltenden Karte (φ, U) mit den Koordinaten x als Pendant zur kanonischen Basis e des $\mathbb{R}^p$ das p–Tupel

$$\frac{\partial}{\partial x}\Big|_m = \Big(\frac{\partial}{\partial x_1}\Big|_m, \ldots, \frac{\partial}{\partial x_p}\Big|_m \Big),$$

zuzuteilen (dessen Elemente hier zunächst nur als Symbole zu lesen sind), also

$$T_m M \ni X_m = \sum_{i=1}^p a_i \frac{\partial}{\partial x_i}\Big|_m \quad \text{mit} \quad a_i \in \mathbb{R} \qquad (i = 1, \ldots, p)$$

zu schreiben. Übergang zu einer anderen Karte (φ', U') mit Koordinaten y läuft dann auf die Umrechnung

$$X_m = \sum_{j=1}^p b_j \frac{\partial}{\partial y_j}\Big|_m \quad \text{mit} \quad b_j = \sum_{i=1}^p \frac{\partial y_j}{\partial x_i}(x) a_i$$

hinaus. Diese Interpretation ist konsistent auf Grund des Transformationsverhaltens der partiellen Ableitungen und wird noch erhellt durch die folgende alternative

Deutung von $T_m M$ als Raum von Derivationen.

Es bezeichne $\mathcal{F}(m)$ die Gesamtheit der lokal um $m \in M$ definierten differenzierbaren Funktionen, also der Paare $(U, f), U$ eine offene Umgebung von m auf M und f eine auf U differenzierbare Funktion. Weiter bezeichne $\mathcal{F}_m$ die Gesamtheit der Äquivalenzklassen $(U, f)_\sim =: \tilde f$ mit

$$(U, f) \sim (U', f')$$

genau dann, wenn es eine in $U \cap U'$ enthaltene Umgebung U'' von m gibt mit $f|_{U''} = f'|_{U''}$. Eine solche Äquivalenzklasse $(U, f)_\sim$ wird auch *Keim von f* genannt. $\mathcal{F}_m$ läßt sich leicht mit der Struktur eines Ringes versehen und über den Wert $f(m)$ von f in m läßt sich dem Keim $(U, f)_\sim$ eindeutig ein Wert $\tilde f(m)$ in m zuordnen.

Definition 2: *Der* **Tangentialraum** *von M in m ist*

$$T_m M = \mathrm{Der}\,(\mathcal{F}_m, \mathbb{R}).$$

Dabei ist $\mathrm{Der}\,(\mathcal{F}_m, \mathbb{R})$ *die Gesamtheit der $\mathbb{R}$–linearen Abbildungen*

$$L : \mathcal{F}_m \to \mathbb{R} \quad mit \quad L(\tilde{f} \cdot \tilde{g})) = \tilde{f}(m) L\tilde{g} + \tilde{g}(m) L\tilde{f} \quad f\ddot{u}r\ alle \quad \tilde{f}, \tilde{g} \in \mathcal{F}_m.$$

Solche linearen Abbildungen heißen *Derivationen* und können als Richtungsableitungen gedeutet werden auf Grund des folgenden Satzes, der zeigt, daß die beiden Definitionen 1 und 2 übereinstimmen (der Raum der Derivationen hat als Raum linearer Abbildungen auf natürliche Weise $\mathbb{R}$–Vektorraumstruktur).

Satz: *Es gibt einen Isomorphismus*

$$\psi : Cu_m M/_\sim \xrightarrow{\;\sim\;} \mathrm{Der}\,(\mathcal{F}_m, \mathbb{R})$$

gegeben durch

$$X_m = (J, \gamma)_\sim \longmapsto L_{X_m} \quad mit \quad L_{X_m} \tilde{f} = \frac{d(f \circ \gamma)}{dt}\,(0) \qquad f\ddot{u}r\ eine \quad \tilde{f} \in \mathcal{F}_m$$
$$vertretende\ Funktion\ f.$$

Ist $\gamma^{(j)}$ eine Kurve mit $\varphi_i \circ \gamma^{(j)}(t) = \delta_{ij} t$, ergibt sich für die zugeordnete Derivation, hier L_j genannt, offenbar

$$L_j \tilde{f} = \frac{d(f \circ \gamma^{(j)})}{dt}\,(0) = \frac{\partial(f \circ \varphi^{-1})}{\partial x_j}\,(x),$$

was unter geringem Mißbrauch der Bezeichnung auch geschrieben wird

$$L_j \tilde{f} = \left.\frac{\partial}{\partial x_j}\right|_m f$$

und andeutet, daß dies die Ableitung von f in die durch $\gamma^{(j)}$ festgelegte Richtung (der x_j–Achse in der Karte (φ, U)) ist.

Kotangentialräume

Als Grundlage für die spätere Einführung der Differentialformen dient der folgende Begriff

Definition: *Es sei $m \in M$. Dann ist der* **Kotangentialraum** *zum Punkt m*

$$T_m^* M := \mathrm{Hom}\,(T_m M, \mathbb{R}),$$

also der Dualraum des Tangentialraumes, gebildet aus den $\mathbb{R}$–linearen Abbildungen α_m von $T_m M$ nach $\mathbb{R}$. Diese Abbildungen werden auch **Kotangentialvektoren** *genannt.*

Es ist folgende Schreibweise üblich: $\alpha_m \in T_m^* M$ ist die Abbildung

$$\begin{aligned} \alpha_m : T_m M &\longrightarrow \mathbb{R} \\ X_m &\longmapsto \langle X_m, \alpha_m \rangle := \alpha_m(X_m). \end{aligned}$$

Da $T_m M$ ein p–dimensionaler $\mathbb{R}$–Vektorraum ist, gilt dies auch für $T_m^* M$. Der zu einer Karte φ mit Koordinaten x gehörigen Standardbasis $\frac{\partial}{\partial x}\big|_m$ von $T_m M$ entspricht eine duale Basis, die mit $(dx)_m$ bezeichnet wird. Also $(dx)_m$ bezeichnet das p–Tupel von Linearformen auf $T_m M$ mit

$$\left\langle \frac{\partial}{\partial x_i}\Big|_m, (dx_j)_m \right\rangle = \delta_{ij}.$$

Ein $\alpha_m \in T_m^* M$ mit

$$\alpha_m = \sum a_i (dx_i)_m \quad a_i \in \mathbb{R} \ (i = 1, \ldots, p)$$

wird in einer anderen Karte φ' mit Koordinaten y und der entsprechend gebildeten Basis $(dy)_m$ beschrieben durch

$$\alpha_m = \sum b_i (dy_i)_m.$$

Mit der Bezeichnung

$$x = x(y) = \varphi \circ {\varphi'}^{-1}(y)$$

für die hierbei auftretenden Übergangsfunktionen ist dann

$$b_i = \sum_{j=1}^{p} \frac{\partial x_j}{\partial y_i}(y) a_j.$$

Bemerkung: Jedes $f \in \mathcal{F}(m)$, also jede in einer Umgebung von m definierte differenzierbare Funktion, gibt Anlaß zu einem Kotangentialvektor $(df)_m$, nämlich der durch

$$\langle X_m, (df)_m \rangle = L_{X_m} f = \frac{d(f \circ \gamma)}{dt}(0)$$

definierten Linearform (γ steht hier wieder für eine Kurve durch m mit Tangentialvektor X_m). Dies ist im Einklang mit der Bezeichnung dx_i für den Fall, daß $f = x_i$, die i–te Koordinatenfunktion zur Karte φ, ist und der üblichen Bildung des totalen Differentials. Denn bezüglich der Basis $(dx)_m$ hat $(df)_m$ eine Darstellung

$$(df)_m = \sum a_i (dx_i)_m$$

und es gilt, da $(dx)_m$ duale Basis zu $\frac{\partial}{\partial x}\big|_m$ ist,

$$a_j = \left\langle \frac{\partial}{\partial x_j}\Big|_m, (df)_m \right\rangle = \frac{\partial f}{\partial x_j}(x) \qquad (\text{ genauer } = \frac{\partial (f \circ \varphi^{-1})}{\partial x_j}(\varphi(m))),$$

also

$$(df)_m = \sum_{j=1}^{p} \frac{\partial f}{\partial x_j}(x)(dx_j)_m.$$

Abbildungen von Tangential– und Kotangentialräumen

Es sei $F : M \to N$ ein Morphismus differenzierbarer Mannigfaltigkeiten, $m \in M$ und $F(m) = n \in N$. Dann kann auf folgende Weise eine Abbildung

$$(F_*)_m : T_m M \to T_n N$$

der Tangentialräume erklärt werden: Es sei $X_m \in T_m M$ repräsentiert durch die Kurve (J,γ) in M und $\gamma(0) = m$. Dann ist $(J,F{\circ}\gamma)$ eine Kurve in N mit $F(\gamma(0)) = n$ und ihr Tangentialvektor kann als Bild von X_m genommen werden, also

$$(F_*)_m(X_m) = (J,F \circ \gamma)_\sim =: Y_n \in T_n^* N,$$

und dies ist wohldefiniert. Dual dazu entsteht die Abbildung

$$F_m^* : T_n^* N \to T_m^* M$$

der Kotangentialräume folgendermaßen: Für $\beta_n \in T_n^* N$ wird als Bild $F_m^* \beta_n$ in $T_m^* M$ genommen die Form, die für alle $X_m \in F_m M$ durch

$$F_m^* \beta_n(X_m) := \beta_n((F_*)_m X_m)$$

erklärt ist, also auch

$$\langle X_m, F_m^* \beta_n \rangle = \langle (F_*)_m X_m, \beta_n \rangle.$$

F heißt eine *Submersion*, falls F_{*m} für alle $m \in M$ surjektiv ist.

A.1.2   Vektorbündel und ihre Schnitte

Der in der Physik allgemein und in der symplektischen Geometrie im Besonderen häufig auftretende Begriff eines Vektorfeldes X auf einer Mannigfaltigkeit M ist leicht zu fassen, und zwar als der einer Abbildung, die jedem Punkt $m \in M$ einen Tangentialvektor $X_m \in T_m M$ zuordnet. Etwas heikler ist es nun, präzis zu sagen, wann ein solches Vektorfeld stetig oder differenzierbar genannt werden soll. Dies gelingt dann aber ganz leicht mit Hilfe des Begriffs des Vektorbündels. Dieser Begriff wird jetzt vorgestellt, wobei FORSTER *Riemannsche Flächen* [FRF] p. 195 ff. gefolgt wird, wo auch die hier fehlenden Beweise zu finden sind. Als Ergänzung können auch noch ABRAHAM–MARSDEN [AM] p. 37 f sowie die ersten Seiten von CHERN [Ch] empfohlen werden.

Grob gesprochen ist ein „Vektorraumbündel" oder häufig kürzer „Vektorbündel" eine Mannigfaltigkeit, die entsteht, indem jedem Punkt m einer Basismannigfaltigkeit M in geschickter Weise eine Kopie eines Standardvektorraumes V angeheftet wird. Hier mag sich die Vorstellung davon leiten lassen, daß an jedem Punkt m von $M = S^2$, der Sphäre im $\mathbb{R}^3$, die Tangentialebene $V \cong \mathbb{R}^2$ angeheftet wird, wobei dann ein 4-dimensionales Gebilde entstehen soll. Präziser und in zunächst noch größerer Allgemeinheit läuft dies auf folgendes hinaus.

Es ist hier $K = \mathbb{R}$ oder $\mathbb{C}$;

Definition: *Es seien E und M topologische Räume sowie $\pi : E \to M$ eine stetige Abbildung. Jede Faser $E_m = \pi^{-1}(m), m \in M$, trage die Struktur eines n-dimensionalen K-Vektorraumes. $\pi : E \to M$ oder kurz E wird K-***Vektor(raum)-bündel vom Rang*** n *über* M *genannt genau dann, wenn gilt:*

Zu jedem Punkt $m \in M$ gibt es eine offene Umgebung U und einen Homöomorphismus h von $E_U := \pi^{-1}(U)$ auf $U \times K^n$ mit folgenden Eigenschaften

   i) *h ist fasertreu, d.h. folgendes Diagramm ist kommutativ:*

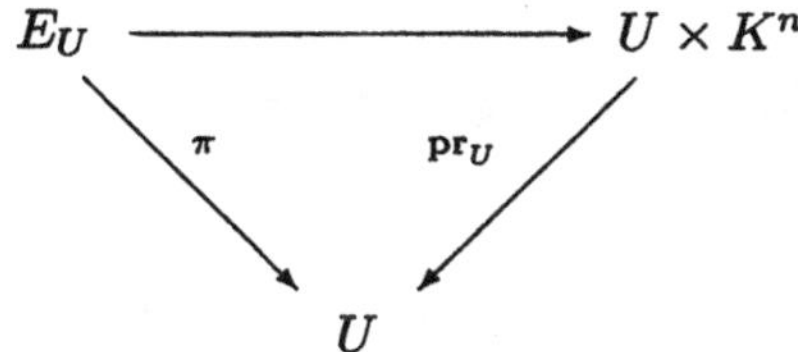

   ii) *Für jedes $m \in U$ ist die Abbildung $h|E_m$ ein Vektorraum-Isomorphismus von E_m auf $\{m\} \times K^n \cong K^n$.*

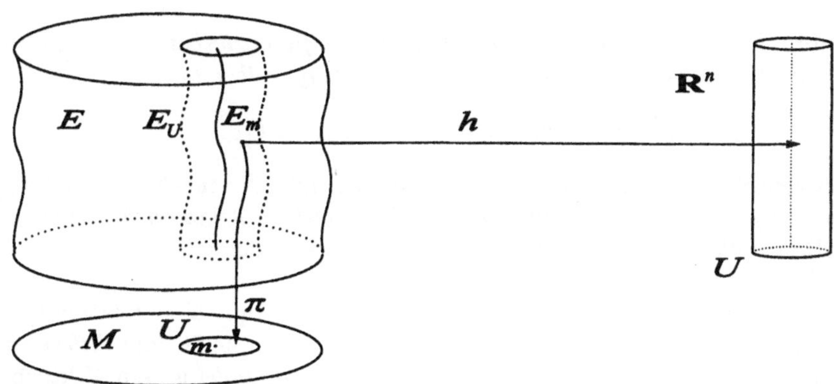

Die Abbildung $h : E_U \to U \times K^n$ heißt *lineare Karte* von E über U. Ist $\mathfrak{U} = (U_i)_{i \in I}$ eine offene Überdeckung von M und sind $h_i : E_{U_i} \to U_i \times K^n$ lineare Karten, so heißt die Familie $\mathfrak{U}$ der h_i ein *Atlas von E*.

Ein Vektorbündel vom Rang n heißt „trivial", wenn es eine globale lineare Karte $h : E \to M \times K^n$ gibt.

Bemerkung: Ein Vektorbündel ist also stets lokal trivial. Bei lokalen Untersuchungen liefert der Begriff des Vektorbündels also nichts Neues, er wird erst bei globalen Untersuchungen interessant.

Satz: *Sei $E \to M$ ein Vektorbündel vom Rang n über M, und für i aus einer Indexmenge I seien*

$$h_i : E_{U_i} \to U_i \times K^n, \qquad i \in I,$$

die linearen Karten eines Atlas von E. Dann gibt es eindeutig bestimmte stetige Abbildungen

$$\psi_{ij} : U_i \cap U_j \to GL_n(K),$$

so daß für die Abbildungen

$$h_{ij} := h_i \circ h_j^{-1} : (U_i \cap U_j) \times K^n \to (U_i \cap U_j) \times K^n$$

gilt

$$h_{ij}(m, v) = (m, \psi_{ij}(m)v) \quad \text{für alle} \quad (m, v) \in (U_i \cap U_j) \times K^n.$$

Über $U_i \cap U_j \cap U_k$ besteht die „Kozyklenrelation"

$$\psi_{ij}\, \psi_{jk} = \psi_{ik}.$$

Bezeichnung: Die Abbildungen ψ_{ij} heißen *Übergangsfunktionen*, die Familie (ψ_{ij}), $i, j \in I$ heißt der dem Atlas $\mathfrak{U} = (h_i)_{i \in I}$ zugeordnete *Kozyklus*.

Definition: *Es sei M eine reelle oder komplexe differenzierbare Mannigfaltigkeit, $E \to M$ ein $\mathbb{R}$- oder $\mathbb{C}$-Vektorraumbündel vom Rang n über M und*

$$\mathfrak{U} = (h_i : E_{U_i} \to U_i \times K^n, i \in I)$$

ein Atlas von E. Der Atlas heißt **differenzierbar**, *falls die zugehörigen Übergangsfunktionen ψ_{ij} differenzierbar sind. Zwei differenzierbare Atlanten $\mathfrak{U}$ und $\mathfrak{U}'$ heißen* **verträglich**, *falls $\mathfrak{U} \cup \mathfrak{U}'$ wieder ein differenzierbarer Atlas ist.*

Es ist leicht einzusehen, daß diese Verträglichkeit eine Äquivalenzrelation ist. Eine Äquivalenzklasse differenzierbarer verträglicher Atlanten heißt eine *differenzierbare lineare Struktur* auf E. Ein *differenzierbares Vektorbündel* ist ein Vektorbündel $E \to M$ versehen mit einer differenzierbaren linearen Struktur über einer differenzierbaren Mannigfaltigkeit.

Diese Formulierung trifft den reellen Fall. Falls V ein $\mathbb{C}$-Vektorraum ist, kann hier wie im folgenden alles leicht ins Komplexe übertragen werden.

Bemerkung: Für ein differenzierbares Vektorbündel auf der differenzierbaren Mannigfaltigkeit mit der Projektionsabbildung $\pi : M \to E$ ist M selbst eine differenzierbare Mannigfaltigkeit und π eine differenzierbare Abbildung.

Ein differenzierbares Vektorbündel $E \to M$ heißt *differenzierbar trivial*, falls seine differenzierbare lineare Struktur einen Atlas enthält, der aus einer einzigen Karte $E \to M \times K^n$ besteht.

Definition: *Es sei $E \overset{\pi}{\longrightarrow} M$ ein differenzierbares Vektorbündel und $U \subset M$. Ein* **differenzierbarer Schnitt** *von E über U ist eine differenzierbare Abbildung*

$$f : U \to E \quad \text{mit} \quad \pi \circ f = id_U.$$

Die Gesamtheit dieser Schnitte wird mit $\Gamma(E, U)$ bezeichnet. Sie ist wieder ein K-Vektorraum.

Analog könen für jedes $r \in \mathbb{N}_0$ auch Schnitte der Klasse C^r definiert werden. Ihre Räume werden dann mit $C^r_E(U)$ bezeichnet.

A.1.3 Das Tangential– und das Kotangentialbündel

Differenzierbare Vektorfelder können nun als differenzierbare Schnitte eines jetzt einer differenzierbaren Mannigfaltigkeit M zuzuordnenden Tangentialbündels $E = TM$ definiert werden. Diese Zuordnung geschieht, indem in etwas allgemeinerem Rahmen die Frage der *Konstruktion von Vektorbündeln* verfolgt wird:

Es bezeichne für einen offenen Teil U der differenzierbaren Mannigfaltigkeit M

$$GL_n(\mathcal{F}(U))$$

die Gruppe aller invertierbaren $n \times n$–Matrizen mit Koeffizienten aus dem Raum $\mathcal{F}(U)$ der in U differenzierbaren Funktionen. Ist $\mathfrak{U} = (U_i)_{i \in I}$ eine offene Überdeckung von M, so bezeichne

$$Z^1(\mathfrak{U}, GL_n(\mathcal{F}))$$

die „Gesamtheit aller 1–Kozyklen bezüglich $\mathfrak{U}$", d.h. die Familien $(\psi_{ij})_{i,j \in I}$ mit

$$\psi_{ij} \in GL_n(\mathcal{F}(U_i \cap U_j))$$

und

$$\psi_{ij}\psi_{jk} = \psi_{ik} \quad \text{über} \quad U_i \cap U_j \cap U_k \quad \text{für alle} \quad i,j,k \in I.$$

Ist $\mathfrak{A}$ ein differenzierbarer Atlas eines Vektorbündels über M, so bildet die Familie der Übergangsfunktionen von $\mathfrak{A}$ einen solchen 1–Kozyklus. Umgekehrt kann aus jedem 1–Kozyklus aus $Z^1(\mathfrak{U}, GL_n(\mathcal{F}))$ ein differenzierbares Vektorbündel vom Rang n konstruiert werden:

Satz: *Es sei M eine differenzierbare Mannigfaltigkeit, $\mathfrak{U} = (U_i)_{i \in I}$ eine offene Überdeckung von M und (ψ_{ij}) eine Familie aus $Z^1(\mathfrak{U}, GL_n(\mathcal{F}))$. Dann gibt es ein differenzierbares Vektorbündel $\pi : E \to M$ vom Rang n und einen differenzierbaren Atlas*

$$(h_i : E_{U_i} \to U_i \times K^n)_{i \in I},$$

von E, dessen Übergangsfunktionen die gegebenen ψ_{ij} sind.

Von dem **Beweis** sei hier nur soviel gesagt, daß sich das Bündel $E \to M$ ergibt, indem auf dem Raum

$$E' := \bigcup_{i \in I} U_i \times K^n \times \{i\} \subset M \times K^n \times I$$

als Äquivalenzrelation eingeführt wird

$$(m,v,i) \sim (m',v',i')$$

genau dann, wenn

$$m = m' \quad \text{und} \quad v = \psi_{ii'}(m)v'$$

ist. Dann kommt mit Hilfe einiger topologischer Überlegungen E heraus als $E'/\sim$.

Als Anwendung sollen jetzt das *Tangentialbündel TM* und das *Kotangentialbündel T^*M* vorgestellt werden. Dazu sei M wieder überdeckt durch $\mathfrak{U} = (U_i)_{i \in I}$ und es bezeichne wie früher $\varphi^{(i)} : U_i \to K^n$ die Koordinatenabbildung zur i-ten Karte. Dann werden für das Tangentialbündel TM als Übergangsfunktionen ψ_{ij} die Matrizen genommen, die sich als Jacobische der die Karten verbindenden Abbildungen $\varphi^{(i)} \circ (\varphi^{(j)})^{-1}$ ergeben, also

$$\psi_{ij}(m) = J_{\varphi^{(i)} \circ (\varphi^{(j)})^{-1}}(\varphi^{(j)}(m)).$$

Falls $\varphi^{(i)}$ die Koordinaten y und $\varphi^{(j)}$ die Koordinaten x meint, bedeutet dies, daß in

$$h_{ij} = h_i \circ h_j^{-1} : (U_i \cap U_j) \times K^n \longrightarrow (U_i \cap U_j) \times K^n$$
$$(m, a) \longmapsto (m, \psi_{ij}(m)a = b)$$

der Vektor $a = (a_\mu)$ in den x–Koordinaten in den y–Koordinaten die Komponenten $b = (b_\nu)$ hat mit

$$b_\nu = \sum_{\mu=1}^{p} \frac{\partial y_\nu}{\partial x_\mu}(\varphi^{(j)}(m))a_\mu.$$

Für das *Kotangentialbündel* T^*M werden entsprechend genommen

$$\psi_{ij}(m) = {}^t J_{\varphi^{(j)} \circ (\varphi^{(i)})^{-1}}(\varphi^{(i)}(m)),$$

was für Vektoren a^* und b^* eine Transformation bedeutet, die gegeben wird durch

$$b^*_\nu = \sum_{\mu=1}^p \frac{\partial x_\mu}{\partial y_\nu}(\varphi^{(i)}(m))a^*_\mu.$$

Bemerkung 1: Als Menge ist einfach

$$TM = \bigcup_{m \in M} T_m M \quad \text{resp.} \quad T^*M = \bigcup_{m \in M} T^*_m M,$$

d.h. die Vereinigung aller Tangential– bzw. Kotangentialräume zu allen Punkten $m \in M$. Ein differenzierbares Vektorfeld, also ein globaler differenzierbarer Schnitt,

$$X : M \to TM$$

kann für eine Karte (φ, U) mit den Koordinaten $x = (x_1, \dots, x_p)$ beschrieben werden (mit leichtem, jetzt schon gewohnten Mißbrauch der Bezeichnungen) durch

$$X|_U = \sum_{\mu=1}^p a_\mu(x) \frac{\partial}{\partial x_\mu} \quad \text{mit} \quad a_\mu \in \mathcal{F}(U).$$

Für eine Karte (φ', U') mit Koordinaten $y = (y_1, \dots, y_p)$ gilt entsprechend

$$X|_{U'} = \sum_{\nu=1}^p b_\nu(y) \frac{\partial}{\partial y_\nu} \quad \text{mit} \quad b_\nu \in \mathcal{F}(U),$$

und im Überlappbereich $U \cap U'$ gilt (falls er nicht leer ist) die Transformationsvorschrift

$$b_\nu(y) = \sum_\mu \frac{\partial y_\nu}{\partial x_\mu}(y)a_\mu(x(y)) \quad \text{(kontra)} .$$

Entsprechend können Felder von Kotangentialvektoren betrachtet werden, die nun *Differentialformen 1. Grades* (oder *1–Formen*) genannt werden, und als differenzierbare globale Schnitte

$$\alpha : M \to T^*M$$

des Kotangentialbündels eingeführt werden. Für sie gilt analog

$$\alpha|_U = \sum a^*_\mu(x)dx_\mu \quad a^*_\mu \in \mathcal{F}(U)$$

resp.

$$\alpha|'_U = \sum b^*_\nu(y)dy_\nu \quad b^*_\nu \in \mathcal{F}(U)$$

mit der Transformationsvorschrift

$$b_\nu^*(y) = \sum_\mu \frac{\partial x_\mu}{\partial y_\nu}(x(y))a_\mu^*(x(y)) \qquad \text{(ko)}.$$

Definition: *Die differenzierbaren globalen Vektorfelder auf M werden mit $V(M)$ und die 1–Formen mit $\Omega^1(M)$ bezeichnet.*

Bemerkung 2: In der älteren Literatur, insbesondere in vielen Physikbüchern, finden sich Definitionen wie die folgende:

Ein *kontra–* bzw. *kovarianter Vektor* (oder einstufiger *kontra–* bzw. *kovarianter Tensor*) auf M ist eine Vorgabe, die jeweils einer Karte (φ, U) von M mit Koordinaten x ein System von p differenzierbaren Funktionen A_φ zuordnet mit der Bedingung, daß für je zwei Karten (φ, U) und (φ', U') mit $U \cap U' \neq \emptyset$ zwischen den Funktionssystemen A_φ und $A_{\varphi'}$ ein Zusammenhang wie in (kontra) bzw. (ko) besteht.

In diesem Sinne beschreiben die Komponenten eines Vektorfeldes einen einstufig kontravarianten und die einer Differentialform 1. Grades einen einstufig kovarianten Tensor.

Als **Beispiel** sei genannt, daß jeder differenzierbaren Funktion auf M ihr totales Differential df zugeordnet werden kann, d.h. die 1–Form, für die in der Karte (φ, U) mit den Koordinaten x gilt

$$df = \sum_{\mu=1}^{p} \frac{\partial f}{\partial x_\mu} dx_\mu.$$

Abbildungen von Vektorfeldern und 1–Formen

Die am Ende von A 1.1 erklärten Abbildungen von Tangential– und Kotangentialräumen führen sofort dazu, daß sich Vektorfelder und ihre dualen Objekte bei einer differenzierbaren Abbildung $F : M \to N$ folgendermaßen abbilden:

Falls F *injektiv* ist, wird $X \in V(M)$ ein Vektorfeld F_*X auf $F(M) \subset N$ zugeordnet, indem in jedem $n = F(m) \in F(M)$

$$(F_*X)_n = (F_*)_m X_m$$

genommen wird. Falls $F(M)$ eine Untermannigfaltigkeit ist, erweist sich dies Vektorfeld wieder als differenzierbar. Und dies ist der Fall, wenn F eine *Einbettung* ist, d.h. alle F_{*m} sind injektiv und F ist ein Homöomorphismus auf $F(M)$.

Um eine 1–Form $\beta \in \Omega^1(N)$ auf M' zurückzuziehen, wird die Injektivität von F nicht gebraucht. $F^*\beta \in \Omega^1(M)$ wird erklärt, indem in jedem $m \in M$

$$(F^*\beta)_m := F_m^* \beta_n \quad \text{mit} \quad n = F(m)$$

zugeteilt wird. Diese Zuordnung gibt wieder einen differenzierbaren Schnitt von T^*M.

Mit etwas mehr Formalismus kann eingesehen werden (s. etwa [AM] p. 45), daß sich eine differenzierbare Abbildung $F : M \to N$ zu einer differenzierbaren Abbildung $TF : TM \to TN$ der Tangentialbündel fortsetzen läßt und analog zu einer differenzierbaren Abbildung $T^*F : T^*N \to T^*M$ der Kotangentialbündel.

A.1.4   Tensoren und Differentialformen

Mit Hilfe der *multilinearen Algebra* (s. etwa FISCHER [Fi$_1$] Kap. 6, MARCUS [Ma] oder für den vollständigen Hintergrund BOURBAKI [Bo] Ch. III §5) lassen sich aus den eben gewonnenen Begriffsbildungen noch weitere herleiten. Für (endlich-dimensionale) Vektorräume T, T' und W sowie $q \in \mathbb{N}$ sei

$L(T \times T', W)$ der K–Vektorraum der bilinearen Abbildungen

$$f : T \times T' \to W,$$

$T \otimes T'$ das Tensorprodukt von T und T', also der (bis auf Isomorphie eindeutig bestimmte) K–Vektorraum mit

$$L(T \times T', W) \simeq \mathrm{Hom}\,(T \otimes T', W) \ \text{ für alle } \ W,$$

$L_q(T,W)$ der K–Vektorraum der q–linearen Abbildungen

$$f : T^q \to W,$$

$A_q(T,W)$ der K–Vektorraum der alternierenden q–linearen Abbildungen

$$f : T^q \to W,$$

$\Lambda^q T$ die q–te äußere Potenz von T, also der (bis auf Isomorphie eindeutig bestimmte) K–Vektorraum mit

$$A_q(T,W) \simeq \mathrm{Hom}\,(\Lambda^q T, W) \ \text{ für alle } \ W,$$

$L_q(T,K) =: L_q(T)$ und $A_q(T,K) =: A_q(T)$.

Insbesondere ist

$$L_1(T) = A_1(T) = \mathrm{Hom}\,(T,K) = T^*$$

der Dualraum von T und $A_q(T) \simeq \Lambda^q T^*$.

Es sei $t = (t_1, \dots, t_n)$ eine Basis von T und $t' = (t'_1, \dots, t'_m)$ eine Basis von T'. Dann ist

$$t \otimes t' = (t_i \otimes t'_j)_{\substack{i=1,\ldots,n \\ j=1,\ldots,m}} \qquad \text{eine Basis von} \quad T \otimes T',$$

$$t^q = (t_{i_1} \otimes \ldots \otimes t_{i_q})_{1 \leq i_j \leq n} \qquad \text{eine Basis von} \quad \otimes^q T,$$

$$\Lambda t^q = (t_{i_1} \wedge \ldots \wedge t_{i_q})_{1 \leq i_1 < \ldots < i_q \leq n} \qquad \text{eine Basis von} \quad \Lambda^q T,$$

und, wie bereits benutzt,

$$t^* = (t_1^*, \ldots, t_n^*) \quad \text{mit} \quad t_i^*(t_j) = \langle t_i, t_j^* \rangle = \delta_{ij} \quad \text{eine Basis von} \quad T^*.$$

Damit lassen sich nun weitere Vektorbündel E auf M beschreiben, deren Fasern E_m jeweils etwa $\otimes^q T_m M$ oder etwa $\Lambda^l T_m^* M$ sind. In Verallgemeinerung der Definitionen des vorigen Abschnitts ist dann etwa ein *l–fach ko– und q–fach kontravarianter Tensor* auf M ein differenzierbarer Schnitt X dieses Bündels E. Dies läuft dann darauf hinaus, daß X eine Abbildung ist, die jedem $m \in M$ ein Element

$$X_m \in \otimes^l T_m^* M \otimes (\otimes^q T_m M))$$

zuordnet, und die in folgendem Sinne differenzierbar ist. Für jeden Punkt m aus einer Karte φ eines Atlas α von M sind die Komponenten von X_m bezüglich den zu φ gehörigen Standardbasen, gebildet wie eben beschrieben aus

$$t = \left.\frac{\partial}{\partial x}\right|_m \quad \text{für} \quad T_m M \quad \text{bzw.} \quad t^* = (dx)_m \quad \text{für} \quad T_m^* M,$$

differenzierbar. Überdies trägt diese Zuordnung bei Kartenwechsel eine aus (ko) und (kontra) adäquat zusammengesetzte Transformationsvorschrift.

Bemerkung: Ohne die multilineare Algebra zu bemühen, kann auch hier nach der Art der „älteren Definition" wie in Bemerkung 2 im letzten Abschnitt erklärt werden: Ein l–fach ko– und q–fach kontravarianter Tensor ist eine Vorgabe, die jeder Karte (φ, U) von M ein System

$$(X_\varphi)^{i_1 \ldots i_q}_{j_1 \ldots j_l}; \qquad (1 \leq i_r, j_s \leq n; \ r = 1, \ldots, q, \ s = 1, \ldots, l)$$

von in $\varphi(U)$ differenzierbaren Funktionen zuordnet mit der Bedingung, daß für je zwei Karten φ und φ' mit $U \cap U' \neq \emptyset$ zwischen den Systemen X_φ und $X_{\varphi'}$ der Zusammenhang besteht, der sich ergibt, indem für jeden Index i eine Transformationsformel (kontra) und für jeden Index j eine Transformationsformel (ko) angesetzt wird.

Beispiel: Für einen 1–fach kontra– und 2–fach kovarianten Tensor gilt

$$(A_{\varphi'})^{i_1}_{j_1 j_2}(y) = \sum_{r_1, s_1, s_2} \frac{\partial y_{i_1}}{\partial x_{r_1}}(y) \, \frac{\partial x_{s_1}}{\partial y_{j_1}}(x(y)) \, \frac{\partial x_{s_2}}{\partial y_{j_1}}(x(y))(A_\varphi)^{r_1}_{s_1 s_2}(x).$$

Von großer Bedeutung, insbesondere in der Physik, sind solche Tensoren, bei denen überdies noch gewisse Symmetriebedingungen realisiert werden. Bevor dies für die äußeren Differentialformen höheren Grades weiter ausgeführt wird, sei zunächst als Beispiel das für die *Riemannsche Geometrie* fundamentale Objekt vorgestellt.

Die Riemannsche Metrik

Für jedes $m \in M$ sei in $T_m M$ ein Skalarprodukt $\langle \, , \, \rangle$ gegeben, also eine symmetrische positiv definite Bilinearform. In der kanonischen Basisdarstellung bedeutet dies für $v, w \in T_m M$

$$\langle v, w \rangle = \sum_{ij} v_i w_j g_{ij} \quad \text{mit} \quad g_{ij}(\varphi(m)) := \left\langle \frac{\partial}{\partial x_i}\Big|_m, \frac{\partial}{\partial x_j}\Big|_m \right\rangle \quad \text{für} \quad i,j = 1, \ldots, p.$$

Die Zuordnung, die jedem $m \in M$ und jeder Karte (φ, U) eines Atlas α von M jeweils vermöge

$$m \longmapsto (g_{ij}(\varphi(m))) \quad \text{für} \quad m \in U$$

ein System von Funktionen zuordnet, definiert dann einen zweifach kovarianten Tensor, den *metrischen* oder *Riemannschen Fundamentaltensor*, wenn

a) die Matrix $(g_{ij}(x))$ für alle $x \in \varphi(U)$ symmetrisch und positiv definit ist,

b) die Funktionen $g_{ij}(x)$ alle differenzierbar sind, und

c) zwischen den Funktionensystemen zu verträglichen Karten jeweils das folgende Transformationsverhalten besteht:

$$\tilde{g}_{ij}(y) = \sum_{r,s} \frac{\partial x_r}{\partial y_i}(x(y)) \frac{\partial x_s}{\partial y_j}(x(y)) g_{rs}(x(y)).$$

Der metrische Tensor kann natürlich kürzer als differenzierbarer Schnitt eines Bündels E über M verstanden werden, das als Fasern E_m die „zweite symmetrische Potenz" $S^2 T_m^* M$ des Kotangentialraumes $T_m^* M$ hat. Er wird häufig auch mit Hilfe einer *symmetrischen Differentialform 2. Grades* in folgender Weise (in der Standard–Karte (φ, U) mit den Koordinaten x) fixiert:

$$ds^2 = \sum g_{ij} dx_i \, dx_j.$$

Der Riemannsche Fundamentaltensor in dieser Form gibt Anlaß zur Riemannschen Metrik, die für $m, m' \in M$ und eine beide Punkte verbindende Kurve γ als *Abstand* der beiden Punkte längs γ definiert

$$\int_\gamma \sqrt{ds^2},$$

und damit zu einer zusätzlichen Struktur auf einer Mannigfaltigkeit, die oft ein wichtiges Hilfsmittel ist. Etwa wird der aus dem metrischen Fundamentaltensor abgeleitete Riemannsche Krümmungstensor für die Formulierung der Allgemeinen Relativitätstheorie gebraucht. Der folgende Satz ist deshalb von besonderem Interesse.

Satz: *Auf einer differenzierbaren Mannigfaltigkeit gibt es stets einen Riemannschen Fundamentaltensor*

Beweis: s. etwa HOLMANN–RUMMLER [HR] S. 108.

Von großer Bedeutung ist auch der Begriff der *pseudo–Riemannschen Mannigfaltigkeit*, bei der der Begriff des metrischen Fundamentaltensors dahingehend abgeschwächt wird, daß in der obengenannten Definition in a) nur verlangt wird, daß die Matrix $(g_{ij}(x))$ symmetrisch und nicht–ausgeartet ist.

Als total schiefsymmetrische kovariante Tensoren ergeben sich die (äußeren) *Differentialformen q–ten Grades*:

Differenzierbare Schnitte $\alpha^{(q)}$ eines gewissen Bündels E über M dessen Fasern E_m jeweils die q–te äußere Potenz $\Lambda^q T_m^* M$ des Kotangentialraumes ist, heißen äußere Differentialformen q–ten Grades oder einfach q–Formen und haben wieder in der Standard–Karte (φ, U) mit den Koordinaten x die *reduzierte Darstellung*

$$\alpha^{(q)}\Big|_U = \sum_{1 \le i_1 < \ldots < i_q \le p} a_{i_1 \ldots i_q}\, dx_{i_1} \wedge \ldots \wedge dx_{i_q}, \qquad a_{i_1, \ldots, i_q} \in \mathcal{F}(U).$$

Hierfür wird mit $I_q := \{(i_1, \ldots, i_q), 1 \le i_1 < \ldots < i_q \le p\}$ häufig auch abgekürzt geschrieben

$$\alpha^{(q)} = \sum_{(i) \in I_q} a_{(i)} dx_{i_1} \wedge \ldots \wedge dx_{i_q} = \sum_{(i) \in I_q} a_{(i)} dx_{(i)}^q.$$

Die Menge der äußeren q–Formen auf M bildet wieder einen $\mathbb{R}$–Vektorraum, indem die Verknüpfungen jeweils für die Werte in den Punkten $m \in M$ erklärt werden. Dieser Raum wird mit

$$\Omega^q(M)$$

bezeichnet und mit $\Omega^0(M) := \mathcal{F}(M)$

$$\bigoplus_{q=0}^{p} \Omega^q(M) =: \Omega(M).$$

Der Kalkül der Differentialformen

Die Bedeutung der Differentialformen beruht darauf, daß sie über die Addition hinaus noch weitere Operationen zulassen. Hier soll davon nur eine knappe Übersicht gegeben werden. Dazu sei hier zunächst $U \subset \mathbb{R}^p$ ein offener Teil. Später wird klar, daß alles auf Differentialformen auf Mannigfaltigkeiten übertragen werden kann.

1. Wie schon bemerkt, können zwei Differentialformen

$$\alpha^{(q)} = \sum a_{(i)} dx^q_{(i)}, \quad \tilde{\alpha}^{(q)} = \sum \tilde{a}_{(i)} dx^q_{(i)} \in \Omega^q(U)$$

addiert werden

$$\alpha^{(q)} + \tilde{\alpha}^{(q)} := \sum (a_{(i)} + \tilde{a}_{(i)}) dx^q_{(i)}.$$

Überdies ist die Multiplikation mit einer Funktion $f \in \mathcal{F}(U)$ erklärt

$$f\alpha^{(q)} := \sum f a_{(i)} dx^q_{(i)},$$

und damit $\Omega^q(U)$ ein $\mathcal{F}(U)$–Modul.

Weiter ist $\Omega(U) = \bigoplus \Omega^q(U)$ ein *Ring*, wenn gesetzt wird

$$(dx_{i_1} \wedge \ldots \wedge dx_{i_q}) \wedge (dx_{j_1} \wedge \ldots \wedge dx_{j_r}) := \chi(\pi) dx_{l_1} \wedge \ldots \wedge dx_{l_{q+r}},$$

wobei $\chi(\pi) = 0$ ist, falls nicht alle i und j verschieden sind, und $\chi(\pi)$ anderenfalls der Charakter das Signum der Permutation π ist, die $(i_1, \ldots, i_q, j_1, \ldots, j_r)$ in die „geordnete Form" $(l_1, \ldots, l_{q+r})$ mit $1 \leq l_1 < \ldots < l_{q+r}$ überführt. Vermöge der Linearität wird dann eine Verknüpfung erklärt

$$\begin{aligned}
\Omega^q(U) \times \Omega^r(U) &\longrightarrow \Omega^{q+r}(U) \\
(\alpha^{(q)}, \tilde{\alpha}^{(r)}) &\longmapsto \alpha^{(q)} \wedge \tilde{\alpha}^{(r)}
\end{aligned}$$

Diese Verknüpfung ist assoziativ, aber nicht kommutativ. Sie heißt *äußere Multiplikation* und genügt der Vertauschungsregel

$$\alpha^{(q)} \wedge \alpha^{(r)} = (-1)^{qr} \alpha^{(r)} \wedge \alpha^{(q)}.$$

Bei der Deutung der Differentialformen $\alpha^{(q)}$ und $\alpha^{(r)}$ als alternierende q– bzw. r–Linearformen auf $T_m M$ ergibt sich $\alpha^{(q)} \wedge \alpha^{(r)}$ auch als „Antisymmetrisierung" der zunächst durch $\alpha^{(q)} \times \alpha^{(r)}$ auf $(T_m M)^{q+r}$ definierten $(q+r)$–linearen Abbildung.

Zusammenfassung: Differentialformen lassen sich koeffizientenweise addieren und (durch Hintereinanderschreiben) assoziativ multiplizieren unter Berücksichtigung allein der Regel

$$\begin{aligned}
dx_i \wedge dx_j &= -dx_j \wedge dx_i \quad \text{für} \qquad i \neq j \\
&= 0 \qquad\qquad\quad \text{sonst} \; .
\end{aligned}$$

Für die Schreibweise der Differentialformen ist neben der bisher benutzten geordneten oder reduzierten Darstellung die *schiefsymmetrische Darstellung*

$$\alpha^{(q)} = \sum_{j_1, \ldots, j_q = 1}^{p} \frac{1}{q!} b_{j_1 \ldots j_q} \, dx_{j_1} \wedge \ldots \wedge dx_{j_q}$$

üblich, wobei dann gilt

$$\begin{aligned}
b_{j_1 \ldots j_q} &= 0, \text{ wenn } j_1, \ldots, j_q \text{ nicht } q \text{ verschiedene Ziffern sind} \\
&= \chi(\pi) a_{i_1 \ldots i_q}, \text{ wenn } j_1, \ldots, j_q \text{ paarweise beschieden sind und}
\end{aligned}$$

$(i_1, \ldots, i_q)$ durch die Permutation π aus $(j_1, \ldots, j_q)$ hervorgeht.

2. Die am Schluß von A 1.3 diskutierte Zuordnung, die jedem $f \in \mathcal{F}(U) = \Omega^0(U)$ eine 1–Form $df \in \Omega^1(U)$ zuordnet, läßt sich ausdehnen auf beliebige q–Formen und liefert dann die **äußere Differentiation**

Definition: *Für ein Differential $\alpha^{(q)}$ in geordneter Darstellung*

$$\alpha^{(q)} = \sum a_{(i)} dx_{i_1} \wedge \ldots \wedge dx_{i_q}$$

wird als **totales Differential** *erklärt*

$$d\alpha^{(q)} := \sum da_{(i)} \wedge dx_{i_1} \wedge \ldots \wedge dx_{iq}, \qquad da_{(i)} := \sum_{k=1}^{p} \frac{\partial a_{(i)}}{\partial x_k} dx_k.$$

Für weitere Rechnungen ist $d\alpha^{(q)}$ natürlich wieder in geordnete oder schiefsymmetrische Form zu bringen. Die Operation d wird linear auf ganz $\Omega(U)$ fortgesetzt.

Definition: $\alpha \in \Omega(U)$ *heißt* **geschlossen**, *wenn $d\omega = 0$ ist, und* **exakt**, *wenn es ein $\beta \in \Omega(U)$ gibt mit $\alpha = d\beta$.*

Das totale Differential d genügt folgenden leicht zu verifizierenden **Rechenregeln**: Für $\alpha \in \Omega^q(U)$ und $\beta \in \Omega^r(U)$ gilt

$$\begin{aligned}
d(\alpha + \beta) &= d\alpha + d\beta, \quad (\text{für } q = r) \\
d(\alpha \wedge \beta) &= d\alpha \wedge \beta + (-1)^q \alpha \wedge d\beta, \\
d(d\alpha) &= 0.
\end{aligned}$$

Das **Lemma von Poincaré** besagt, daß für sternförmiges U jedes geschlossene Differential auch exakt ist. Mit Hilfe der Kohomologiegruppen (s. A 3.3) läßt sich diese wichtige Aussage verschärfen.

3. In der Deutung der Differentiale als differenzierbare Schnitte von Bündeln ist das Verhalten beim Übergang von einer Karte zur anderen schon eingebaut. Damit verträglich wird hier ein allgemeineres **Verhalten bei Variablensubstitution** postuliert:

Es sei $U \subset \mathbb{R}^p$ offen mit Koordinaten $x = (x_1, \ldots, x_p), V \subset \mathbb{R}^r$ offen mit Koordinaten $y = (y_1, \ldots, y_r)$ und

$$\begin{aligned}
F : U &\longrightarrow V \\
x &\longmapsto F(x) = y
\end{aligned}$$

eine differenzierbare Abbildung mit den Komponenten $f_i(x_1, \ldots x_p), i = 1, \ldots, r$. Jedem Differential

$$\beta = \sum_{q=0}^{r} \sum_{(i)} b_{(i)} dy_{i_1} \wedge \ldots \wedge dy_{i_q} \in \Omega(V)$$

auf V wird dann zugeordnet als Differential auf U

$$F^*\beta = \beta F = \sum_{q=0}^{r} \sum_{(i)} b_{(i)} \circ F df_{i_1} \wedge \ldots \wedge df_{i_q}$$

Es ist nicht schwer nachzuweisen, daß dies im Spezialfall auf die bisher bei Koordinatenwechseln angegebenen Vorschriften hinausläuft, und überdies, daß folgendes gilt.

Bemerkung: Die Abbildung $F : U \to V$ induziert eine Abbildung

$$\begin{array}{rcl} F^* : \Omega(V) & \longrightarrow & \Omega(U) \\ \beta & \longmapsto & F^*\beta = \beta F \end{array}$$

die den Regeln

$$\begin{array}{rcl} (\beta + \beta')F & = & \beta F + \beta' F \\ (\beta \wedge \beta')F & = & \beta F \wedge \beta' F \end{array}$$

genügt und darum ein Ringhomomorphismus ist. Substitution und Differentiation sind vertauschbar. Es gilt

$$d(F^*\beta) = d(\beta F) = (d\beta)F = F^*(d\beta) \quad \text{für alle} \quad \beta \in \Omega(V).$$

Mit dieser Bemerkung wird klar, daß alle bisher nur für $U \subset \mathbb{R}^p$, also lokal, erklärten Operationen auch global, also für Differentialformen auf Mannigfaltigkeiten brauchbar sind.

Wenn ein Vektorfeld $X \in V(M)$ gegeben ist, lassen sich noch zwei weitere Operationen auf den Differentialformen $\Omega(M)$ auf M erklären

4. Die **innere Multiplikation** $i(X)$ erniedrigt den Grad einer Differentialform $\alpha^{(q)}$ aus $\Omega^q(M)$ um eins. Und zwar ist zu $i(X)\alpha^{(q)}$ für $X \in V(M)$ erklärt durch

$$i(X)\alpha^{(q)}(X_1, \ldots, X_{q-1}) := \alpha^{(q)}(X, X_1, \ldots, X_{q-1}).$$

Es ist nicht schwer einzusehen (s. [AM] p. 115), daß tatsächlich $i(X)\alpha^{(q)} \in \Omega^{q-1}(M)$ gilt, und daß $i(X)$ die folgenden Rechenregeln erfüllt.

i) $i(X)$ is $\mathbb{R}$–linear mit $i(X)(\alpha^{(q)} \wedge \beta^{(r)}) = i(X)\alpha^{(q)} \wedge \beta^{(r)} + (-1)^q \alpha^{(q)} \wedge i(X)\beta^{(r)}$,

ii) $i(fX)\alpha^{(q)} = f i(X)\alpha^{(q)}$, und

iii) $i(X)df = L_X f \qquad$ für $f \in \mathcal{F}(M)$.

iv) $F^*(i(F_*X)\beta^{(q)}) = i(X)F^*\beta^{(q)} \qquad$ für $F : M \to M'$ diffeomorph und $\beta^{(q)} \in \Omega(M')$.

5. Die **Lieableitung** L_X erhält den Grad einer Differentialform. Und zwar ist für $\alpha^{(q)} \in \Omega^q(M)$ die Lieableitung $L_X \alpha^{(q)}$ für jeden Punkt $m \in M$ definiert durch

$$(L_X \alpha^{(q)})_m := \frac{d}{dt}\left((F_X(t)^* \alpha^{(q)})_m\right)\Big|_{t=0}.$$

Dabei meint F_X den zu $X \in V(M)$ gehörigen *Fluß*, der, grob gesprochen, eine Familie $F_X(t)$ von Diffeomorphismen „in Richtung von X" ist. Etwas genauer: Eine fundamentale Aussage, die immer wieder benutzt wird und mit Hilfe der Sätze über Lösungen von Systemen gewöhnlicher Differentialgleichungen bewiesen wird (s. [AM] p. 67 oder [St] p. 90), besagt, daß sich die Integralkurven γ_X zum differenzierbaren Vektorfeld X mit $\dot{\gamma}_X(0) = X_{m'}$ für alle $m' = \gamma_X(0)$ aus einer Umgebung U von m zu einem Fluß $F = F_X$, d.h. einer Familie $(F_X(t))_t$ von Diffeomorphismen von U auf $F(U)$, zusammenlegen, wobei der Parameter $t \in \mathbb{R}$ aus einem 0 enthaltenden Intervall genommen wird. Zunächst nur für „vollständige" X, für die $U = M$ genommen werden kann, dann aber auch (s. [AM] p. 90) allgemeiner, von U unabhängig, kann auf diese Weise

$$L_X \alpha^{(q)} = \frac{d}{dt}\left(F_X(t)^* \alpha^{(q)}\right)\Big|_{t=0}$$

definiert werden. Für dies L_X gelten (s. [AM] p. 113 f) die Rechenregeln

i) $L_X d\alpha = dL_X \alpha$ für $\alpha \in \Omega(M)$

ii) $L_X \alpha = d(i(X)\alpha) + i(X)d\alpha$

iii) $L_X \alpha$ ist $\mathbb{R}$–bilinear in X und α mit $L_X(\alpha \wedge \beta) = L_X \alpha \wedge \beta + \alpha \wedge L_X \beta$

iv) $L_{fX}\alpha = fL_X\alpha + df \wedge i(X)\alpha$ für $f \in \mathcal{F}(M)$

v) $L_X i(X)\alpha = i(X)L_X\alpha.$

Ganz analog kann übrigens auch für ein Vektorfeld $Y \in V(M)$ als Lieableitung definiert werden

$$L_X Y := \frac{d}{dt}\left(F_X(t)_* Y\right)\Big|_{t=0}.$$

Dies wird in A 2.1 aufgegriffen werden.

Es gibt noch einen anderen wichtigen Ableitungsbegriff, den der „kovarianten Ableitung". Dieser setzt aber die Vorgabe eines „Zusammenhangs" voraus, der nun in allgemeinerem Kontext eingeführt werden soll.

A.1.5   Zusammenhänge

In [Ch] p. 33 wird gleich allgemein der Begriff des Zusammenhanges auf einem differenzierbaren Vektorbündel E auf einer Mannigfaltigkeit M eingeführt. Hier wird [A] und [AM] folgend zunächst nur das Tangentialbündel TM auf M betrachtet. Im folgenden soll nun formuliert werden, unter welchen Umständen ein differenzierbares Vektorfeld $X \in V(M)$, also ein differenzierbarer globaler Schnitt von TM über M, als aus „parallelen" Vektoren bestehend ausgezeichnet werden kann, oder - vielleicht anschaulicher - wie ein Vektor $X_m \in T_m M$ längs einer durch m gehenden Kurve $\gamma : J \to M$ „parallel verschoben" werden kann. Dies kann durch Präzisierung der Vorstellung geschehen, daß zwischen den Tangentialräumen $T_m M$ und $T_{m'} M$ in je zwei benachbarten Punkten m und m', die zunächst nur abstrakt isomorph sind, ein „Zusammenhang", i.e. ein konkreter Isomorphismus $\phi_{m,m'}$ vorgegeben wird, wobei dieser Isomorphismus differenzierbar von (m,m') abhängt und $\phi_{m,m} = id$ erfüllt. Ein Weg, um zu dieser Präzisierung zu gelangen, besteht darin, zu gegebenem Vektorfeld $X \in V(M)$ in jedem Punkt $m \in M$ eine Vorschrift zu definieren, wie $X_m \in T_m M$ und jeder „Richtung" $Y_m \in T_m M$ eine Ableitung $(\nabla_Y X)_m$ von X_m in Richung Y_m zugeordnet wird. X_m ändert sich nicht in der durch Y_m bestimmten Richtung, wenn diese Ableitung $(\nabla_Y X)_m$ Null ist. Dies bedeutet nun (s. [AM] p. 145)

Definition 1: *Ein* **Zusammenhang** ∇ *auf einer differenzierbaren Mannigfaltigkeit* M *ist eine Abbildung*

$$\nabla : V(M) \times V(M) \longrightarrow V(M)$$
$$(X,Y) \longmapsto \nabla_Y X$$

mit

a) ∇ *ist* $\mathbb{R}$*–bilinear in* $X,Y \in V(M)$

b) $\nabla_{fY} X = f \nabla_Y X, \qquad \nabla_Y (fX) = f \nabla_Y X + (L_Y f) X$ *für alle* $f \in \mathcal{F}(M)$.

$\nabla_Y X$ *heißt die* **kovariante Ableitung** *von* X *entlang* Y *(zum Zusammenhang* ∇*)*.

$L_Y f$ meint die im letzten Abschnitt behandelte Lieableitung von f.

In einer Karte (φ, U) mit Koordinaten x und der üblichen Basis $e_i = \frac{\partial}{\partial x_i}$ für die $T_m M$ mit $m \in U$ seien die *Christoffelsymbole* Γ^i_{jk} *des Zusammenhanges* ∇ eingeführt durch

$$\nabla_{e_j} e_k = \sum_{i=1}^{p} \Gamma^i_{jk} e_i.$$

Für $X = \sum a_i e_i$ und $Y = \sum b_j e_j$ gilt dann

$$(1) \qquad (\nabla_Y X) = \sum_i c_i e_i \ \text{ mit } \ c_i = \sum_j \frac{\partial a_i}{\partial x_j} b_j + \sum_{j,k} \Gamma^i_{jk} a_k b_j.$$

Es sei nun $\gamma : J \to M$ eine Kurve in M. Dann bestimmen die zugehörigen Tangentialvektoren $\dot\gamma(t) \in T_m M$ für $m = \gamma(t)$ zwar kein Vektorfeld Y auf M, es macht aber doch einen Sinn, diese als Teil eines solchen Vektorfelds anzusehen und $\nabla_{\dot\gamma(t)} X$ als *kovariante Ableitung von X längs γ* zu bezeichnen und zu erklären:

Definition: *Das Vektorfeld $X \in V(M)$ besteht aus **längs** γ **parallelen** Vektoren, wenn gilt*

$$\nabla_{\dot\gamma(t)} X = 0 \ \text{ für alle } \ t \in J.$$

Unter Verwendung der häufig gebrauchten Notation

$$X = \sum X_i e_i$$

gilt wegen (1) für die kovariante Ableitung von X längs γ

$$(2) \qquad (\nabla_{\dot\gamma(t)} X)_i = \frac{d}{dt}\left(X_i(\gamma(t))\right) + \sum_{j,k} \Gamma^i_{jk} \gamma((t)) X_k(\gamma(t)) \dot\gamma_j(t) \ (i = 1, \dots, p).$$

Wenn hier nun für X die Tangentialvektoren $\dot\gamma(t)$ an die Kurve γ eingesetzt werden, ergibt sich als Bedingung dafür, daß die Tangentialvektoren in dem durch den Zusammenhang ∇ fixierten Sinn parallel sind, aus (2) das System gewöhnlicher Differentialgleichungen

$$(3) \qquad \ddot\gamma_i(t) + \sum_{j,k} \Gamma^i_{j,k} \gamma((t)) \dot\gamma_j(t) \dot\gamma_k(t) = 0.$$

In dem wichtigen Spezialfall, daß der Zusammenhang dadurch fixiert ist, daß M die Struktur einer Riemannschen (oder auch einer pseudo–Riemannschen) Mannigfaltigkeit hat und damit auf M ein metrischer Fundamentaltensor $g = (g_{ik})$ bzw. eine symmetrische 2–Form

$$ds^2 = \sum g_{ik} dx_i dx_k$$

gegeben ist, heißt eine Lösungskurve γ der Differentialgleichung (3) eine *Geodätische*. Es ist eine fundamentale Aussage, daß für eine solche Kurve die *Länge von* γ

$$l(\gamma) = \int_\gamma \sqrt{ds^2}$$

ein Extremum hat, zu gegebenem g_{ik} bzw.

$$(g^{ik}) := {}^t g^{-1} = (g_{ki})^{-1}$$

berechnen sich dabei die Christoffelsymbole des Zusammenhanges zu g als

$$\Gamma_{ij}^{\,k}(\,=1/2)\sum_{l}(\partial_i g_{jl} + \partial_j g_{il} - \partial_l g_{ij})g^{lk}.$$

Zusammenhänge auf Vektorbündeln

Inspektion der Formel (1) zeigt, daß bei der eben gegebenen Definition des Zusammenhanges die Koordinaten b_j der „Richtung" Y' ungeändert in die kovariante Ableitung eingehen. Wie in [Ch] p. 33 kann deshalb allgemeiner für ein differenzierbares Vektorbündel E vom Rang d über M mit $\Gamma(E)$ als Raum der globalen Schnitte über M ein Zusammenhang erklärt werden.

Definition 2: *Ein* **Zusammenhang** ∇ *auf* $E \xrightarrow{\pi} M$ *ist eine Abbildung*

$$\nabla : \Gamma(E) \to \Gamma(T^*M \otimes E)$$

mit

   i) $\nabla(\xi + y) = \nabla\xi + \nabla y$ für alle $\xi, y \in \Gamma(E)$

   ii) $\nabla(f\xi) = df \otimes \xi + f\nabla\xi$ für alle $\xi \in \Gamma(E), f \in \mathcal{F}(M)$.

Lokal über einem offenen Teil $U \subset M$ mit einem „d–Bein" $s_1, \ldots, s_d$, d.h. Schnitten $s_i \in \Gamma(E,U)$, so daß $s_1(m), \ldots, s_d(m)$ linear unabhängig sind für alle $m \in U$, schreibt sich dies also

$$\nabla s_i = \sum_{j=1}^{d} \omega_i^j s_i, \quad i = 1, \ldots, d,$$

bzw. in Matrixschreibweise $\nabla s = \omega s$, wobei die ω_i^j 1–Formen auf U sind. Für

$$\xi \in \Gamma(E,U), \quad \text{also} \quad \xi = \sum \xi_i s_i \quad \text{mit} \quad \xi_i \in \mathcal{F}(U)$$

gilt dann wegen i) und ii)

$$(4) \qquad \nabla\xi = \sum_i (d\xi_i + \sum_j \xi_i \omega_j^i) s_i$$

also

$$(5) \qquad d\xi_i + \sum_{j=1}^{d} \xi_j \omega_j^i = \sum_{k=1}^{p}(\frac{\partial \xi_i}{\partial x_k} + \sum_{j=1}^{d} \Gamma_{jk}^i \xi_j) dx_k, \qquad i = 1, \ldots, d.$$

Für den Fall $E = TM$ können (4) und (5) mit (1) verglichen werden, und es ist zu sehen, daß die Definition 2 in die Definition 1 übergeht, wenn für $X, Y \in V(M) = \Gamma(TM)$ gesetzt wird

$$\nabla_Y X = (\nabla X, Y),$$

wobei hier $(\ ,\ ) : \Gamma(T^*M \otimes TM) \times V(M) \to V(M)$ induziert wird durch die Standardpaarung

$$dx_i(\frac{\partial}{\partial x_j}) = \delta_{ij}.$$

Die Verallgemeinerung der aus der Definition 1 des Zusammenhanges erhellenden Vorstellung, daß ein Vektorfeld X längs einer Kurve parallel genannt werden kann, geschieht dadurch, daß im Anschluß an die Definition 2 ein Schnitt $\xi \in \Gamma(E)$ *horizontal* genannt wird, wenn gilt

$$\nabla \xi = 0,$$

also lokal

$$d\xi_i + \sum_{j=1}^d \omega_j^i \xi_j = 0 \qquad i = 1, \ldots, d.$$

Dies kann als System partieller Differentialgleichungen verstanden werden. Es hat im allgemeinen keine Lösung, geht jedoch in ein lösbares System gewöhnlicher Differentialgleichungen über, wenn nur nach einem horizontalen Schnitt über einer gegebenen Kurve γ auf M gesucht wird.

Bisher wurde bei lokalen Betrachtungen nur eine Karte φ und ein festes d–Bein s_i betrachtet. Es sei nun noch durch

$$s' = As$$

ein anderes d–Bein gegeben, wobei A eine nicht–singuläre $d \times d$–Matrix in U differenzierbarer Funktionen ist. Ist ω' bezüglich s' gegeben durch

$$\nabla s' = \omega' s'$$

ergibt sich als Transformationsgesetz des Zusammenhanges

$$(6) \qquad\qquad \omega'A = dA + A\omega$$

Nun wird noch eine $d \times d$–Matrix Ω aus 2–Formen, die *Krümmungsmatrix* bezüglich s, eingeführt durch

$$\Omega := d\omega + \omega \wedge \omega.$$

Dann ist durch äußere Ableitung aus (6) mit der bezüglich s' entsprechend gebildeten Matrix Ω' das Transformationsgesetz

$$\Omega'A = A\Omega$$

zu gewinnen. Hieraus ist zu sehen, daß das Verschwinden von Ω unabhängig von der Wahl des d–Beins ist. Ein Zusammenhang ω mit

$$\Omega = 0$$

heißt *flach* oder *integrabel*. Im Fall, daß der Zusammenhang von einer Metrik herkommt, hat die Krümmung die in der Differentialgeometrie studierte geometrische Bedeutung. In jedem Fall kann durch äußere Ableitung noch aus der Definitionsgleichung von Ω die *Bianchi–Identität*

$$d\Omega + \Omega \wedge \omega - \omega \wedge \Omega = 0$$

hergeleitet werden.

Ein gegebener Zusammenhang ∇ auf dem Tangentialbündel TM, wie in (4) und (5) mit Hilfe der Christoffelsymbole Γ^i_{jk} und der 1–Formen

$$\omega^k_i = \sum_{j=1}^{p} \Gamma^k_{ij} dx_j$$

beschrieben, ermöglicht nun in natürlicher Weise die Definition von *kovarianten Ableitungen* von Differentialformen, Tensoren und, noch allgemeiner, Tensoren gebildet aus Differentialformen (s. etwa [AM] p. 148 und [K_2] p. 440). Für eine Differentialform $\alpha \in \Omega^{(q)}(M)$ und $h = 1, \ldots, p$ ist

$$d_h\alpha := \frac{\partial \alpha}{\partial x_h} - \sum_r \omega^r_h \wedge e_r\alpha$$

die *kovariante Ableitung in Richtung h* mit

$$e_r\alpha = \beta \quad \text{wenn} \quad \alpha = dx_r \wedge \beta + \gamma,$$

wobei dx_r in γ nicht vorkommt, also auch $e_r\alpha = i(X_r)\alpha$ mit der in A 1.4 in 4. diskutierten inneren Multiplikation. Es ist naheliegend, hier noch eine $(q+1)$–Form zu erzeugen durch die Summe

$$\sum_{h=1}^{p} dx_h \wedge d_h\alpha,$$

die dann aufgrund der Symmetrie der Γ^i_{jk} allerdings mit dem in A 1.4 unter 2. diskutierten äußeren Differential $d\alpha$ übereinstimmt.

Die kovariante Ableitung eines p–fach kontra– und q–fach kovarianten Tensors t ist ein $(p, q+1)$–Tensor ∇t gegeben durch

$$(\nabla t)^{i_1 \ldots i_p}_{j_1 \ldots j_q h} = \frac{\partial}{\partial x_h} t^{i_1 \ldots i_p}_{j_1 \ldots j_q} + \sum_l t^{l i_2 \ldots i_p}_{j_1 \ldots j_q} \Gamma^{i_1}_{hl} + \ldots + \sum_l t^{i_1 \ldots l}_{j_1 \ldots j_q} \Gamma^{i_p}_{hl}$$
$$- \sum_l t^{i_1 \ldots i_p}_{l j_2 \ldots j_q} \Gamma^l_{h j_1} - \ldots - \sum_l t^{i_1 \ldots i_p}_{j_1 \ldots l} \Gamma^l_{h j_p}.$$

Für eine viel allgemeinere, diese vielen Indizes vermeidende Darstellung seien dem interessierten Leser noch die ersten Seiten der *Equations Différentielles à Points Singuliers Réguliers* von DELIGNE [De] empfohlen.

A.2 Liegruppen und Liealgebren

Wie schon in A 1 sollen auch hier wieder nur die in der symplektischen Geometrie hauptsächlich gebrauchten Begriffe und Hauptsätze aus diesem großen und wichtigen Teilgebiet der Mathematik vorgestellt werden. Als Leitfaden dient dabei §6 von KIRILLOVS Buch *Elements of the Theory of Representations* [Ki] und auch die entsprechenden Abschnitte von [AM]. Der interessierte Leser mag dazu noch irgendein Buch in die Hand nehmen, das Liegruppen oder –algebren im Titel hat. Besonders empfohlen seien aber hier die Klassiker von E. WIGNER [Wi], H. WEYL [W] sowie CHEVALLEY [Ce].

A.2.1 Liealgebren und Vektorfelder

Liealgebren traten zunächst als „infinitesimale Liegruppen" auf, gewannen aber bald Bedeutung als eigenständige algebraische Objekte. Im folgenden ist wieder $K = \mathbb{R}$ oder $\mathbb{C}$. Die Theorie der Liealgebren betrachtet aber auch ganz allgemeine Körper.

Definition: *Ein K-Vektorraum $\mathfrak{g}$ heißt* **Liealgebra**, *wenn auf ihm ein Lieprodukt (oder eine Lieklammer) definiert ist, d.h. eine K-bilineare Abbildung*

$$[\; , \;] : \mathfrak{g} \times \mathfrak{g} \to \mathfrak{g}$$

mit

i) $[X, X] = 0$ *für alle* $X \in \mathfrak{g}$ („Antisymmetrie")
ii) $[[X,Y], Z] + [[Y,Z], X] + [[Z,X], Y] = 0$ *für alle* $X,Y,Z \in \mathfrak{g}$ („Jacobiidentität")

Bemerkung: Falls $\mathfrak{g}$ endlichdimensional ist mit einer Basis $(X_1, \ldots, X_n)$, genügt es offenbar, die Lieklammern $[X_i, X_j]$ zu kennen, d.h. die Koeffizienten c_{ij}^k $(i,j,k = 1, \ldots, n)$ in den Ausdrücken

$$[X_i, X_j] = \sum_{k=1}^n c_{ij}^k X_k.$$

Diese Koeffizienten heißen die *Strukturkonstanten* von $\mathfrak{g}$ (bezüglich der gegebenen Basis $(X_1, \ldots, X_n)$).

Beispiele:

1.) Die Liealgebra $\mathfrak{g}$ heißt *abelsch* oder *kommutativ*, wenn gilt

$$[X,Y] = 0 \quad \text{für alle} \quad X,Y \in \mathfrak{g}.$$

Jeder K-Vektorraum kann als kommutative Liealgebra mit trivialer Lieklammer angesehen werden.

2.) Jede assoziative K-Algebra $\mathbf{A}$ kann als Liealgebra angesehen werden, wenn als Lieklammer erklärt wird

$$[X,Y] := XY - YX \quad \text{für} \quad X,Y \in \mathbf{A}.$$

Insbesondere gilt dies für den Raum aller $p \times p$-Matrizen $\mathbf{A} = M_p(K)$, er wird als Liealgebra dann $\mathfrak{gl}_p(K)$ genannt.

3.) Jede (nicht notwendig assoziative) K-Algebra $\mathbf{A}$ gibt Anlaß zur Bildung einer Liealgebra Der $\mathbf{A}$, gebildet von den K-linearen Abbildungen, Derivationen genannt,

$$D : A \to A \quad \text{mit} \quad D(XY) = (DX)Y + XDY \quad \text{für alle} \quad X,Y \in \mathbf{A}$$

mit $[D_1, D_2] := D_1 D_2 - D_2 D_1$ als Lieklammer. Der $\mathbf{A}$ heißt die Algebra der *Derivationen* oder auch *Differentiationen* von $\mathbf{A}$.

Bei leichter Verfeinerung des Satzes im Anschluß an die Definition 2 des Tangentialraumes in A 1.1 kann gezeigt werden (s. [AM] p. 83):

Satz: *Der Raum $V(M)$ der differenzierbaren Vektorfelder auf einer differenzierbaren Mannigfaltigkeit M ist als K-Vektorraum isomorph zu Der $(\mathcal{F}(M))$.*

Dieser Isomorphismus wird gegeben, indem einem Vektorfeld X auf M die Derivation L_X zugeordnet wird, die erklärt ist durch

$$L_X f(m) = \langle X_m, (df)_m \rangle \quad \text{für} \quad f \in \mathcal{F}(M) \quad \text{und} \quad m \in M.$$

$L_X f$ wird Lieableitung von f bezüglich X genannt und kam schon am Ende von Abschnitt A 1.3 vor sowie bei der Diskussion der Definition des Tangentialraums in A 1.1, wo im Zuge der lokalen Betrachtungen noch $L_X f(m) = L_{X_m} f$ geschrieben wurde.

Der Isomorphismus des Satzes fabriziert eine Liealgebrastruktur auf $V(M)$, wobei $[X,Y]$ für $X, Y \in V(M)$ das eindeutig bestimmte Vektorfeld ist mit

$$L_{[X,Y]} = [L_X, L_Y].$$

Für einen Diffeomorphismus $F : M \to M'$ ist am Schluß von A 1.3 $F_* X \in V(M')$ als Bild von $X \in V(M)$ erklärt worden. Die Abbildung F_* verträgt sich mit der Lieklammer (s. [AM] p. 85):

Bemerkung 2: F_* ist ein *Liealgebrahomomorphismus*, d.h. F_* ist K–linear mit

$$F_*[X,Y] = [F_*X, F_*Y] \quad \text{für} \quad X,Y \in V(M).$$

Die Lieableitung eines Vektorfeldes

Es ist eine nicht ganz billig zu gewinnende Aussage, daß die am Schluß von A 1.4 unter Verwendung des Flusses F_X zu $X \in V(M)$ erklärte Abbildung

$$L_X : V(M) \longrightarrow V(M)$$
$$Y \longmapsto L_X Y := \frac{d}{dt}\left(F_X(t)_* Y\right)\Big|_{t=0}$$

auch mit der Lieklammer gebildet werden kann, also

$$L_X Y = [X,Y].$$

A.2.2 Liegruppen und invariante Vektorfelder

Definition: *Eine* **Liegruppe** G *ist eine endlichdimensionale Mannigfaltigkeit, auf der eine Gruppenstruktur definiert ist, wobei die Gruppenoperationen durch differenzierbare Abbildungen gegeben werden, also*

$$\begin{aligned} G \times G &\longrightarrow G \quad \text{und} \quad & G &\longrightarrow G \\ (g,h) &\longmapsto gh & g &\longmapsto g^{-1} \end{aligned}$$

sind differenzierbar.

Hier wird nur der reelle Fall betrachtet, analog werden auch komplexe Liegruppen eingeführt.

Beispiele:

1) $G = \mathbb{R}^n$ mit der Addition als Verknüpfung.

2) $G = \mathbb{R}_{>0}$ mit der Multiplikation als Verknüpfung, ebenso
   $G = S^1 = \{z \in \mathbb{C}, |z| = 1\}$.

3) $G = GL(n, \mathbb{R})$ mit der Matrizenmultiplikation als Verknüpfung.

4) $G = G_1 \times G_2$, falls G_1 und G_2 Liegruppen sind.

5) $G = H(\mathbb{R}) = \{h = (\lambda,\mu,\kappa) \in \mathbb{R}^3\}$ die *Heisenberggruppe vom Grad 1* mit der Verknüpfung

$$hh' = (\lambda + \lambda', \mu + \mu', \kappa + \kappa' + \lambda\mu' - \lambda'\mu).$$

Jeder Liegruppe G kann nun eine Liealgebra $\mathfrak{g} = \operatorname{Lie} G$ zugeordnet werden, die als „Linearisierung" von G angesehen werden kann, und die die Struktur von G „im wesentlichen", d.h. hier in in einer Umgebung der Eins, fixiert. Für diese Zuordnung gibt es mehrere äquivalente Zugänge. Hier wird als Ausgangspunkt eine Begriffsbildung gewählt, die auch sonst sehr nützlich ist.

Bezeichnung: Zu jedem $g_0 \in G$ bezeichne λ_{g_0} die durch

$$g \mapsto \lambda_{g_0} g := g_0 g$$

gegebene *Linkstranslation um* g_0 und ρ_{g_0} die *Rechtstranslation* gegeben durch

$$g \mapsto \rho_{g_0} g := g g_0.$$

Für jedes g_0 sind λ_{g_0} und ρ_{g_0} Diffeomorphismen von G auf sich. Sie können also benutzt werden, um auf G gegebene Vektorfelder X zu „verschieben". Dies ermöglicht die Begriffe rechts– bzw. linksinvarianter Vektorfelder auf G.

Definition: $X \in V(G)$ *heißt* **linksinvariant**, *falls gilt*

$$(\lambda_{g_0})_* X = X \quad \text{für alle} \quad g_0 \in G.$$

Der Raum $V_l(G)$ der linksinvarianten Vektorfelder auf G ist offenbar ein Untervektorraum von $V(G)$, der sich gleich auch als Lieunteralgebra der Liealgebra $V(G)$ erweisen (und damit dann zu $\mathfrak{g} = \operatorname{Lie} G$ führen) wird. Zunächst noch

Bemerkung 1: Der Tangentialraum $T_e G$ an G im Einselement $e \in G$ der Gruppe ist als Vektorraum isomorph zu $V_l(G)$

$$V_l(G) \underset{\varphi_2}{\overset{\varphi_1}{\rightleftarrows}} T_e G.$$

Und zwar ist φ_1 gegeben durch

$$\varphi_1(X) := X_e \quad \text{für} \quad X \in V_l(G)$$

und φ_2 durch

$$\varphi_2(\xi) := X \quad \text{mit} \quad X_g := (\lambda_g)_* \xi \quad \text{für} \quad \xi \in T_e G.$$

Dann gilt offenbar

$$\varphi_1 \varphi_2(\xi) = \varphi_1((\lambda_g)_* \xi) = (\lambda_e)_* \xi = \xi.$$

sowie wegen der Linksinvarianz von X

$$(\varphi_2 \varphi_1(X))_g = (\lambda_g)_* X_e = X_g$$

also $\varphi_1 \varphi_2 = id_{T_e G}$ und $\varphi_2 \varphi_1 = id_{V_l(G)}$.

Bemerkung 2: Für $X, Y \in V_l(G)$ ist auch $[X,Y] \in V_l(G)$.
Denn es gilt wegen der letzten Bemerkung in A 2.1

$$(\lambda_g)_* [X,Y] = [(\lambda_{g_*})X, (\lambda_g)_* Y] = [X,Y].$$

Damit kann jetzt fixiert werden:

Definition: *Der Vektorraum $T_e G$ mit der Liealgebrastruktur, die vom Isomorphismus mit $V_l(G)$ induziert wird, heißt die* **Liealgebra** $\mathfrak{g} = \operatorname{Lie} G$ **von** G.

Beispiele sind etwa

$$\begin{aligned}
\mathfrak{gl}_n(\mathbb{R}) &:= \operatorname{Lie} GL_n(\mathbb{R}) &=& \ M_n(\mathbb{R}), \\
\mathfrak{sl}_n(\mathbb{R}) &:= \operatorname{Lie} SL_n(\mathbb{R}) &=& \ \{X \in M_n(\mathbb{R}), \operatorname{Spur} X = 0\}, \\
\mathfrak{sp}_n(\mathbb{R}) &:= \operatorname{Lie} Sp_n(\mathbb{R}) &=& \ \{X \in M_{2n}(\mathbb{R}), {}^t X J + J X = 0\}
\end{aligned}$$

sowie

$$\mathfrak{o}\,(3) := \operatorname{Lie} O(3) \simeq \mathbb{R}^3$$

mit

$$X \;\longleftrightarrow\; \xi$$
$$[X,Y] \;\longleftrightarrow\; \xi \times \eta \quad (\text{das Vektorprodukt in } \mathbb{R}^3).$$

A.2.3   Ein–Parameteruntergruppen und die Exponentialabbildung

Wie schon angedeutet, kann der Übergang von der Liegruppe G zu ihrer Liealgebra $\mathfrak{g}$ bis zu einem gewissen Grade umgekehrt werden. Die Ausführung (und Präzisierung) dieser Aussage verwendet die folgenden Begriffsbildungen, die aber hier wieder nur angerissen werden können.

Zu jedem $\xi \in T_e G$ bezeichne

$$\begin{aligned}
\gamma_\xi : \mathbb{R} &\longrightarrow G \\
t &\longmapsto \exp t\xi
\end{aligned}$$

die *Integralkurve* des von ξ induzierten linksinvarianten Vektorfelds X (mit $X_e = \xi$), die für $t = 0$ durch e geht und für die gilt, daß ihr Tangentialvektor $\dot{\gamma}_\xi(t)$ in jedem Punkt $\gamma_\xi(t)$ gleich $X_{\gamma_\xi(t)}$ ist. Daß es so was gibt, ist wie schon am Schluß von A 2.1 Folge des Existenz– und Eindeutigkeitssatzes für Systeme gewöhnlicher Differentialgleichungen (und einiger Zusatzüberlegungen). Für eine solche Kurve kann gezeigt werden (s. etwa [AM] p. 255), daß gilt

$$\exp (t + s)\xi = \exp t\xi \cdot \exp s\xi,$$

d.h.

$$\gamma_\xi : \mathbb{R} \to G$$

ist ein (differenzierbarer) Gruppenhomomorphismus. γ_ξ heißt auch *Ein–Parameter–untergruppe* von G (= „1-PUG"). Dies ermöglicht nun die

Definition: *Die Abbildung*

$$\exp : T_e G \longrightarrow G$$
$$\xi \longmapsto \gamma_\xi(1) = \exp \xi$$

heißt die **Exponentialabbildung** *der Liealgebra* $\mathfrak{g} = T_e G$ *in* G.

Diese Abbildung erweist sich als differenzierbar und induziert auf dem Tangentialraum $T_0(T_e G) \simeq T_e G$ die identische Abbildung, ist also ein lokaler Diffeomorphismus, jedoch kein Diffeomorphismus auf G.

Bemerkung: Für einen differenzierbaren Homomorphismus

$$F : H \to G$$

zwischen zwei Liegruppen H und G und die von ihr induzierte Abbildung

$$T_e F := (F_*)_e : T_e H \to T_e G$$

gilt die „Vertauschungsregel"

$$F(\exp_H \eta) = \exp_G(T_e F)\eta \quad \text{für alle} \quad \eta \in T_e H = \operatorname{Lie} H.$$

Denn die Abbildung

$$\gamma : \mathbb{R} \to F(\exp_H t\eta)$$

ist eine 1-PUG von G, also von der Form

$$\gamma(t) = \exp_G t\xi \quad \text{mit} \quad \xi = \frac{d}{dt}\gamma(t)|_{t=0} = (T_e F)(\eta),$$

d.h.

$$F(\exp_H \eta) = \gamma(1) = \gamma_\xi(1) = \exp_G \xi = \exp_G(T_e F)\eta.$$

Ein wichtiger *Spezialfall* wird gegeben durch die Konjugation

$$\kappa_g : G \longrightarrow G$$
$$h \longmapsto ghg^{-1} = \rho_{g^{-1}}\lambda_g h \quad \text{für} \quad g \in G$$

Es ist dies eine differenzierbare Abbildung, und zwar ein *innerer Automorphismus* von G. Es bezeichnet nun

$$Ad_g := T_e \kappa_g = T_e(\rho_g^{-1}\lambda_g) : T_e G \to T_e G$$

die **adjungierte Abbildung** assoziiert zu $g \in G$. Als Folge der letzten Bemerkung gilt

$$\exp(Ad_g \xi) = \kappa_g \exp \xi = g(\exp \xi)g^{-1} \quad \text{für alle} \quad \xi \in T_e G \quad \text{und} \quad g \in G.$$

Beispiele

1. $G = \mathbb{R}^n$ mit der Addition als Verknüpfung hat $\mathfrak{g} = \text{Lie}\, G = \mathbb{R}^n$ und exp: $\mathbb{R}^n \to \mathbb{R}^n$ ist die Identität.

2. Für $G = GL_n(\mathbb{R})$ und Untergruppen ist die Exponentialabbildung die Verallgemeinerung der Exponentialfunktion auf Matrizen, also

$$\exp : M_n(\mathbb{R}) \ \longrightarrow \ GL_n(\mathbb{R})$$
$$A \ \longmapsto \ \sum_{m=0}^{\infty} A^m/m! \, .$$

Zu jedem $A \in M_n(\mathbb{R})$ gehört die 1-PUG γ_A, gegeben durch

$$\gamma_A(t) = \exp tA = \sum_{m=0}^{\infty} t^m A^m/m!$$

Dabei gilt für $C \in GL_n(\mathbb{R})$ die häufig benutzte Rechenregel

$$\exp(CAC^{-1}) = C(\exp A)C^{-1}.$$

A.3 Etwas Kohomologietheorie

Homologie– und Kohomologiegruppen sind wichtige Werkzeuge zur Beschreibung und Charakterisierung von Objekten in fast allen Bereichen der Mathematik. Sie werden eingeführt in der „homologischen Algebra" und/oder „der algebraischen Topologie". Hier werden nur einige Definitionen aus verschiedenen Quellen ([Ki], [GS]) zusammengesucht und rudimentär vorgestellt, weil sie in der symplektischen Geometrie gebraucht werden. Für eine systematische Einführung kann MacLane's Buch *Homology* [ML] empfohlen werden oder Godements Buch *Topologie algébraique et théorie des faisceaux* [Go], das als klassische Einführung der Garben und ihrer Kohomologie seinen Wert behalten hat.

A.3.1 Kohomologie von Gruppen

G und M seien Gruppen. Und zwar sei M abelsch und *G operiere auf M von links*, d.h. es gibt eine Abbildung

$$\begin{aligned} G \times M &\longrightarrow M \\ (g,m) &\longmapsto gm \end{aligned}$$

mit

$$(gg')m = g(g'm), \qquad em = m, \qquad g(m + m') = gm + gm'$$
$$\text{für alle } g,g' \in G \text{ und } m,m' \in M.$$

Dann ist (s. [Ki] p. 21) eine *n–dimensionale Kokette* c eine $(n+1)$–lineare Abbildung

$$c : \underbrace{G \times \ldots \times G}_{n+1} \longrightarrow M$$

mit

$$c(gg_0,\ldots,gg_n) = gc(g_0,\ldots,g_n) \quad \text{für alle} \quad g,g_0,\ldots,g_n \in G.$$

Die Gesamtheit aller n–dimensionalen (oder einfacher: n-) Koketten ist eine Gruppe, sie wird mit

$$C^n(G,M)$$

bezeichnet. Dann wird ein *Korandoperator d*

$$\begin{aligned} d : C^n(G,M) &\longrightarrow C^{n+1}(G,M) \\ c &\longmapsto dc \end{aligned}$$

gegeben durch

$$dc(g_0,\ldots,g_{n+1}) = \sum_{i=0}^{n+1} (-1)^i c(g_0,\ldots,\hat{g}_i,\ldots,g_{n+1}).$$

Ein $c \in C^n(G,M)$ heißt *Korand der Kokette* $b \in C^{n-1}(G,M)$, falls gilt

$$c = db,$$

und c heißt *Kozyklus*, falls gilt

$$dc = 0.$$

Damit ergeben sich in C^n die Untergruppen Z^n der Kozyklen und B^n der Koränder.

Die folgende Aussage ist zentral:

Bemerkung: Es gilt

$$d \circ d = 0.$$

(Beweis als Übung).

Also gilt

$$C^n(G,M) \supset Z^n(G,M) \supset B^n(G,M)$$

und es kann gebildet werden:

$$H^n(G,M) := Z^n(G,M)/B^n(G,M).$$

Dies ist wieder eine Gruppe und wird die n–te *Kohomologiegruppe der Gruppe G mit Koeffizienten in M* genannt. Weiter wird noch gebildet

$$H^*(G,M) := \bigoplus_n H^n(G,M).$$

Dies ist ein graduierter Ring oder eine graduierte Algebra, falls M nicht nur eine Gruppe, sondern ein Ring oder eine Algebra ist.

Für praktische Rechnungen werden die Kokettenfunktionen c auch ersetzt durch $\tilde{c}$ vermöge

$$\tilde{c}(h_1,\dots,h_n) := c(e,h_1,h_1h_2,\dots,h_1\dots h_n).$$

Für diese $\tilde{c}$ ist dann der Korandoperator

$$d\tilde{c}(h_1,\dots,h_{n+1}) = h_1\tilde{c}(h_2,\dots,h_{n+1}) + \sum_{i=1}^{n}(-1)^i\tilde{c}(h_1,\dots,h_{i-1},h_ih_{i+1},h_{i+2},\dots,h_{n+1}).$$

(Beweis als Übung).

Als Hinweis auf die Nützlichkeit dieser Begriffsbildung sei hier nur erwähnt, daß für zwei vorgegebene Gruppen G_0 und G_1 mit einer Operation von G_1 auf $Z(G_0) = \{g \in G_0, gg_0 = g_0g, g_0 \in G_0\}$, dem *Zentrum von G_0*,

$$H^2(G_1, Z(G_0))$$

mit der Menge der Äquivalenzklassen gewisser zentraler Erweiterungen

$$1 \longrightarrow G_0 \longrightarrow G \longrightarrow G_1 \longrightarrow 1$$

von G_1 durch G_0 (s. [Ki] p. 18) identifiziert werden kann.

A.3.2 Kohomologie von Liealgebren

Es sei (wie in [GS] p. 417) $\mathfrak{g}$ eine Liealgebra und V ein $\mathfrak{g}$–Modul. Dann bezeichne $C^k(\mathfrak{g},V)$ die Gesamtheit der n–Koketten, d.h. der antisymmetrischen n–linearen Abbildungen

$$f : \mathfrak{g} \times \ldots \times \mathfrak{g} \to V.$$

Dann wird hier als Korandoperator

$$\delta : C^k(\mathfrak{g},V) \to C^{k+1}(\mathfrak{g},V)$$

definiert

$$\delta f(\xi_0,\ldots,\xi_k) \;:=\; \sum_{i=0}^{k}(-1)^i \xi_i f(\xi_0,\ldots,\hat{\xi}_i,\ldots,\xi_k)$$
$$+ \;\sum_{i<j}(-1)^{i+j} f([\xi_i,\xi_j],\xi_0,\ldots,\hat{\xi}_i,\ldots,\hat{\xi}_j,\ldots,\xi_k),$$

also mit der Verabredung, die Elemente von V auch 0–Koketten zu nennen für $k = 0$

$$\delta f(\xi) = \xi f,$$

für $k = 1$

$$\delta f(\xi_0,\xi_1) = \xi_0 f(\xi_1) - \xi_1 f(\xi_0) - f([\xi_0,\xi_1]),$$

und für $k = 2$

$$\delta f(\xi_0,\xi_1,\xi_2) \;=\; \xi_0 f(\xi_1,\xi_2) - \xi_1 f(\xi_0,\xi_2) + \xi_2 f(\xi_0,\xi_1)$$
$$- \; f([\xi_0,\xi_1],\xi_2) + f([\xi_0,\xi_2],\xi_1) - f([\xi_1,\xi_2],\xi_0).$$

Auch hier kann wieder $\delta^2 = 0$ verifiziert werden (Übung!), so daß analog zu A 3.1 die Kohomologiegruppen

$$H^k(\mathfrak{g},V) := Z^k(\mathfrak{g},V)/B^k(\mathfrak{g},V)$$

gebildet werden können.

Im Spezialfall, daß V ein trivialer $\mathfrak{g}$–Modul ist (d.h. $\xi v = 0$ für alle $\xi \in \mathfrak{g}$ und $v \in V$), fallen die ersten Terme in den Korandoperatoren weg, und falls dann noch einfach $V = K$ ist, wird geschrieben

$$H^k(\mathfrak{g}) := H^k(\mathfrak{g}, K).$$

Das Verschwinden von $H^1(\mathfrak{g})$ und $H^2(\mathfrak{g})$ schafft in der symplektischen Geometrie wichtige Vereinfachungen (s. etwa das Theorem von Kostant und Souriau [GS] p. 179, das in diesem Text in 2.5 behandelt wird). Hier sei nur noch auf folgende allgemeine Aussagen ([GS] p. 418 f) hingewiesen.
1. Es gilt $H^1(\mathfrak{g},V) = \{0\}$ für alle V genau dann, wenn jede Darstellung von $\mathfrak{g}$ vollständig reduzibel ist.
2. Gilt das eben genannte, so folgt $H^2(\mathfrak{g}) = \{0\}$.
3. Falls $\mathfrak{g}$ halbeinfach ist, d.h. keine kommutativen Ideale enthält, gilt wie in 1. $H^1(\mathfrak{g},V) = 0$ für alle V.

A.3.3 Kohomologie von Mannigfaltigkeiten

Besonders wichtig ist es, topologischen und geometrischen Objekten, also „Mannigfaltigkeiten", „Varietäten", „Schemata" etc. Homologie– und Kohomologiegruppen zuzuordnen. Dies erfordert bisweilen einige Kunstfertigkeit und einen gewissen „technischen" Apparat, der über das hier mögliche hinausgeht. Deshalb sei hier nur wie in [Ki] S. 9 folgende Begriffsbildung vorgestellt:

Es sei G eine Gruppe, M eine Mannigfaltigkeit und $\mathfrak{U} = \{U_\alpha\}_{\alpha \in I}$ eine Überdeckung von M durch offene Mengen. Eine *k–Kokette zu* $\mathfrak{U}$ *mit Koeffizienten in* G ist dann eine auf allen $(k+1)$–Tupeln $(\alpha_0, \dots, \alpha_k) \in I^{k+1}$ mit

$$U_{\alpha_o} \cap \dots \cap U_{\alpha_k} \neq \emptyset$$

definierte schiefsymmetrische Abbildung c nach G, d.h. mit

$$c(\dots, \alpha_i, \dots, \alpha_j, \dots) = -c(\dots, \alpha_j, \dots, \alpha_i, \dots).$$

$C^k(\mathfrak{U}, G)$ bezeichnet die Gruppe dieser k–Koketten. Die Korandabbildung

$$d : C^k(\mathfrak{U}, G) \longrightarrow C^{k+1}(\mathfrak{U}, G)$$

wird definiert durch

$$dc(\alpha_0, \dots, \alpha_{k+1}) = \sum_{i=0}^{k+1} (-1)^i c(\alpha_0, \dots, \hat{\alpha}_i, \dots, \alpha_{k+1}).$$

Es gilt wieder $d^2 = 0$ und deshalb können analog zu dem bisherigen

$$H^k(\mathfrak{U}, G) := Z^k(\mathfrak{U}, G) / B^k(\mathfrak{U}, G)$$

als *Čechkohomologiegruppen der Überdeckung* $\mathfrak{U}$ definiert werden. Von hier führt nun ein Weg, M selbst Kohomologiegruppen zuzuordnen: Ist nämlich $\mathfrak{U}'$ eine feinere Überdeckung als $\mathfrak{U}$, gibt es in natürlicher Weise Homomorphismen

$$\tau_{\mathfrak{U}}^{\mathfrak{U}'} : H^k(\mathfrak{U}, G) \longrightarrow H^k(\mathfrak{U}', G),$$

und damit macht es Sinn, als „induktiven Limes" über das gerichtete System der Überdeckungen zu definieren

$$H^k(M, G) := \varinjlim_{\mathfrak{U}} H^k(\mathfrak{U}, G).$$

Glücklicherweise lassen sich diese Kohomologiegruppen schon direkt aus einer Überdeckung $\mathfrak{U}$ berechnen (Theorem von LERAY)

$$H^k(M, G) = H^k(\mathfrak{U}, G),$$

wenn in $\mathfrak{U} = \{U_\alpha\}$ die Mengen U_α und ihre Schnitte alle triviale Kohomologie in den Dimensionen $n \geq 1$ haben.

Ein ganz anderer Zugang erlaubt, einer reellen oder komplexen C^∞–Mannigfaltigkeit M Kohomologiegruppen mit Hilfe der Differentialformen (s. A 1.4) zuzuordnen, und zwar bezeichne für $K = \mathbb{R}$ resp. $\mathbb{C}$ $Z^k(M,K)$ die geschlossenen K–wertigen k–Formen auf M, also $\omega \in \Omega^k(M)$ mit $d\omega = 0$, und $B^k(M,K)$ die Ränder ω, also diejenigen, zu denen es ein $\vartheta \in \Omega^{k-1}(M)$ gibt mit $d\vartheta = \omega$. Dann sind die *de Rham Kohomologiegruppen* $H_{DR}^k(M,K)$ definiert durch

$$H_{DR}^k(M,K) = Z^k(M,K)/B^k(M,K).$$

Der *Satz von de Rham* sagt aus, daß diese Kohomologiegruppen mit den oben definierten Čechschen Kohomologiegruppen übereinstimmen

$$H_{DR}^k(M,K) = H^k(M,K).$$

A.4 Darstellungen von Gruppen

Schon in einigen der vorigen Anhänge spielten Begriffe aus der Darstellungstheorie eine Rolle. Hier werden nun nur die allernotwendigsten Begriffe zusammengestellt, die im Zusammenhang mit der symplektischen Geometrie gebraucht werden. Als Leitfaden dient dabei §7 aus KIRILLOV'S Buch [Ki]. Eine Einführung in die hier relevanten Teile der Theorie bietet etwa auch LANG'S Buch [La].

A.4.1 Lineare Darstellungen

Es sei G eine Gruppe und V ein K–Vektorraum, wobei hier wieder vorzugsweise an $K = \mathbb{R}$ oder $\mathbb{C}$ zu denken ist, aber vieles auch für allgemeinere Körper durchgeht. Dann heißt T eine *Darstellung von G in V*, wenn T ein Homomorphismus von G in $AutV$ ist, also

$$T(g_1 g_2) = T(g_1) T(g_2) \text{ für } g_1,g_2 \in G$$

gilt. dim V wird dann auch die *Dimension von T* genannt. Zwei Darstellungen T und T' von G in V resp. V' heißen *äquivalent*, wenn es zwischen ihnen einen bijektiven *Verkettungsoperator* gibt, d.h. einen linearen Isomorphismus $U : V \to V'$ mit

$$UT(g) = T'(g)U \text{ für alle } g \in G.$$

Die Menge der Verkettungsoperatoren U von V und V' wird auch mit $C\,(T,T')$ bezeichnet. Eine Darstellung T heißt *reduzibel*, falls der Darstellungsraum V einen echten nicht trivialen unter allen $T\,(g), g \in G$ invarianten Teilraum V_1 enthält. Die Restriktion der $T\,(g)$ auf V_1 definiert dann eine Darstellung T_1 von G auf V_1, die eine *Unterdarstellung von T* genannt wird. Es gibt dann auch noch eine natürliche Darstellung von G auf dem Quotientenraum V/V_1, die dann Quotientendarstellung (bei [Ki] p. 110 „factor representation of T") genannt wird. Falls der invariante Unterraum $V_1 \subset V$ einen invarianten komplementären Unterraum zuläßt, heißt die Darstellung T auf V *zerlegbar* und wird $T = T_1 + T_2$ geschrieben. Dies ist äquivalent dazu, daß V vollständig in eine Summe irreduzibler Unterdarstellungen zerlegbar ist.

Eine Darstellung heißt (algebraisch) *irreduzibel*, falls sie keine nicht–triviale Unterdarstellung außer sich selbst enthält. Eine Darstellung T in V heißt *vollständig reduzibel*, falls jeder invariante Unterraum von V ein invariantes Komplement besitzt. Dies ist äquivalent dazu, daß V vollständig in eine Summe irreduzibler Unterdarstellungen zerlegbar ist.

Eine Hauptaufgabe der Darstellungstheorie besteht darin, alle Äquivalenzklassen irreduzibler Darstellungen zu bestimmen, oder wenigstens aller irreduzibler unitärer Darstellungen (s. nächster Abschnitt). Eine weitere besteht darin, eine gegebene vollständig reduzible Darstellung T „auszureduzieren", d.h. in ihre irreduziblen Bestandteile T_i zu zerlegen und die dabei auftretenden *Multiplizitäten*

$$\mathrm{mult}\,(T_i,T) := \dim C\,(T_i,T)$$

zu bestimmen.

Ein *Charakter* χ von G ist ein Homomorphismus

$$\chi : G \to \mathbb{C}_1 = \{\zeta \in \mathbb{C},\ |\zeta| = 1\}.$$

Zu einer gegebenen Darstellung T von G in V heißt T^* die *kontragrediente* (auch „konjugierte") *Darstellung*, falls T^* in V^* gegeben ist durch

$$g \mapsto T^*(g) := T\,(g^{-1})^*.$$

Es ist unter Berücksichtigung der Tatsache, daß zu $F : V \to V'$ die kanonische Abbildung $F^* : (V')^* \to V^*$ mit

$$F^*(v'^{\,*})(v) = v'^{\,*}\big(F\,(v)\big)$$

gehört, eine leichte Übung, einzusehen, daß dadurch wieder eine Darstellung gegeben wird.

Weiter sind leichte Übungen nachzuweisen, daß aus Darstellungen T_i von G in V_i $(i = 1,2)$ auf zwei Weisen neue Darstellungen gewonnen werden können, und zwar

i) die *direkte Summe* $T_1 + T_2$ als Darstellung von G auf $V_1 \oplus V_2$, gegeben durch

$$(T_1 + T_2)(g)(v_1 + v_2) = T_1(g)v_1 + T_2(g)v_2 \text{ für } v_1 \in V_1, v_2 \in V_2$$

und

ii) das *Tensorprodukt* $T_1 \otimes T_2$ als Darstellung von G auf dem Tensorprodukt $V_1 \otimes V_2$, gegeben durch

$$(T_1 \otimes T_2)(g)(v_1 \otimes v_2) = T_1(g)v_1 \otimes T_2(g)v_2 \text{ für } v_1 \in V_1, v_2 \in V_2.$$

Es ist eine wichtige Standardaufgabe der Darstellungstheorie, das Tensorprodukt gegebener irreduzibler Darstellungen wieder in irreduzible Darstellungen zu zerlegen („auszureduzieren").

Parallel zu dem Begriff der Darstellungen wird auch der der *projektiven Darstellungen* diskutiert: das sind Abbildungen $T : G \to \text{Aut } V$ mit

$$T(g_1 g_2) = c(g_1, g_2)\, T(g_1) T(g_2) \text{ für alle } g_1, g_2 \in G,$$

wobei $c : G \times G \to K$ eine Funktion mit der Funktionalgleichung

$$c(g_1, g_2)\, c(g_1 g_2, g_3) = c(g_1, g_2 g_3)\, c(g_2, g_3) \text{ für } g_1, g_2, g_3 \in G$$

ist, die die Gleichheit

$$T(g_1 g_2)\, T(g_3) = T(g_1)\, T(g_2 g_3)$$

sichert. Eine solche projektive Darstellung von G auf V induziert dann eine Darstellung auf dem zu V gehörigen projektiven Raum $\mathbb{P}(V)$, die gegeben wird durch

$$T(g)(v_{\sim}) = (T(g)v)_{\sim} \text{ für } v_{\sim} \in \mathbb{P}(V).$$

A.4.2   Stetige und unitäre Darstellungen

In den Anwendungen in diesem Text sind die auftretenden Gruppen G meist Liegruppen, haben also eine differenzierbare und topologische Struktur. Dementsprechend gibt es allerlei Verschärfungen des Begriffes der Darstellungen von G. Hier soll im folgenden stets angenommen werden, T sei eine *stetige Darstellung*, also eine Darstellung einer topologischen Gruppe G in einem topologischen Vektorraum V (meist ein Hilbertraum) mit

$$
\begin{aligned}
G \times V &\longrightarrow V \\
(g, v) &\longmapsto T(g)v \text{ ist stetig.}
\end{aligned}
$$

Für solche stetigen Darstellungen sind die im vorigen Abschnitt aufgelisteten Definitionen sinngemäß zu ergänzen, z.B. wird in diesem Sinne T_1 eine *Unterdarstellung* von T auf $V_1 \subset V$ sein, wenn V_1 ein *abgeschlossener* invarianter Unterraum von V ist.

Unitäre Darstellungen

Eine Darstellung π einer (nicht notwendig topologischen) Gruppe G im Raum V heißt *unitär*, falls V ein Hilbertraum ist und die Operatoren $T(g)$ für alle $g \in G$ unitär sind.

Unitäre Darstellungen sind in hier gebrauchtem Kontext aus physikalischen Gründen die wichtigsten. Sie sind besonders gut traktabel, da jede unitäre Darstellung vollständig reduzibel ist.

Die Gesamtheit der Äquivalenzklassen irreduzibler unitärer Darstellungen von G wird auch das *unitäre Dual* genannt und mit $\widehat{G}$ bezeichnet. $\widehat{G}$ kann mit einer topologischen Struktur versehen werden (s. [Ki] p. 113).

Elementare **Beispiele** sind die folgenden:

i)   Für eine abelsche Gruppe G ist jedes $\pi \in \widehat{G}$ eindimensional.

ii)   Für eine kompakte Gruppe G ist jedes $\pi \in \widehat{G}$ endlichdimensional.

iii)   Für $G = \mathbb{R}^n$ ist $\widehat{G} = \mathbb{R}^n$, und für $G = S^1$ ist $\widehat{G} = \mathbb{Z}$.

Das **Lemma von Schur** besagt

a) *Falls Darstellungen T_1 und T_2 (algebraisch) irreduzibel sind, ist jeder Verkettungsoperator $A \in C(T_1,T_2)$ entweder Null oder invertierbar.*

b) *Eine unitäre Darstellung π ist genau dann irreduzibel, wenn gilt*

$$\dim C\,(\pi,\pi) = 1.$$

A.4.3   Zur Konstruktion von Darstellungen

Es gibt einige allgemeine Zugänge, um an Darstellungen einer Gruppe, insbesondere das unitäre Dual $\widehat{G}$, heranzukommen. Dazu hier nur einige Hinweise.

1. Zerlegung der regulären Darstellung

Für eine lokal kompakte topologische Gruppe bezeichne $V = L^2(G)$ den Hilbertraum der auf V quadratisch integrablen Funktionen bezüglich einem geeigneten Maß $d\mu$ (einem „Haarmaß", s. dazu etwa [Ki] p. 130). Dann bezeichnet ϱ hier auch die für $\phi \in L^2(G)$ durch

$$\varrho\,(g_0)\,\phi\,(g) = \phi\,(gg_0) \text{ für } g,g_0 \in G$$

gegebene *rechtsreguläre Darstellung*. Entsprechend wird durch

$$\lambda\,(g_0)\,\phi\,(g) = \phi\,(g_0^{-1}g)$$

die *linksreguläre Darstellung* λ gegeben. Ein Verkettungsoperator U zwischen ϱ und λ wird gegeben durch

$$\phi \xrightarrow{U} \check{\phi} \quad \text{mit} \quad \check{\phi}(g) := \phi(g^{-1}).$$

Im allgemeinen Fall erhebt sich die Frage, ob alle $\pi \in \widehat{G}$ Unterdarstellungen von ϱ bzw. λ sind. Für kompakte G ist dies der Fall (dies folgt aus dem „Theorem von Peter–Weyl").

2. Eine **Variante** hiervon ist die folgende Situation: G operiere stetig auf einer differenzierbaren Mannigfaltigkeit M, d.h. es ist eine Abbildung

$$
\begin{aligned}
G \times M &\longrightarrow M \\
(g, m) &\longmapsto gm = \varphi_g(m)
\end{aligned}
$$

gegeben, wobei alle $\varphi_g, g \in G$, stetig sind und

$$\varphi_{g_1 g_2} = \varphi_{g_1} \varphi_{g_2} \qquad \text{für alle} \ g_1, g_2 \in G$$

sowie

$$\varphi_e = \mathrm{id}_M$$

gilt. Dann ist $\check{\varphi}$

$$\check{\varphi}(g)\,\phi(m) = \phi\big(\varphi_{g^{-1}}(m)\big) \ \text{für} \ \phi \in \mathcal{F}(M)$$

eine Darstellung von G auf dem Raum $\mathcal{F}(M)$ der auf M beliebig oft differenzierbaren Funktionen. Dieses Thema kann nun noch mannigfach variiert werden: Es sei, um nur einen einfachen Fall zu zeigen, j ein *Automorphiefaktor*, d.h. eine Funktion

$$
\begin{aligned}
j : G \times M &\longrightarrow \mathbb{R}^* \\
(g, m) &\longmapsto j(g,m)
\end{aligned}
$$

mit der Funktionalgleichung

$$j(g_1 g_2, m) = j(g_1, g_2 m)\, j(g_2, m) \ \text{für alle} \ g_1, g_2 \in G, \ m \in M.$$

Dann ist auch $\check{\varphi}_j$ mit

$$\check{\varphi}_j(g)\, f(m) = \phi\big(g^{-1}(m)\big)\, j(g^{-1}, m)$$

eine Darstellung von G auf $\mathcal{F}(M)$.

Das Standardbeispiel in diesem Zusammenhang ist die Operation von $G = SL_2(\mathbb{R})$ auf $\mathbb{R}^2$ gegeben durch Multiplikation der Matrix $g \in G$ mit der Spalte $m \in \mathbb{R}^2$. Dann gibt $\check{\varphi}$ mit

$$\check{\varphi}(g)\, f(m) = f(g^{-1} m) \ \text{für} \ f \in V = \mathbb{R}[q,p]$$

eine Darstellung von G auf dem Polynomring $\mathbb{R}[q,p]$ in zwei Variablen. Dabei bleiben offenbar die Teilräume der homogenen Polynome vom Grad $l \geq 0$ invariant und bilden eine irreduzible Darstellung.

3. Eigenraumdarstellungen

G operiere wie eben in 2. stetig auf der differenzierbaren Mannigfaltigkeit M. D sei ein G–invarianter Differentialoperator auf $\mathcal{F}(M)$ und $\mathcal{E}(D,\lambda)$ der Eigenraum von D zum Eigenwert λ. Dann gibt $\check{\varphi}$, definiert wie in 2., eine Darstellung auf $\mathcal{E}(D,\lambda)$, und zwar eine *Eigenraumdarstellung*. Diese Darstellungen wurden besonders von HELGASON propagiert.

4. Die infinitesimale Methode (für Liegruppen)

Es sei π eine stetige Darstellung einer reellen Liegruppe G in einem topologischen Vektorraum V. Dann bezeichne V_ω den Raum der *analytischen Vektoren* in V, d.h. der $v \in V$, für die

$$g \mapsto \pi(g)\,v$$

eine reellanalytische Abbildung ist. Nach Untersuchungen von HARISH–CHANDRA und NELSON ist V_ω dicht in V. π wird zugeordnet als *infinitesimale Darstellung $d\pi$* eine Darstellung der Liealgebra $\mathfrak{g}$ von G auf V_ω gegeben durch

$$d\pi(X)\,v := \frac{d}{dt}\,\pi(\exp tX)v\Big|_{t=0} \qquad \text{für } X \in \mathfrak{g}, v \in V_\omega.$$

(Eine Darstellung einer Liealgebra in einem Vektorraum W ist ein Homomorphismus von Liealgebren

$$\mathfrak{g} \to \text{End } V,$$

wobei End V Liealgebra ist, wie in A 2.1 erklärt. Daß $d\pi$ eine solche Darstellung gibt, kann als Übung nachgeprüft werden.)

Die infinitesimale Methode besteht nun darin, hier die folgende Umkehrung vorzunehmen:

a) Bestimmung der irreduziblen Darstellungen $\hat{\pi}$ von $\mathfrak{g}$ bzw. der Komplexifizierung $\mathfrak{g}_c = \mathfrak{g} \otimes \mathbb{C}$. (Dies kann für die Heisenbergalgebra $\mathfrak{g} = \mathfrak{h}$ sowie für $\mathfrak{g} = \mathfrak{sl}_2$ ziemlich leicht getan werden, die Elemente dafür werden in 5.2 resp. 5.1 bereitgestellt, der Rest wird als Übung vorgeschlagen.)

b) Untersuchung, welche dieser $\hat{\pi}$ zu unitären Darstellungen π „aufintegriert" werden können, d.h. Bestimmung von Darstellungen π von G mit $d\pi = \hat{\pi}$.

In wichtigen Fällen stellt sich heraus, daß π durch $d\pi$ eindeutig bestimmt ist. Für den Fall, daß $G = H(\mathbb{R})$ die Heisenberggruppe ist, kann für π hier die Schrödingerdarstellung genommen werden, die in 5.2 angegeben wird. Für $G = SL_2(\mathbb{R})$ läßt sich relativ leicht das unitäre Dual $\widehat{G}$ bestimmen (s. dazu etwa [La], wo allerdings ein Fehler vorkommt: gewisse äquivalente Darstellungen werden doppelt gezählt). Die in 5.3 auftretende „Weil–Darstellung" spielt hier eine Sonderrolle, da sie eine projektive Darstellung von $SL_2(\mathbb{R})$ ist.

5. Induzierte Darstellungen

Mit Hilfe der Induktion lassen sich in großer Allgemeinheit aus Darstellungen von Untergruppen Darstellungen der Gruppe G konstruieren. Und zwar sei $H \subset G$ eine abgeschlossene Untergruppe und $K \subset G$ eine Untergruppe, so daß

$$H \times K \to G = H \cdot K$$

ein topologischer Isomorphismus ist. Ferner sei

$$\sigma : H \to \text{Aut } V$$

eine endlichdimensionale stetige Darstellung. Dann wird die zugehörige *induzierte Darstellung*

$$\tau = \text{Ind}_H^G \sigma$$

von G gegeben, indem G durch Rechtstranslation auf einem Raum $\mathcal{H}(\sigma)$ operiert, der aufgespannt wird von Funktionen

$$\phi : G \to V$$

mit

$$\phi(hg) = \Delta(h)^{1/2} \sigma(h) \phi(g) \text{ für alle } h \in H,\, g \in G$$

und

$$\| \phi \|^2 := \int_K |\phi(k)|^2 dk < \infty,$$

wobei $\Delta = \Delta_H$ die „modulare Funktion" von H ist, d.h. die Funktion mit

$$d_r(xy) = \Delta_H(x)\, d_r y \text{ für alle } x,y \in H,$$

wenn $d_r y$ ein rechtsinvariantes Haarmaß auf H ist. Der Faktor $\Delta^{1/2}$ bewirkt, daß mit σ auch τ unitär ausfällt.

Einer der bedeutendsten Sätze der Darstellungstheorie ist das *Subrepresentation Theorem*, das eine Aussage darüber macht, daß sich „alle interessanten" Darstellungen als Unterdarstellungen gewisser induzierter Darstellungen einfangen lassen. Als Beispiel läßt sich die Schrödingerdarstellung ziemlich leicht als induzierte Darstellung verstehen (s. dazu etwa [Be]). Die induzierten Darstellungen wurden besonders von MACKEY propagiert.

6. Die adjungierte und die koadjungierte Darstellung

Zu jeder Liegruppe G gehört eine Liealgebra $\mathfrak{g} = \text{Lie } G$ und damit auch eine natürliche Darstellung von G auf $\mathfrak{g}$, die *adjungierte Darstellung* Ad. Sie kommt so zustande: durch die Konjugation

$$\kappa_g(g_0) = \varrho_{g^{-1}} \lambda_g(g_0) = g g_0 g^{-1}$$

wird für jedes $g \in G$ ein Diffeomorphismus von G definiert. κ_g induziert Abbildungen der Tangentialräume $T_{g_0}G$. Insbesondere für $g_0 = e$ wird dabei T_eG auf sich selbst abgebildet. Es wird dann

$$\mathrm{Ad}_g := (\kappa_g)_{*e} = (\varrho_{g^{-1}}\lambda_g)_{*e}$$

geschrieben, also

$$G \times T_eG \;\to\; T_eG$$
$$(g,Y) \;\mapsto\; \mathrm{Ad}_g Y$$

definiert dann bei der Identifikation von T_eG und $\mathfrak{g}$ wegen $\kappa_{g_1 g_2} = \kappa_{g_1}\kappa_{g_2}$ eine Darstellung von G auf $\mathfrak{g}$, deren Operatoren auch $\mathrm{Ad}(g)$ geschrieben werden.

Zu dieser Darstellung kann, wie in A 4.1 beschrieben, die kontragrediente Darstellung auf dem Dualraum $\mathfrak{g}^*$ zu $\mathfrak{g}$ betrachtet werden. Sie heißt die *koadjungierte Darstellung* von G und ist von besonders großer Bedeutung für die symplektische Geometrie.

Da für alle $g_0 \in G$ die $\kappa_g(g_0)$ von g differenzierbar abhängen, kann, wie eben in 4. beschrieben, die zu Ad gehörige infinitesimale Darstellung $d(\mathrm{Ad}) =: \mathrm{ad}$ gebildet werden. Es ist nicht schwer, zu sehen (s. [Ki] p. 97), daß dann gilt

$$(\mathrm{ad}X)\,Y = [X,Y].$$

Literaturverzeichnis

[AM] ABRAHAM, R., MARSDEN, J.E.: *Foundations of Mechanics.* Benjamin/Cummings, Reading 1978.

[Ae] AEBISCHER, B., BORER, M., KÄLLIN, M., LEUENBERGER, CH., REIMANN, H.M.: *Symplectic Geometry.* PM 124, Birkhäuser, Basel 1994.

[A] ARNOLD, V.I.: *Mathematical Methods of Classical Mechanics.* Springer, New York 1978.

[Ar] ARTIN, E.: *Geometric Algebra.* Interscience Publ., New York 1957.

[Be] BERNDT, R.: *Darstellungen der Heisenberggruppe und Thetafunktionen.* Hamburger Beiträge zur Mathematik, Heft 3 1988.

[BeS] BERNDT, R., SCHMIDT, R.: *Elements of the Representation Theory of the Jacobi Group.* Birkhäuser, Basel 1998.

[BS] BERNDT, R., SLODOWY, P.: *Seminar über Darstellungen von $SL_2(F)$ und $GL_2(F)$, F ein lokaler Körper.* Hamburger Beiträge zur Mathematik, Heft 20 1992.

[Bl] BLAIR, D.: *Contact Manifolds in Riemannian Geometry.* LN 509 Springer, Berlin 1976.

[Bo] BOURBAKI, N.: *Eléments de Mathématique.* Algèbre Chapitre III Algèbre multilinéaire. Hermann, Paris 1948.

[C] CARTAN, H.: *Differentialformen.* BI, Zürich 1974.

[Ca] CARTIER, P.: *Quantum Mechanical Commutation Relations and Theta Functions.* In AMS Proc. Symp. Pure Math. Vol. IX 1966.

[Ch] CHERN, S.S.: *Complex Manifolds without Potential Theory.* Van Nostrand, Princeton 1967.

[Ce] CHEVALLEY, C.: *Théorie des groupes de Lie.* Hermann, Paris 1951.

[D] DELIGNE, P.: *Equations Différentielles à Points Singuliers Réguliers.* LN 163. Springer, Berlin 1970.

[dC] DO CARMO, M.: *Riemannian Geometry.* Birkhäuser, Boston 1992.

[E] EICHLER, M.: *Einführung in die Theorie der algebraischen Zahlen und Funktionen.* Birkhäuser, Basel 1963.

[Fi$_1$] FISCHER, G.: *Lineare Algebra.* 11. Auflage. Vieweg, Braunschweig-Wiesbaden 1997.

[Fi$_2$] FISCHER, G.: *Analytische Geometrie.* 6. Auflage. Vieweg, Braunschweig/Wiesbaden 1992.

[FL] FISCHER, W., LIEB, I.: *Funktionentheorie.* 7. Auflage. Vieweg, Braunschweig/Wiesbaden 1994.

[F1] FORSTER, O.: *Analysis 1.* 4. Auflage. Vieweg, Braunschweig/Wiesbaden 1983.

[F2] FORSTER, O.: *Analysis 2.* 5. Auflage. Vieweg, Braunschweig/Wiesbaden 1984.

[F3] FORSTER, O.: *Analysis 3.* 3. Auflage. Vieweg, Braunschweig/Wiesbaden 1984.

[FRF] FORSTER, O.: *Riemannsche Flächen.* HT 184, Springer, Berlin 1977.

[Go] GODEMENT, R.: *Topologie algébraique et théorie des faisceaux.* Hermann, Paris 1958.

[Gr] GROMOV, M.: *Pseudoholomorphic Curves in Symplectic Manifolds.* Invent. Math. **82** (1985) 307–347.

[GS] GUILLEMIN, V., STERNBERG, S.: *Symplectic Techniques in Physics.* Cambridge University Press 1984.

[HL] HOLMANN, H., RUMMLER, H.: *Alternierende Differentialformen.* BI, Zürich 1972.

[HZ] HOFER, H., ZEHNDER, E.: *Symplectic Invariants and Hamiltonian Dynamics.* Birkhäuser, Basel 1994.

[Ja] JACOBSON, N.: *Basic Algebra.* Freeman, San Francisco 1974.

[K] KÄHLER, E.: *Über eine bemerkenswerte Hermitesche Metrik.* Abh. Math. Sem. Univ. Hamburg **9** (1933) 173–186.

[K$_1$] KÄHLER, E.: *Einführung in die Theorie der Systeme von Differentialgleichungen.* Teubner, Leipzig 1934.

[K$_2$] KÄHLER, E.: *Der innere Differentialkalkül.* Rendiconti die Matematica **21** (1962) 425–523.

[Ki] KIRILLOV, A.A.: *Elements of the Theory of Representations.* Springer, Berlin 1976.

[Kn] KNAPP, A.W.: *Representation Theory of Semisimple Groups.* Princeton University Press 1986.

[La]   LANG, S.: $SL_2(\mathbb{R})$. Springer, New York 1985.

[LL]   LANDAU, L.D., LIFSCHITZ, E.M.: *Lehrbuch der Theoretischen Physik*, Bd. II Klassische Feldtheorie. Akademie–Verlag, Berlin 1977.

[LV]   LION, G., VERGNE, M.: *The Weil Representation, Maslov Index and Theta Series*. Birkhäuser, Basel 1980.

[Ma]   MARCUS, M.: *Finite Dimensional Multilinear Algebra (in two parts)*. Marcel Dekker, New York 1977.

[ML]   MACLANE, S.: *Homology*. Springer, Berlin 1963.

[Mu]   MUMFORD, D.: *Algebraic Geometry* I. Springer, New York 1976.

[Mu$_1$]   MUMFORD, D.: *Tata Lectures on Theta* II. PM 28, Birkhäuser, Boston 1984.

[Mu$_2$]   MUMFORD, D.: *Tata Lectures on Theta* III. PM 97, Birkhäuser, Boston 1991.

[Sa]   SATAKE, I.: *Algebraic Structures of Symmetric Domains*. Iwanami Shoten 1980.

[Sch]   SCHOTTENLOHER, M.: *Geometrie und Symmetrie in der Physik*. Vieweg, Braunschweig/Wiesbaden 1995.

[Si$_1$]   SIEGEL, C.L.: *Symplectic Geometry*. Academic Press, New York 1964.

[Si$_2$]   SIEGEL, C.L.: *Topics in Complex Function Theory*, Vol. III. Wiley–Interscience, New York 1973.

[SM]   SIEGEL, C.L., MOSER, J.K.: *Lectures on Celestial Mechanics*. Springer, Berlin 1971.

[So]   SOURIAU, J.–M.: *Structure of Dynamical Systems. A symplectic View of Physics*. PM 149, Birkhäuser, Boston 1997.

[St]   STERNBERG, S.: *Lectures on Differential Geometry*. Prentice–Hall Englewood Cliffs 1964, resp. 2nd ed. Chelsea, New York 1983.

[V]   VAISMAN, I.: *Symplectic Geometry and Secondary Characteristic Classes*. PM 72, Birkhäuser, Boston 1987.

[Wa]   WALLACH, N.R.: *Symplectic Geometry and Fourier Analysis*. Math. Sci Press, Brookline 1977.

[We]   WEIL, A.: *Variétés Kählériennes*. Hermann Paris 1957

[We$_1$]   WEIL, A.: *Sur certains groupes d'opérateurs unitaires*. Acta Math. **111** (1964) 143–211.

[W]   WEYL, H.: *The Classical Groups*. Princeton University Press 1946.

[Wi]   WIGNER, E.: *Group Theory and its Application to the Quantum Mechanics of Atomic Spectra*. Academic Press, New York 1959.

[Wo]   WOODHOUSE, N.: *Geometric Quantization*. Clarendon, Oxford 1980.

Symbolverzeichnis

Symplektische Vektorräume

(V, ω)	symplektischer Vektorraum	8
$W^\perp$ zu $W \subset V$	bezüglich ω orthogonaler Raum	18
$\mathrm{rad}\, W = W \cap W^\perp$	Radikal von W	17
$W^{\mathrm{red}} = W/\mathrm{rad}\, W$	zu W assoziierter symplektischer Raum	18
$L = L^\perp \subset V$	Lagrangescher Unterraum	18
$\mathcal{L}(V)$	Gesamtheit der Lagrange–Räume $L \subset V (= U(n)/O(n))$	20
$\mathcal{T}(V)$	$= \{L' \in \mathcal{L}(V), L \oplus L' = V\}$	21
$\mathcal{J} = \mathcal{J}(V, \omega)$	Raum der ω–verträglichen positiven komplexen Strukturen J	28
$\mathfrak{H}_n = Sp_n(\mathbb{R})/U(n)$	Siegelscher oberer Halbraum $\simeq \mathcal{J}(\mathbb{R}^n, \omega_o)$	30
$h(v, w)$	$= g(v, w) + i\omega(v, w)$ hermitesche, Riemannsche und äußere Form	26, 43
$J \in \mathrm{Aut}\, V$	komplexe Struktur $(J^2 = -id)$	24

Symplektische Mannigfaltigkeiten

$m \in M$	Punkt einer differenzierbaren reellen Mannigfaltigkeit der Dimension $2n$	
$\varphi : U \to \mathbb{R}^{2n}$	Karte einer Umgebung $U \subset M$	129
$\varphi(m) = (q, p)$	symplektische Standardkoordinaten	34
$f \in \mathcal{F}(M)$	differenzierbare Funktion auf M	133
$X \in V(M)$	differenzierbares Vektorfeld auf M $(= \Gamma(TM))$	141
$\alpha \in \Omega^q(M)$	differenzierbare äußere q–Form auf M	148
$\omega \in \Omega^2(M)$	symplektische Form auf M, insbesondere	33
$\omega_0 = \sum dq_i \wedge dp_i$	die Standardform	34
$\vartheta = \sum p_i\, dq_i$	die Liouvilleform	42
$\omega^\#$	fundamentale Dualität $\Omega^1(M) \xrightarrow{\sim} V(M)$	69
ω^b	Umkehrabbildung zu $\omega^\#$	69
$F : M \to M'$	Diffeomorphismus $m \mapsto F(m) = m'$	133
F_{*m}	Abbildung der Tangentialvektoren $F_{*m}(X_m) = X'_{m'}$	138
$F^*_{m'}$	Abbildung der 1–Formen $F^*_m(\alpha'_{m'}) = \alpha_m$	138
$i(X)\alpha$	inneres Produkt von $X \in V(M)$ mit $\alpha \in \Omega^q(M)$	12, 69
$L_X f$	Lieableitung von $f \in \mathcal{F}(M)$ nach $X \in V(M)$	68

$L_X\alpha$	Lieableitung von $\alpha \in \Omega^q(M)$ nach $X \in V(M)$	49, 152
$L_X Y = [X, Y]$	Lieableitung von $Y \in V(M)$ nach $X \in V(M)$	69, 160
∇	Zusammenhang	153
$\nabla_X \alpha, \nabla_X Y$	kovariante Ableitungen	153
F_t	Fluß zu $X \in V(M)$	39,152
$\{f, h\}$	Poissonklammer von $f, h \in \mathcal{F}(M)$	75, 76
$X_f \in \mathrm{Ham}\,(M)$	Hamiltonsches Vektorfeld zu $f \in \mathcal{F}(M)$	70
X_M	infinitesimaler Erzeuger zu $X \in \mathfrak{g} = \mathrm{Lie}\,G$ und der Gruppenoperation ϕ	89, 92
$\phi : G \times M \to M$ mit $\phi(g, m) = gm = \phi_g(m) = \psi_m(g)$		88
$\rho_{g_0} = g g_0$	Rechtstranslation von g mit g_0	161
$\lambda_{g_0} = g_0 g$	Linkstranslation von g mit g_0	161
$\kappa_{g_0} = g_0 g g_0^{-1}$	Konjugation mit g_0	50
Φ	Impulsabbildung	89

Darstellungen

G	Liegruppe,	159
$\mathfrak{g} = \mathrm{Lie}\,G$	zugehörige Liealgebra	160
π	stetige Darstellung einer Liegruppe G	171
π^*	zugehörige kontragrediente Darstellung	170
$d\pi$	zugehörige infinitesimale Darstellung (von $\mathfrak{g} = \mathrm{Lie}\,G$)	108, 174
$\hat{\pi}$	Darstellung einer Liealgebra $\mathfrak{g}$	174
Ad	adjungierte Darstellung $\mathrm{Ad}\,(g) = (\kappa_g)_*$ (auch $=: \mathrm{Ad}_g$)	50, 175
Ad^*	koadjungierte Darstellung $\mathrm{Ad}^*(g) = (\mathrm{Ad}\,(g^{-1}))^*$ (auch $= \mathrm{Ad}^*_{g^{-1}}$)	50, 176
π_S	Schrödingerdarstellung der Heisenberggruppe $H(\mathbb{R})$	114
π_W	Weildarstellung (projektive Darstellung) von $SL_2(\mathbb{R})$	116
π_{SW}	Schrödinger–Weil–Darstellung (projektive Darstellung) der Jacobigruppe $G^J(\mathbb{R})$	118
$\sigma : \mathcal{F}^0 \to \mathfrak{g}$	Teil der jedem $f \in \mathcal{F}^0$ einen selbstadjungierten Operator $\hat{f}$ zuordnenden Quantisierungsabbildung A	108

Index

Abbildung
— differenzierbare, 132
— stabile, 15
— stark stabile, 15
— symplektische, 13, 33
Abbildung von
— Tangential- und Kotangentialräumen, 138
— Vektorfeldern und 1-Formen, 144
Atlas, 130
— eines Vektorbündels, 140
Automorphiefaktor, 173

Bündel
— charakteristisches, 83
— differenziebares Vektor-, 140
— Kotangential-, 42, 142
— Tangential-, 142
— Vektor-, 139
Basis
— L-bezogene unitäre, 28
— adaptierte symplektische, 21
— duale, 10
— reelle unitäre, 27
— symplektische, 11
Bewegungsgleichung eines geladenen Teilchens, 71
Bianchi-Identiät, 157

charakteristische Geradenfelder, 86
Christoffelsymbole, 154

Darstellung
— adjungierte, 50, 90, 175
— einer Liealgebra, 174
— induzierte, 175
— infinitesimale, 108, 174
— irreduzible, 108, 170
— koadjungierte, 50, 90, 176
— kontragrediente, 170
— lineare, 169
— projektive, 116, 171
— rechts reguläre, 173
— Schrödinger-, 114
— Schrödinger-Weil-, 118
— stetige, 171
— unitäre, 172
— Weil-, 116
de Rham-Kohomologiegruppen, 169

Derivation, 136, 159
Diffeomorphismus, 133
— symplektischer, 79, 80
Differentialform
— q-ten Grades, 148
— 1.Grades, 143
— exakte, 150
— geschlossene, 150
— kovariante Ableitung einer-, 157
— reduzierte Darstellung, 148
— schiefsymmetrische Darstellung, 149
Differentiation, äußere, 150
differentielles System, 53
— involutives, 54
differenzierbare Funktion, 133
differenzierbarer Schnitt, 141
Drehimplus, 99
Dualraum, 10

Ein-Parameteruntergruppe, 163
Einheitsball, 46
Energiefunktion, 70
Euler-Lagrange-Gleichungen, 2
Exponentialabbildung, 163

Faserableitung, 97
Fluß, 39, 152
Form
— geschlossen vom Typ $(1,1)$, 46
— Kähler-, 47
— links invariante q-, 49
— Liouville-, 42
— präsymplektische, 81
— symplektische, 8, 33
— vom Typ $(1,1)$, 46
fundamentale
— Dualität, 69
— exakte Sequenz, 74, 79, 107

Geodätische, 154
Gruppe
— allgemeine lineare, 23
— Heisenberg-, 160
— Jacobi-, 116
— orthogonale, 23
— symplektische, 13, 23
— unitäre, 23, 27

Hamilton–Jacobi–Gleichung, 3
Hamiltonfunktion, 2
— zeitabhängige, 85
Hamiltonsche Gleichungen, 3, 70
Hamiltonscher G–Raum, 89
Hamiltonsches System, 70
— vollständig integrables, 104
harmonischer Oszillator, 99
Heisenbergalgebra, 113
Heisenberggruppe, 111, 113
horizontaler Schnitt, 156
Hyper-
— ebene, 131
— fläche, 131
hyperbolische Ebene, 18
hyperbolisches Paar, 18

Impuls, 96, 98
Impulsabbildung, 89
— Ad^*–äquivariante, 90, 100
infinitesimale Erzeuger, 89, 92
inneres Produkt, 6, 12, 69
Integralkurve, 6
Integralmannigfaltigkeit, 54
Isotropiegruppe, 20

kanonische Form, 11
Karte einer Mannigfaltigkeit, 129
koadjungierte Bahn, 48, 51, 105
koadjungierter Kozyklus, 91
Kohomologiegruppen, 91
— einer Gruppe, 166
— einer Liealgebra, 167
— einer Mannigfaltigkeit, 168
— von Liealgebren, 49
Konfigurationsraum, 1, 42
Konjugation, 50
Kontaktmannigfaltigkeit, 82
— schwache, 81
kontra– bzw. kovarianter Vektor, 144
Koordinaten
— -abbildung, 129
— -funktion, 129
— -umgebung, 129
— symplektische, 34
Korandoperator, 49, 165
Kotangentialraum, 136
kovariante Ableitung, 153
Kozykelidentität, 91
Kozyklenrelation, 140
Krümmungsmatrix, 156

Kriterium von Mumford, 45

Lagrange–Verteilung, 127
Lagrangefunktion, 1, 97
Legendretransformation, 2
Lemma von Poincaré, 150
Lieableitung
— einer Differentialform, 49, 68, 152
— einer Funktion, 68
— eines Vektorfeldes, 69, 160
Liealgebra, 158
Liegruppe, 160
Lieklammer, 7, 158
Linkstranslation, 161

Mannigfaltigkeit
— der Lösungen konstanter Energie, 104
— differenzierbare, 130
— glatte, 33
— hermitesche, 47
— Kählersche, 43
— komplexe differenzierbare, 131
— reelle, 1, 129
— Riemannsche, 97
— symplektische, 33
Matrix
— symplektische, 14
Metrik
— ω–kompatible pseudohermitesche, 24
— Fubini–Study–, 60
— hermitesche, 25, 26
— Kähler–, 44
— Poincaré–, 32
— Riemannsche, 46, 147
Minkowskiraum, 72
Morphismen differenzierbarer Mannigfaltig-
    keiten, 132
Morphismus, 52
Multiplikation
— äußere, 149
— innere, 151

Normalform
— von Bilinearformen, 9
— von Kontaktformen, 82

Observable, 7
Orientierung, 11
orthogonal, 12
Ortsfunktion, 96

Phasenraum, 2, 42, 84, 95

— reduzierter, 100
Poissonklammer, 75, 76
Potential einer Kählerform, 47, 63
Präquantisierung, 125
primäre Größen, 7, 125
Prinzip der kleinsten Wirkung, 1
pseudoholomorphe Kurve, 65

Quantisierung, 7, 108, 124
— volle, 125

Radikal, 17
Rang einer Bilinearform, 9
Raum
— affiner, 21
— hermitescher, 27
— homogener, 20
— hyperbolischer, 18
— komplexer projektiver, 59, 104, 132
— reduzierter, 100
Rechtstranslation, 161
reguläre Energiefläche, 84

Satz
— von Darboux, 34, 39, 81
— von de Rham, 169
— von Frobenius, 54
— von Groenwald– van Hove, 119
— von Gromov, 64
— von Jacobi, 79
— von Kostant–Souriau, 48, 57
— von Liouville, 72
— von Stone und von Neumann, 114
— von Witt, 19
schiefhermitescher Operator, 109
Schursches Lemma, 172
Siegelsche obere Halbebene, 28, 30
Skalarprodukt
— euklidisches, 25
— hermitesches, 23
Sphäre, 132
Standardraum
— symplektischer, 12
Struktur
— differenzierbare, 130
— differenzierbare lineare, 140
— hermitesche, 25
— kanonische euklidische, 22
— kanonische symplektische, 22
— komplexe, 24, 43
— Kontakt-, 81

— positive verträgliche komplexe, 28
— verträgliche komplexe, 24
Strukturkonstante, 158
Submersion, 138
Suspension eines Vektorfeldes, 86
symplektische
— Invariante, 16, 20, 67
— Kapazität, 66
— Operation, 51, 88
— Reduktion, 55, 100
— Transvektion, 16
symplektischer Radius, 66
Symplektomorphismus, 13, 34

Tangentenfeld auf M' entlang F_t, 34
Tangentialraum, 33, 134
Tensor, 146
— Riemannscher Fundamental-, 147

Untermannigfaltigkeit, 131
Unterraum
— isotroper, 17, 20
— koisotroper, 17, 20
— Lagrangescher, 18, 20
— reeller Lagrangescher, 29
— symplektischer, 17

Vektor
— analytischer, 174
— glatter, 108
Vektorfeld
— charakteristisches, 83
— differenzierbares, 141
— Hamiltonsches, 6, 70
— linksinvariantes, 161
— lokal Hamiltonsches, 73
Vektorraum
— Kähler-, 25
— positiver Lagrangescher, 29
— symplektischer, 8
Verkettungsoperator, 169
Volumenform, 11

Wirkungsfunktion, 3
Wirtinger–Kalkül, 46

Zusammenhang, 46, 153
— integrabler, 157

Grundkurs Theoretische Physik

Band 2: Analytische Mechanik

von Wolfgang Nolting

4., verb. Aufl. 1998. VIII, 233 S. mit 66 Abb.,
30 Aufg. mit vollst. Lösungen
Br. DM 32,00
ISBN 3-528-16932-X

Aus dem Inhalt: Lagrange-Mechanik - Hamilton-Mechanik -
Hamilton-Jacobi-Theorie

Die Bände dieser Reihe sind als unmittelbare
Begleiter des Kurses in Theoretischer Physik gedacht
und vermitteln in direkter und kompakter Form das theoretisch-
physikalische Rüstzeug, das vonnöten ist, um anspruchsvollere
Aufgaben und Themen im fortgeschrittenen Studium und in der
Forschung bewältigen zu können.

Die Darstellung ist bewußt ausführlich und in sich abgeschlossen,
so daß der Grundkurs Theoretische Physik auch zum Selbststudium
ohne Sekundärliteratur geeignet ist.

Abraham-Lincoln-Str. 46
Postfach 1547
65005 Wiesbaden
Fax: (06 11) 78 78-4 00
http://www.vieweg.de **vieweg**

Änderungen vorbehalten. Stand 24.02.98.
Erhältlich im Buchhandel oder beim Verlag.

Differentialgeometrie von Kurven und Flächen

von Manfredo P. do Carmo
Aus dem Engl. übersetzt von Michael Grüter

Herausgegeben von Martin Aigner/ Gerd Fischer/ Michael Grüter/ Manfred Knebusch/ Gisbert Wüstholz

3., durchges. Aufl. 1993. X, 263 S. mit 170 Abb.
(vieweg studium; Aufbaukurs Mathematik)
Bd. 55 Br. DM 49,50
ISBN 3-528-27255-4

Aus dem Inhalt:
Kurven - Reguläre Flächen - Die Geometrie der Gauß-Abbildung - Die innere Geometrie von Flächen - Anhang.

Abraham-Lincoln-Str. 46
Postfach 1547
65005 Wiesbaden
Fax: (06 11) 78 78-4 00
http://www.vieweg.de